Übungen zur Gasdynamik

255 Aufgaben nebst Lösungen
mit einer Sammlung von Formeln und Tabellen

Von

Dr. phil. Klaus Oswatitsch

o. Professor für Strömungslehre an der Technischen Hochschule in Wien
Leiter des Institutes für Theoretische Gasdynamik
der Deutschen Versuchsanstalt für Luft- und Raumfahrt in Aachen

und

Dipl.-Math. Rudolf Schwarzenberger

Stellvertretender Leiter des Institutes für Theoretische Gasdynamik
der Deutschen Versuchsanstalt für Luft- und Raumfahrt in Aachen

Mit 57 Textabbildungen

Springer-Verlag Wien GmbH

1963

ISBN 978-3-7091-5951-4   ISBN 978-3-7091-5950-7 (eBook)
DOI 10.1007/978-3-7091-5950-7

Vorwort

Während im letzten Jahrzehnt eine Reihe von Lehrbüchern der Gasdynamik im allgemeinen und eine große Anzahl von Werken auf verschiedenen Spezialgebieten der Strömungslehre erschienen ist, gibt es nur wenig Sammlungen von Übungsaufgaben. Dies ist zweifellos ein Mangel, denn es ist kaum etwas zum Einarbeiten in die Materie, zur Selbstkontrolle und zum Gewinn von Sicherheit auf den Gebieten der Mathematik oder Physik geeigneter als die selbständige Lösung angemessener Aufgaben. Dazu kommt, daß es den mathematischen Übungen oft an der nötigen Verbindung zu den Problemstellungen in den theoretischen naturwissenschaftlichen Fächern fehlt. Dies ist um so mehr zu bedauern, als der die Mathematik als Hilfswissenschaft betreibende Student vielfach den Sinn der mathematischen Annahmen gar nicht erkennt. Es fehlt ihm oft an den nötigen Vorstellungen, während der mathematische Unterricht gleichzeitig an Wirkung als Vorbereitung für die theoretischen Fächer einbüßt. Das vorliegende Büchlein möge dazu beitragen, den skizzierten Mängeln entgegenzuwirken.

Die Sammlung ist bei einer jahrelangen Lehr- und Forschungstätigkeit entstanden. Sie ist im Grunde recht heterogener Natur, wie es das Fachgebiet der Gasdynamik bedingt. Die Kapiteleinteilung ist dieselbe wie im „Gasdynamik"-Buch des ersten Verfassers. Das Übungsbuch kann aber bis auf einige wenige Aufgaben unabhängig von diesem oder anderen Lehrbüchern der Gasdynamik verwendet werden. Dazu dient die ausgedehnte Formelsammlung im Anhang I und die kleine Tabellensammlung im Anhang II. Den Lösungen der Aufgaben ist der größte Raum des Buches gewidmet; es muß der Selbstdisziplin des übenden Benützers überlassen bleiben, diesen Teil erst dann einzusehen, wenn entweder alle Bemühungen gescheitert sind oder wenn der Benützer von der Richtigkeit seiner Lösung überzeugt ist. Wer das Material dieser Übungen beherrscht, kann sich mit einigem Recht als Gasdynamiker bezeichnen.

Unter den Aufgaben lassen sich sechs Gruppen unterscheiden, die sich zumeist über die ganze Sammlung verteilen. Die erste Gruppe hat ein Vertrautwerden mit der Thermodynamik zum Ziele und beschränkt sich ausschließlich auf Abschnitt I. Eine zweite Gruppe dient der Berechnung einfacher Strömungsvorgänge. Ihr ist ein großer Teil der Aufgaben in den übrigen Abschnitten gewidmet. Weiter gibt es eine Gruppe von Aufgaben, welche der Erläuterung der Theorie und dabei auch der Herleitung zusätzlicher Formeln dienen. Man findet diese besonders in den Abschnitten VII, VIII und IX vertreten. Eine vierte Gruppe umfaßt die in der Gasdynamik üblichen elementaren, aber nicht immer bequemen Umformungen; beispielsweise: II 8, 9, 11 bis 14, 25 bis 27 und III 1 bis 5,

10, 11 und VI 1 bis 6. Besonders ist den Verfassern daran gelegen, daß ein Teil der Aufgaben, welche höhere mathematische Analysis, insbesondere Infinitesimalrechnung und Funktionentheorie, benutzen, gelegentlich bei mathematischen Übungen Verwendung findet. Die Aufgaben III 13, 16, VII 3, 10 bis 29, VIII 9 bis 12, 25 bis 30, IX 8, 32, X 2 bis 12, 16 bis 20 dürften sich dafür eignen. Eine letzte Gruppe schließlich stellt manche Verbindung zu neuen Entwicklungen her und enthält einige weniger bekannte Resultate. Zu ihr gehören die Aufgaben III 14, V 11, VI 10 bis 18, 26, VIII 13, 18 bis 23, 27 bis 29, 32 bis 47, IX 1, 2, 6 bis 8, 13, 21, 22, 31, X 2, 4, 5, 9, 15, 18. Die Magnetogasdynamik ist dabei allerdings noch nicht berücksichtigt worden. Die letzten beiden Gruppen enthalten auch manche aufwendige Aufgabe, die nur im Zusammenhang mit weitergehenden Studien herangezogen werden sollte. Dabei sind Aufgaben erheblicheren Schwierigkeitsgrades durch einen der Aufgabennummer vorgesetzten Stern gekennzeichnet.

Eine gewisse Überschneidung mit den Aufgabenstellungen in den Lehrbüchern war nicht völlig zu vermeiden. Andererseits konnte auch eine Vollständigkeit der Sammlung nicht angestrebt werden. Doch besteht die Absicht einer weiteren Ergänzung in der Zukunft. Besonders auf dem Gebiete der Aerodynamik, also der Berechnung der Druckverteilung und der Luftkräfte an den Flügeln, gibt es praktisch keine Grenzen für Aufgaben. Mehrere der einfacheren Fragestellungen sind aber in den Abschnitten VI bis X zu finden. Dem Gebiete der Grenzschichtströmung sind der Sonderstellung dieses Zweiges entsprechend nur wenige Aufgaben gewidmet.

Damit mag genug zum Inhalt des Buches gesagt sein. Möge es die Arbeit der Dozentenkollegen erleichtern, die Erfahrung und das Wissen der Studierenden erweitern.

Wien und Aachen, im Januar 1963

Die Verfasser

Inhaltsverzeichnis

Aufgaben

I. Thermodynamik

1. Atmosphärische Luft enthält rund 23% (Gewichtsprozent) O_2 (Molekulargewicht $m_1 = 32$) und 77% N_2 ($m_2 = 28$). Wie groß sind die Anteile in Volumenprozenten?

2. Wie groß ist unter den Voraussetzungen von Aufgabe 1 das Molekulargewicht m von Luft?

3. Wie groß ist der Volumenanteil des Wasserdampfes in Luft bei einem Partialdruck von $p_1 = 15$ Torr ($=$ mm Hg)? (Dies entspricht etwa 85% relativer Feuchte bei 20° C. Der Luftdruck sei mit $p = 760$ Torr angenommen.)

4. Wie groß ist bei Luft der Einfluß eines Wasserdampfgehaltes von 2 Volumenprozent auf die spezifischen Wärmen und auf ihr Verhältnis?

5. Wovon hängt die innere Energie eines bestimmten Gasvolumens ab (ideales Gas konstanter spezifischer Wärme)?

6. Welche elektrische Leistung ist erforderlich, um eine Luftmenge von $M = 6$ kg bei konstantem Druck in der Sekunde um 360° C zu erwärmen?

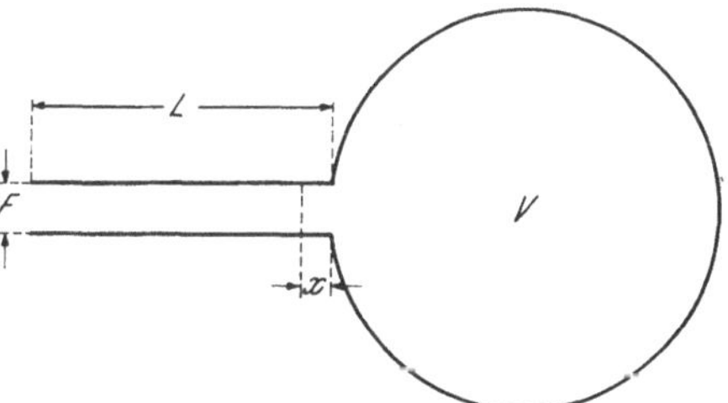

Abb. 1. Helmholtz-Resonator, Bezeichnungen

7. Bestimme die Frequenz eines Helmholtz-Resonators mit Luftrohransatz (siehe Abb. 1).

8. Welche Beziehung herrscht zwischen c_p und c_v unter der Annahme einer Abelschen Zustandsgleichung

$$\left(\frac{1}{\varrho} - b\right) p = \frac{R}{m} \cdot T, \qquad e = e(T) \text{ [1]}?$$

Berechne unter der Voraussetzung konstanter spezifischer Wärmen Enthalpie i und Entropie s.

9. Berechne die Arbeit für isotherme und isentrope Kompression für die Abelsche Zustandsgleichung.

10. Wie groß ist die Entropieerhöhung eines idealen Gases
a) für adiabatische Ausdehnung ohne Arbeitsleistung,
b) für Reibung unter konstantem Druck?

---

[1] Diese Gleichung wird in der inneren Ballistik verwendet, b heißt „Kovolumen".

II. Stationäre Fadenströmung

1. Berechne Richtung und Größe der resultierenden Kraft, welche auf ein (gekrümmtes) Rohrstück ausgeübt wird, wenn Querschnitt f, Strömungswinkel ϑ und -zustand (p, ϱ, q) bei Ein- und Austritt gegeben und durch die Indizes 1 und 2 gekennzeichnet sind.

Untersuche insbesondere die Spezialfälle a), daß die Umlenkung beim äußeren Druck p_a erfolgt, und b), daß der äußere Druck p_a im Vergleich zu den Drucken oder Impulsen vernachlässigt werden kann, wie es bei hohen Gasdrucken und großen Überschallgeschwindigkeiten oft der Fall ist.

2. Ein Körper mit abgerundeter Nase fliegt bei Normalbedingungen ($p = 1$ atm, $T = 288°$ K) bei

$$
\begin{aligned}
&1. \qquad M = 1{,}5; \\
&2. \qquad M = 2{,}0; \\
&3. \qquad M = 3{,}0; \\
&4. \qquad M = 5{,}0; \\
&5. \qquad M = 10{,}0.
\end{aligned}
$$

a) Skizziere qualitativ das Strömungsbild in der Nähe des vorderen Staupunkts und berechne Ruhedruck (p_0) und Ruhetemperatur (T_0) in ungestörter Strömung.

b) Welche Temperatur und welcher Druck herrschen auf der Symmetrieachse unmittelbar hinter der Kopfwelle bei den angegebenen Machzahlen der Anströmung?

c) Berechne Druck und Temperatur im vorderen Staupunkt.

d) Welcher Druck wird mit einem Pitotrohr gemessen, das sich vor der Kopfwelle in der freien Strömung befindet?

3. Berechne die Schallgeschwindigkeit für Luft bei einer Temperatur von $0°$ C, $-50°$ C und $+15°$ C.

4. Ein Flugzeug fliegt a) in 1000 m, b) in 10 000 m Höhe mit einer Geschwindigkeit von 1000 km/h. Welche Temperatur entsteht an der Flugzeugnase?

Wie groß ist die Temperaturerhöhung an der Flugzeugnase, wenn das Flugzeug mit einer Geschwindigkeit von 2000 km/h fliegt?

5. Gibt es beim Flug eine Maximalgeschwindigkeit entsprechend zu $W_{\max} = \sqrt{2\,c_p T_0}$? Begründung!

6. Inwiefern charakterisiert die Machzahl beim idealen Gas konstanter spezifischer Wärme den Grad der Umwandlung des Wärmeinhalts in Strömungsenergie?

7. Welches ist die kleinstmögliche Machzahl, die hinter einem stationären geraden senkrechten Stoß auftreten kann?

8. Bringe die Hugoniot-Gleichung (2.10)[1]

$$\hat{\imath} - i = \frac{1}{2}\left(\frac{1}{\hat{\varrho}} + \frac{1}{\varrho}\right)(\hat{p} - p)$$

in die Form

$$\hat{e} - e = \frac{1}{2}\left(\frac{1}{\varrho} - \frac{1}{\hat{\varrho}}\right)(\hat{p} + p).$$

9. Leite aus Impuls- und Kontinuitätsbedingung die Beziehung (2.9) ab:

$$\frac{\hat{W}^2}{2} - \frac{W^2}{2} + \frac{1}{2}\left(\frac{1}{\hat{\varrho}} + \frac{1}{\varrho}\right)(\hat{p} - p) = 0.$$

***10.** Berechne den (senkrechten) Stoß bei hohen Machzahlen mit Dissoziation und Ionisation durch Annahme des Zustandes hinter dem Stoß ($\hat{T} = 10\,000°$ K, $\hat{\varrho} = $ Normaldichte) und der Temperatur vor dem Stoß ($T = 223°$ K, Stratosphäre). Bestimme die Machzahl der Anströmung. (Die Luft kann als ideales Gas mit dem jeweiligen Molgewicht angenommen werden.)

11. Leite die Beziehung:

$$\left(\frac{1}{M^2} - 1\right) = \frac{\varkappa + 1}{2}\left(\frac{1}{M^{*2}} - 1\right)$$

und die dazugehörige Differentialbeziehung:

$$\frac{dM}{M^3} = \frac{\varkappa + 1}{2}\frac{dM^*}{M^{*3}}$$

aus der Beziehung zwischen M und M^* einer isoenergetischen Gasströmung ab.

12. Entwickle den Druckkoeffizienten $c_p = (p - p_\infty)/((\varrho_\infty/2)\,W_\infty{}^2)$ nach Störungen des Geschwindigkeitsquadrats. Untersuche die Konvergenz und gib für den Fall der Divergenz eine andere (konvergente) Entwicklung.

13. Leite die Beziehung:

$$\frac{W - W_\infty}{W_\infty} = -\frac{1}{2}c_p - \frac{1}{8}(1 - M_\infty{}^2)\,c_p{}^2 - \frac{1}{16}\left(1 - M_\infty{}^2 + \frac{\varkappa + 1}{3}M_\infty{}^4\right)c_p{}^3 + \cdots$$

und ihre Umkehrung:

$$c_p = -2\frac{W - W_\infty}{W_\infty} - (1 - M_\infty{}^2)\left(\frac{W - W_\infty}{W_\infty}\right)^2 +$$

$$+ M_\infty{}^2\left(1 - \frac{2 - \varkappa}{3}M_\infty{}^2\right)\left(\frac{W - W_\infty}{W_\infty}\right)^3 + \cdots$$

ab.

14. Leite für die isentrope Strömung eines idealen Gases konstanter spezifischer Wärme die Beziehung ab ($u_\infty = W_\infty$):

---

[1] Zweistellige Gleichungsnummern verweisen auf Anhang I, Formelsammlung (S. **137** ff.).

$$\frac{\varrho\,u}{\varrho_\infty\,u_\infty} = 1 + (1 - M_\infty{}^2)\frac{u - u_\infty}{u_\infty} - \frac{1}{2}M_\infty{}^2\,(3 + (\varkappa - 2)\,M_\infty{}^2)\left(\frac{u - u_\infty}{u_\infty}\right)^2 +$$

$$- \frac{1}{2}M_\infty{}^2\frac{v^2 + w^2}{u_\infty{}^2} + \ldots$$

15. Eine Lavaldüse habe folgende Querschnittsverteilung:

$$\frac{f}{f^*} = \sqrt{1 + 0{,}10\left(\frac{x}{f^*}\right)^2}$$

a) Zeichne die Druckverteilung p/p_0 mit Hilfe gasdynamischer Tabellen.

b) Skizziere die Druckverteilung, wenn man einen senkrechten Stoß bei $M = 3{,}0$ hat.

c) Gegen welchen Grenzwert strebt der Druck hinter einem senkrechten Stoß beim Querschnitt f, wenn $f/f^* \to \infty$ geht?

16. Berechne den Geschwindigkeitsgradienten im engsten Querschnitt der Düse von Aufgabe 15 gemäß

$$\frac{f^*}{c^*} \cdot \frac{dW}{dx} = \sqrt{\frac{1}{\varkappa + 1} \cdot \frac{f^*}{R^*}}, \qquad \frac{1}{R^*} = \frac{d^2 f}{dx^2}\bigg|_{f = f^*}. \tag{2.35}$$

17. Wie verhalten sich zwei reibungslos nebeneinander fließende ideale Gase an der engsten Stelle einer Lavaldüse bei starkem Druckgefälle?

18. In einem stationären Rundlaufkanal bewältige der Kompressor nur das Druckverhältnis $1:2$; die Erweiterung in der Lavaldüse entspreche einem höheren Druckverhältnis. Wo steht der Stoß, wenn Reibungsverluste vernachlässigt werden?

19. Luft strömt aus der freien Atmosphäre durch eine Lavaldüse in einen Unterdruckbehälter. Es wird angenommen, daß sämtliche Verluste in einem senkrechten kompressiblen Stoß auftreten.

a) Nimm eine bestimmte Querschnittsverteilung für die Lavaldüse an und skizziere die Druckverteilung unter der Annahme eines senkrechten Stoßes und eines Druckes p_K in dem Behälter von 0,3 atm (der Querschnitt der Rohrleitung soll sechsmal größer als der kleinste Querschnitt der Lavaldüse sein).

b) Wie ändert sich die Druckverteilung, wenn der Unterdruckbehälter im Laufe der Zeit gefüllt wird?

c) Schätze die Zeit ab, die erforderlich ist, bis der Behälter gefüllt ist. Der Anfangsdruck im Behälter sei 0,3 atm, der kleinste Querschnitt der Düse 25 cm², das Volumen des Behälters 50 m³; instationäre Effekte sollen vernachlässigt werden.

20. Ein Windkanal für die Machzahl 1,5 hat eine Meßstrecke von 20×20 cm² Querschnitt.

a) Wie groß ist der kleinste Querschnitt?
b) Wie groß darf der Querschnitt des Modells sein?
c) Was geschieht, wenn der Querschnitt des Modells zu groß ist?

21. Für einen Überschallwindkanal steht ein Kompressor mit einem Druckverhältnis von 1 : 3 zur Verfügung bei einem Anfangsdruck von 1 atm und einer Luftmenge von 2 m³/s unter Normalbedingungen. Man kann von allen Verlusten außer denen in einem senkrechten Stoß nach der Meßstrecke absehen. Die Anlage soll im Prinzip folgenden Aufbau haben:

Atmosphäre — Kompressor — Lavaldüse — Meßstrecke — Diffusor — Atmosphäre.

a) Skizziere, wie der Querschnitt in der ganzen Anlage nach dem Kompressor variiert; skizziere auch den Druckverlauf.

b) Welche größte Machzahl kann man mit dem obengenannten Kompressor erreichen?

c) Wie groß ist die Meßstrecke bei dieser Machzahl?

d) Wie groß ist die erforderliche Kühlleistung, wenn die Temperatur stationär bleiben soll, und wie verhält sie sich zur Kompressorleistung?

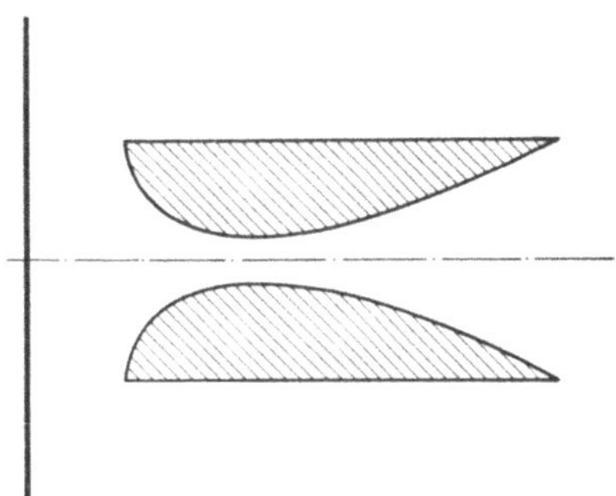

Abb. 2. Längsschnitt durch Ring hinter senkrechtem V-Stoß

22. In einer parallelen Überschallströmung mit der Machzahl $M = 3{,}00$ befindet sich ein ringförmiger Körper gemäß Abb. 2, dessen kleinster Durchmesser 20% des äußeren Durchmessers beträgt. Vor dem Körper liegt ein senkrechter Stoß.

a) Skizziere den Strömungsverlauf.

b) Wie groß sind die Geschwindigkeit und der Druck vor dem Stoß bei folgenden Ruhegrößen:

$$p_0 = 1\ \text{atm}, \qquad T_0 = 273°\ \text{K}.$$

c) Wie groß sind Geschwindigkeit, Temperatur und Druck im kleinsten Querschnitt?

23. Luft strömt durch ein Rohr mit konstantem Querschnitt in einen Vakuumbehälter (der Einfluß der Reibung soll berücksichtigt werden).

a) Wie ändern sich die Machzahl und der Druck für $M < 1$ und $M > 1$? (Skizze!)

b) Welche Machzahl entsteht in dem Endquerschnitt bei den oben stehenden zwei Fällen, wenn das Rohr sehr kurz ist?

c) Die gleiche Frage wie oben, wenn das Rohr sehr lang ist?

24. Aus dem Labor (20° C) wird mittels eines Rohres vom Innendurchmesser $d = 2$ cm und der Länge $l = 1{,}0$ m Luft ins Vakuum abgesaugt.

a) Wie groß ist die sekundlich abgesaugte Menge?

b) Wie groß ist der Ruhedruckverlust?

25. Löse das Gleichungssystem für $\hat{W}$, $\hat{\varrho}$, $\hat{p}$:

$$\hat{W}\hat{\varrho} = A,$$
$$\hat{W}^2 \hat{\varrho} + \hat{p} = B,$$

$$\frac{\hat{W}^2}{2} + \frac{\hat{p}}{\hat{\varrho}} \cdot \frac{\varkappa}{\varkappa - 1} = C$$

bei beliebigen A, B, C. Verfüge über A, B, C derart, daß die Formeln für den senkrechten Stoß erscheinen.

26. Welche Gestalt nehmen A, B, C in Aufgabe 25 an, wenn eine reine Massenzu- oder -abfuhr Θ berücksichtigt werden soll?

Gib die Formeln für $\hat{W}$, $\hat{p}$, $\hat{\varrho}$ und $\hat{M}^2$ als Funktion von M^2 und der relativen Stromdichteänderung $\sigma = \Theta/\varrho W$. Welche Beschränkungen ergeben sich für σ in Abhängigkeit von M (Diagramm!)?

Gib für $\sigma = 0$, $\pm 0{,}1$ ein Diagramm $\hat{M}(M)$.

27. Welche Gestalt nehmen A, B, C in Aufgabe 25 an, wenn eine Kraft bzw. ein Widerstand im Rohr berücksichtigt werden soll?

Gib die Formeln für $\hat{W}$, $\hat{p}$, $\hat{\varrho}$ und $\hat{M}^2$ als Funktion von M^2 und der relativen Änderung μ der Impulsstromdichte. Welche Beschränkungen ergeben sich für μ in Abhängigkeit von M (Diagramm!)?

28. In einem Parallelkanal vom Querschnitt f befindet sich ein Modell vom Widerstand D. Stelle Formeln für den Mittelwert des Strömungszustandes hinter dem Modell auf und diskutiere kurz die stoßfreien Lösungen. Wie groß ist der maximal mögliche Widerstand?

29. Luft strömt aus einem Behälter mit dem Druck 1 kp/cm² und der Temperatur $+ 15°$ C. Die Luft wird isentrop beschleunigt zu einer Geschwindigkeit von 100 m/s. Danach wird ihre absolute Temperatur mittels einer Gleichdruckverbrennung verdoppelt. Nach der Verbrennung wird die Luft wieder isentrop komprimiert zum Ruhezustand.

a) Wieviel Wärme muß zugeführt werden?

b) Wie groß ist die Differenz zwischen den Ruhetemperaturen T_0 und $\hat{T}_0$ vor und nach der Verbrennung?

c) Wie verhalten sich die Ruhedrucke p_0 und $\hat{p}_0$ zueinander?

30. a) Welche Ruhetemperatur T_0 ist bei $p_0 = 1$ atm erforderlich, um $M = 8$ in trockener, CO_2- und Argon-freier Luft ohne Übersättigung zu erreichen? (Für den Dampfdruck der Luft [atm] gilt in dem in Frage kommenden Bereich $\log_{10} p = - A/T + B$ mit $A = 336{,}3$, $B = 4{,}114$.)

b) Entwirf eine Netztafel, mittels deren für Luft bei gegebenem p_0, T_0 die ohne Übersättigung erreichbare Machzahl abgelesen werden kann.

III. Instationäre Fadenströmung

1. Leite die Erhaltungssätze für einen instationären, in ruhendes Medium vordringenden Stoß direkt aus den allgemeinen Erhaltungssätzen ab.

2. Leite die Erhaltungssätze für denselben Fall wie in Aufgabe 1 durch eine Galilei-Transformation aus den Gleichungen für den stationären senkrechten Stoß:

$$\hat{W}\,\hat{\varrho} = W\,\varrho, \qquad \text{Kontinuitätsbedingung}$$
$$\hat{W}^2\,\hat{\varrho} + \hat{p} = W^2\,\varrho + p, \qquad \text{Impulssatz}$$
$$\frac{\hat{W}^2}{2} + \hat{\imath} = \frac{W^2}{2} + i \qquad \text{Energiesatz}$$

ab.

3. Wie ändert sich die Ruhetemperatur in einem instationären Stoß?

4. Wie ändern sich Ruhedruck und Ruhedichte in einem instationären Stoß?

5. Wie ändern sich die Ruhegrößen bei schwachen instationären Stößen und nicht zu hohen Machzahlen ($W^2/c^2 \ll 1$)?

6. Bei einer in eine Lavaldüse mündenden Brennkammer (Abb. 3) mit der Machzahl $W/c = 0{,}20$ wird der Querschnitt des Düsenhalses plötzlich um 25% verringert. Dadurch läuft ein Stoß durch die Brennkammer.

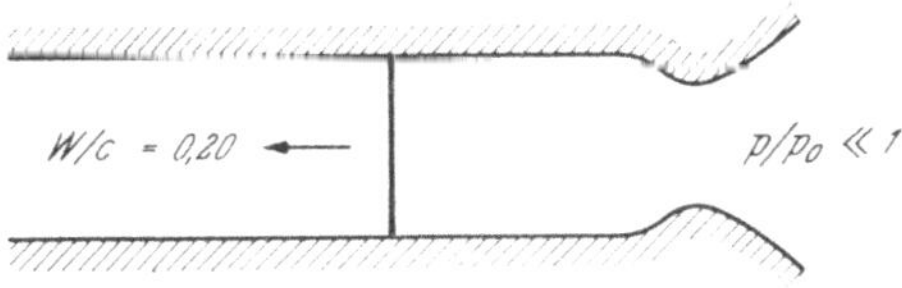

Abb. 3. Längsschnitt durch Brennkammer

Gib Stärke und Geschwindigkeit des Stoßes an. Die Strömung hinter dem Stoß sei als stationär angenommen.

7. In einem Rohr befinden sich zwei ruhende Gase unterschiedlicher Dichte (aber gleichen $\varkappa$-Wertes). Ein Stoß läuft vom dünneren Gas (1) auf das dichtere (2) auf. Was geschieht an der Mediengrenze? Was geschieht im Grenzfalle $\varrho_2 \gg \varrho_1$? Was geschieht für $c_2 > c_1$? Was geschieht im Grenzfalle $c_2 \gg c_1$?

8. Unter welchen Bedingungen findet bei $\varkappa_1 \neq \varkappa_2$ keine Reflexion an der Mediengrenze statt[1]?

9. Berechne den Druck- und Dichteanstieg bei der Reflexion eines sehr starken Stoßes an einer Wand.

10. Für starke Stöße gilt

$$\frac{\hat{s} - s}{c_v} = 2 \ln \left| \frac{U}{c} \right|. \tag{3.29}$$

Gib die nächsten Glieder dieser Entwicklung an.

11. Wodurch sind Teilchenbahn, Machlinien- und Stoßfrontneigung in der (a, t)-Lagrange-Ebene gegeben?

12. In einem Stoßwellenrohr befinde sich auf der Hochdruckseite H_2 ($m_2 = 2$, $\varkappa_2 = 1{,}40$), auf der Niederdruckseite Argon ($m_1 = 40$, $\varkappa_1 = 1{,}65$), beide Gase bei Zimmertemperatur ($T_0 = 293°\,\mathrm{K}$). Welches

---

[1] Vgl. WITTLIFF, C. E., M. R. WILSON und A. HERZBERG: The Tailored-Interface Hypersonic Shock Tunnel. J. Aero/Space Sci. **26**, 219—228 (1959).

Druckverhältnis ist erforderlich, damit im Argon eine Temperatur von 5000° K entsteht?

***13.** Ein Rohr konstanten Querschnittes wird durch ein Rohr mit quadratisch wachsendem Querschnitt, $f \sim x^2$, fortgesetzt. Durch das Rohr läuft eine Sägezahnwelle. Berechne die Wellenbewegung am Rohrübergang mit linearer Theorie.

14. Führe für isentrope Strömung und $f = f(x)$ die Verträglichkeitsbedingungen:

$$\left[\frac{\partial(\varrho\, W f)}{\partial t}\right]_{\xi,\eta} \mp \frac{\varrho}{c} \cdot f \cdot \left[\frac{\partial\,((W^2/2) + i)}{\partial t}\right]_{\xi,\eta} = 0$$

über in:

$$\mp \left(\frac{\partial W}{\partial t}\right)_{\xi,\eta} + \frac{1}{\varrho\, c}\left(\frac{\partial p}{\partial t}\right)_{\xi,\eta} + \frac{c}{f}\frac{df}{dt} = 0. \tag{3.34}$$

(Das obere Vorzeichen gilt für die Machlinie ξ = konst.)

15. Zeige für die Lagrangesche (μ, t)-Ebene, daß für die Neigungen von schwachen Stößen und Machlinien wieder folgende Beziehung besteht:

$$\left(\frac{\partial \mu}{\partial t}\right)_{\mathrm{St}} = \frac{1}{2}\,(\varrho\, c + \hat{\varrho}\,\hat{c}).$$

***16.** Berechne — im Rahmen linearer Theorie — die Ausbreitung einer Kugelwelle, die sich von der Stelle $x = x_0 \neq 0$ nach außen ausbreitet und durch eine Quelle der Form

$$0 \leqslant t \leqslant t_0: \quad 4\pi\, x_0{}^2\, \phi_x(x_0, t) = 16\,(c_0\, t_0)^2\,(t/t_0)^2\,(1 - t/t_0)^2,$$

$$t \leqslant 0 \text{ und } t \geqslant t_0: \quad \phi_x(x_0, t) = 0$$

hervorgerufen wird.

17. Ein Kolben schwingt am Ende eines Zylinders mit kleiner Amplitude. Berechne den Druck am Kolben gemäß der linearen Theorie.

18. Wie schnell füllt sich ein in eine Strömung der Machzahl M hereinragendes Rohrstück der Länge l?

19. Berechne mit Hilfe von Charakteristiken-Verfahren (beispielsweise jenem von Döring) Geschoßgeschwindigkeit und Pulvergasausdehnung in einem Rohr der Länge L. Der Laderaum sei im Ausgangszustand der Ruhe gleich $0{,}175\, L$. Die Masse der Flächeneinheit des Geschosses sei

$$M_G/f = 1{,}20\,\varrho_0\, L \;(= 0{,}60\,\varrho_0\, L). \qquad \varkappa = 9/7.$$

20. Wie hoch ist die Druckerhöhung vor dem Geschoß im Rohr knapp vor dessen Austritt, wenn man näherungsweise eine konstante Geschoßgeschwindigkeit vom dreifachen Wert der äußeren Schallgeschwindigkeit annimmt?

21. Wie weit läuft der Stoß im Rohr einem sehr schnellen Geschoß annähernd voraus?

IV. Allgemeine Gleichungen und Sätze

1. Drücke den Widerstand D eines stationär mit der Geschwindigkeit $- u_\infty$ fliegenden Körpers durch den Impulsstrom im Nachlauf aus unter Verwendung eines in der Luft ruhenden Koordinatensystems.

2. Wie ändert sich die Bewegungsgröße einer mit konstanter Geschwindigkeit fliegenden Rakete mit der Zeit?

3. Leite die Raketenschubgleichung ab für ein für den Beobachter ruhendes Koordinatensystem $(p = p_\infty)$.

4. Leite die Widerstandsformel aus dem Impulssatz ab in einem mit dem Körper fest verbundenen Koordinatensystem.

5. Drücke den Widerstand bis zu quadratischen Gliedern unter der Annahme von Isentropie durch die Störkomponenten allein aus.

6. Leite die Aufgabe 5 entsprechende Formel für Schallnähe und insbesondere für $M_\infty = 1$ ab.

7. Leite die Schubformel für die Rakete mit einem körperfesten Koordinatensystem ab $(p = p_\infty)$.

8. Drücke den Auftrieb durch den Impulsstrom in einer weit stromab gelegenen Fläche $x = $ konst. aus.

9. Reduziere das Auftriebsintegral $A = \varrho_\infty u_\infty \iint v \, dy \, dz$ für eine Potentialströmung auf ein Linienintegral und stelle den Zusammenhang mit der Zirkulation Gl. (4.19) her.

10. Reduziere den Ausdruck für den induzierten Widerstand einer angestellten Fläche auf ein Linienintegral unter Berücksichtigung von $u = u_\infty$ im Nachlauf.

***11**[1]**.** Berechne den Widerstand eines dünnen, endlichen Keils in Überschallströmung aus dem Entropieintegral (4.21).

12. Schreibe, stationäre lineare Theorie vorausgesetzt, den Körperwiderstand D als Integral über die Strömungszustände für $y \to 0$
   a) bei ebener Strömung,
   b) bei achsensymmetrischer Strömung.

V. Spezielle Anwendungen der Integralsätze

1. Berechne den Ruhedruckabfall und die Machzahl bei einer plötzlichen Erweiterung eines Rohres auf $f/f_1 = 1{,}10 \; (1{,}20; \; 1{,}50)$ und bei Machzahlen der Anströmung von $M_1 = 1{,}0; \; 1{,}10; \; 1{,}20; \; 1{,}40; \; 1{,}60; \; 1{,}80; \; 2{,}00$ unter der Annahme $p_2 = (p + p_1)/2$ (Bezeichnungen siehe Abb. 55, S. 152).

---

[1] Diese Aufgabe setzt Kenntnisse aus Abschnitt VIII, insbesondere Aufgabe VIII, 14, voraus.

2. Führe dieselbe Rechnung wie in Aufgabe 1 für $p = p_1/2$ durch. Berechne außerdem p_2/p_1 und vergleiche die Resultate mit den Verlusten in einem senkrechten Stoß bei gleichem M_1.

3. Beim Carnotschen Stoßverlust sind für physikalisch realisierbare Lösungen bei $M_1 > 1$ die Vorgaben so zu wählen, daß neben der Bedingung der Entropiezunahme und der Bedingung $p_2/p_1 < \hat{p}_2/p_1$ auch noch $p_2 > 0$ wird[1]. Leite aus der letzten angegebenen Forderung Schranken für $(p\,f)/(p_1\,f_1)$ ab.

4. Wie groß ist die Kraft bei einer Strahlumlenkung von 180° bei Schallgeschwindigkeit im Anfang und Maximalgeschwindigkeit am Ende der Umlenkung?

5. Berechne Leistung und Wirkungsgrad eines Antriebes, welcher durch Geschwindigkeitserhöhung im Nachlauf wirkt. Die Nachlaufdelle soll zu diesem Zweck durch ein rechteckiges Profil der Geschwindigkeit $W_1 < W_\infty$ idealisiert werden.

6. Wo muß die ein Hindernis umströmende Luft aufgeheizt werden, damit sich bei Unterschallströmung Schub ergibt? (Nimm am Ort der Wärmezufuhr konstanten Druck an.)

Wie liegen die Verhältnisse bei Überschallströmung?

7. Welche Wirkung hat ein Antrieb, der das Grenzschichtmaterial zum Aufheizen verwendet? Nimm an, daß das Grenzschichtmaterial beim Außendruck $p = p_\infty$ erwärmt wird, wie es bei schlanken Körpern annähernd der Fall sein würde.

8. Berechne für eine Rakete der anfänglichen Gesamtmasse M_0 die absolute Geschwindigkeit W der Pulvergase in Abhängigkeit von ihrer Masse M unter der Annahme konstanter Ausstoßgeschwindigkeit W_a.

9. Verifiziere mit der Lösung der vorhergehenden Aufgabe die Gleichung:

$$W_R\,M_R + \int W\,dM = 0. \tag{5.11}$$

10. Bestimme den Wirkungsgrad gemäß (5.12) für $W_a =$ konst. für eine ausgebrannte Rakete der Endmasse M_e und der Endgeschwindigkeit W_e.

Für welche W_e/W_a und M_e/M_0 ist der Wirkungsgrad ein Maximum?

***11.** Kann die Endgeschwindigkeit W_e einer Rakete durch Beifügen einer (energielosen) toten Masse zum Treibstoff gesteigert werden? Es soll unter den weiteren vereinfachenden Annahmen gerechnet werden, daß der Treibstoff am Düsenende die Maximalgeschwindigkeit erreicht und keine Zusatzgewichte für weitere Behälter erforderlich sind.

---

[1] Siehe z. B. OSWATITSCH, K.: Gasdynamik, Kapitel V, Abschnitt 1. Wien: Springer. 1952.

12. Für ein Strahltriebwerk (TL) ist gegeben:

Einlaßdurchmesser	$d = 750$ mm
Fluggeschwindigkeit	$v = 900$ km/h
Lufttemperatur	$T_\infty = 270°$ K
Luftdichte	$\sim \varrho_0/2 = 0,6$ kg/m^3
Druckverhältnis des Kompressors	6
Erhitzung in der Brennkammer auf	$T' = 1100°$ K.

Wie groß sind Leistung, Schub und Wirkungsgrad?

VI. Allgemeine Gleichungen und spezielle, exakte Lösungen für stationäre, reibungslose Strömung

1. Leite die Kontinuitätsbedingung für achsensymmetrische Strömung durch Einführen von Zylinderkoordinaten ab.

2. Transformiere Kontinuitätsbedingung und Euler-Gleichungen auf räumliche Polarkoordinaten.

3. Stelle die gasdynamische Gleichung auf für die Legendre-Transformierte der Stromfunktion ψ.

4. Führe in den Gleichungen für eine achsensymmetrische Strömung:

$$\frac{\partial v}{\partial x} - \frac{\partial u}{\partial y} = 0 \quad \text{und} \quad \frac{\partial(\varrho\, u\, y)}{\partial x} + \frac{\partial(\varrho\, v\, y)}{\partial y} = 0$$

Stromlinienkoordinaten ϕ, ψ ein.

5. Schreibe die Gleichung der Stromfunktion einer ebenen, anisentropen Strömung (6.16) für den inkompressiblen Fall und parabolische Entropieverteilung $s' = A + \frac{1}{2} B \psi^2$ in der Anströmung.

6. Zeige, daß für $\varrho\, \mathfrak{w} = \operatorname{grad} \psi_1 \times \operatorname{grad} \psi_2$ gilt $\operatorname{div}(\varrho\, \mathfrak{w}) = 0$.

7. Ermittle die Geschwindigkeitsverteilung für die räumliche Quelle.

8. Ermittle die Abhängigkeit der Zirkulation auf Stromlinien (das sind konzentrische Kreise) vom Radius beim Potentialwirbel, beim Wirbel konstanter Teilchengeschwindigkeit und beim „starren Wirbel" (Drehung wie beim starren Körper).

9. Suche die $(1 - M_\infty{}^2)\, u_x + v_y = 0$, (6.17), entsprechende linearisierte Gleichung für die Stromfunktion sowie eine in x periodische Wellenlösung dieser Gleichung.

10. Entwickle den Druckkoeffizienten c_p nach Störkomponenten bis zu quadratischen Gliedern einschließlich. In welchem Bereich läßt sich die Formel anwenden?

11. Wann ist in

$$c_p = -2\,\frac{u - u_\infty}{u_\infty} + (M_\infty{}^2 - 1)\left(\frac{u - u_\infty}{u_\infty}\right)^2 - \left(\frac{W_1}{u_\infty}\right)^2 - \left(\frac{W_2}{u_\infty}\right)^2 + \cdots$$

bei einem angestellten Rotationskörper die Umfangskomponente zu berücksichtigen?

12. Wann ist in dem Ausdruck für c_p der vorhergehenden Aufgabe bei ebener bzw. achsensymmetrischer Strömung der die Machzahl enthaltende Term zu berücksichtigen?

13. Wie drückt sich der auf die maximale Querschnittfläche F_m bezogene Widerstandsbeiwert von nichtangestellten Rotationskörpern durch den Druckkoeffizienten aus? Wie ist es im besonderen beim Mantelwiderstand des Kegels in Überschallströmung?

14[1]. Wie drückt sich der gleiche Widerstandsbeiwert wie in Aufgabe 13 mit Hilfe des Impulssatzes durch ein Integral über einen die Achse umschließenden Zylinder aus?

15[2]. In welchen Fällen ist die u-Störung hinter einem Verdichtungsstoß um eine Ordnung kleiner als die v-Störung?

16. Führe die Gleichung

$$c_{n\varepsilon} = \frac{2}{u_\infty} \int \int \left[(u_\varepsilon)_{+0} - (u_\varepsilon)_{-0} \right] dx\, dz \qquad (6.32)$$

für die Flächeneinheit einer Platte auf die Auftriebsformel

$$A = -\varrho_\infty u_\infty \int \Gamma\, dz \qquad (4.19)$$

zurück.

***17.** a) Bringe die Lösung für die Funktion $\phi_{\varepsilon\varepsilon}$ durch Vergleichen der Rand- und Anfangsbedingungen in Beziehung zur Lösung ϕ_0 für den Anstellwinkel $\varepsilon = 0$ unter der Voraussetzung, daß die gasdynamische Gleichung linear ist.

b) Wie lautet die Lösung 1. Ordnung für $\phi_{\varepsilon\varepsilon}$ für schlanke Körper, also kleine Störungen?

18[3]. Stelle Geschwindigkeitsstörung und Druckkoeffizient des angestellten schlanken Kreiskegels in mittlerer Überschallströmung aus den Störungsanteilen des nicht angestellten Kegels und des Anstellungseffektes zusammen unter der Voraussetzung, daß der Anstellwinkel ε von der Größenordnung des halben Öffnungswinkels ist. Benutze die vereinfachten Lösungen mit W_1 als Radial- und W_2 als Azimutalkomponente, nämlich für $\varepsilon = 0$:

$$\frac{u_0 - u_\infty}{u_\infty} = \mathrm{tg}^2\, \vartheta_0 \ln\left(\frac{1}{2} \mathrm{tg}\, \vartheta_0 \cot \alpha_\infty \right); \qquad \frac{W_{10}}{u_\infty} = \mathrm{tg}\, \vartheta_0; \qquad \frac{W_{20}}{u_\infty} = 0.$$

---

[1] Vgl. Aufgabe IV, 12.
[2] Diese Aufgabe setzt Kenntnisse aus Abschnitt VIII voraus.
[3] Diese Aufgabe setzt Kenntnisse aus den Abschnitten VII und VIII voraus.

$$u_\varepsilon = 2\,u_\infty \,\mathrm{tg}\,\vartheta_0 \cos\chi; \qquad W_{1\varepsilon} = 0; \qquad W_{2\varepsilon} = -\,2\,u_\infty \sin\chi.$$

Berechne $c_p - c_{po}$ für verschiedene Verhältnisse von $\mathrm{tg}\,\vartheta_0$ und ε.

19. Die maximale Übergeschwindigkeit bei einem symmetrischen Parabelprofil ist $u/u_\infty - 1 = 4\,\tau/\pi$ $(= 0,127)$ bei inkompressibler Strömung und dem Dickenverhältnis τ $(= 0,1)$.

a) Wie groß ist die Geschwindigkeit im gleichen Punkt bei $\tau = 0,1$ und $M_\infty = 0,60$ gemäß der Prandtl-Glauert-Analogie?

b) Bei welchem τ ist die kritische Machzahl $M_{\infty krit} = 0,80$?

c) Kann man mit der Prandtl-Glauert-Analogie auch Überschallgebiete erhalten?

20. Wie ändern sich Auftrieb, Widerstand und Moment eines dünnen Profiles gemäß der Prandtl-Regel? Was macht die Druckpunktlage?

21[1]. Wie ändert sich bei einem Flügel mit lauter Überschallkanten der Auftrieb mit der Machzahl?

22[1]. Wie ist der Machzahleinfluß bei einem Flügel kleiner Streckung, d. h. bei Überschallströmung an einem Flügel mit kräftig gepfeilten Unterschallvorderkanten?

23. Wie ist der Machzahleinfluß auf c_a in Überschallströmung bei einer tragenden Rechteckplatte der Streckung b?

24. Die Maximalgeschwindigkeit an einer Parabelspindel ist gegeben durch $W/u_\infty - 1 = \tau^2\,[2 \ln 2/\tau - 3]$. Berechne für ein Dickenverhältnis von $\tau = 0,16$ die Übergeschwindigkeit bei $M_\infty = 0$ und mittels (6.39) bei $M_\infty = 0,80$!

25. Welche ebenen Flügelgitterströmungen entsprechen der Prandtl-Glauert-Analogie?

26. Stelle die Gleichung für den schiebenden Flügel bei $M_\infty > 1$ und Unterschallvorderkante $(M_\infty \cos \Lambda < 1)$ auf!

27. Die Geschwindigkeit am Dickenmaximum eines Flügels elliptischen Grundrisses und parabolischen Längs- und Querschnittes vom Dickenverhältnis τ ist für Streckungen $s > 1$ und $M_\infty = 0$ gegeben durch:

$$\frac{u}{u_\infty} - 1 = \frac{4\,\tau}{\pi}\,B(k), \qquad k = \sqrt{1 - \frac{1}{s^2}}\;;$$

$B(k)$ ist das vollständige elliptische Integral

$$\int_0^{\pi/2} \frac{\cos^2\varphi}{\sqrt{1 - k^2\sin^2\varphi}}\,d\varphi.$$

Gib die Geschwindigkeit für $M_\infty < 1$ nach der Prandtl-Glauert-Analogie an.

---

[1] Diese Aufgaben setzen Kenntnisse aus Abschnitt X voraus.

28. Wie drückt sich bei ebener Potentialströmung die Neigung der Stromlinien im Hodographen durch die Neigung der Koordinatenlinien aus? Wie vereinfacht sich der Ausdruck bei Annahme kleiner Störungen einer Parallelströmung?

VII. Stationäre, reibungsfreie, ebene und achsensymmetrische Unterschallströmung

1. Welche inkompressible Strömung ergibt sich aus der Superposition einer Parallelströmung und einer Quelle der Ergiebigkeit g im Ursprung?

a) Gib Störpotential φ und Potential ϕ an.

b) Suche die Lage des Staupunktes.

c) Bestimme durch Integration des Geschwindigkeitsfeldes die Stromfunktion ψ, die Staupunktstromlinie und die Körperform $y = h(x)$.

d) Berechne die asymptotische Dicke $2\,h$ des Körpers für $x \to \infty$. Zeige, daß zwischen $y = -h$ und $+h$ die Menge g durchfließt.

2. Gib Potential und Geschwindigkeitskomponenten einer gleich starken Quelle und Senke (in den Punkten $(-s, o)$ und $(+s, o)$) in einer Parallelströmung an. Berechne die Lage der Staupunkte und stelle auf dem Weg über die Stromfunktion eine Gleichung für die Dicke des Körpers bei $x = 0$ auf. Berechne beide Größen für die Grenzfälle, daß $2\,\pi\,u_\infty\,s/g$ (g Quellstärke) einerseits groß, andererseits klein gegen 1 ist.

3. Mache bei der Strömung von Aufgabe 2 den Grenzübergang $s \to 0$ bei $g \cdot s =$ konst. $= m$ (Dipol) und bestimme die zugehörige Körperform (Kreiszylinder).
$$\phi = ? \qquad \tilde{u} - u_\infty = ? \qquad \tilde{v} = ? \qquad \tilde{\psi} = ?$$

4. Gib das Stromlinienbild eines mit dem Uhrzeiger drehenden Wirbels ($\Gamma < 0$) in einer Parallelströmung bei $M = 0$.

Welche Asymptoten besitzen die Stromlinien für $x \to \pm \infty$?

5. Superponiere Zylinderströmung nach Aufgabe 3 und einen Wirbel, dessen Achse mit der Zylinderachse zusammenfällt. Berechne die Lage der Staupunkte abhängig von der Wirbelstärke Γ.

Für welches Γ fallen die Staupunkte zusammen?

6. Berechne den Auftrieb des Kreiszylinders mit Zirkulation (siehe Aufgabe 5) im Parallelstrom und vergleiche das Resultat mit dem Kutta-Joukowskischen Satz (4.20).

7. Berechne die Strömung um zwei in einer inkompressiblen Parallelströmung in den Punkten $(0, \pm h)$ befindliche, entgegengesetzt drehende Wirbel gleicher Stärke. Welche Fälle können eintreten? Wann ergibt sich die Umströmung eines Körpers? Berechne seine Dicke auf der x-Achse aus der Staupunktlage.

Stelle eine Gleichung für die Höhe des Körpers bei $x = 0$ auf.

8. Mache in Aufgabe 7 unter der Nebenbedingung $h \cdot \Gamma = $ konst. $= -m$ den Grenzübergang $h \to 0$ und vergleiche mit dem Resultat von Aufgabe 3.

***9.** Die Wirkung eines angestellten Profils kann in großer Entfernung durch das Strömungsfeld eines Wirbels dargestellt werden, die Wirkung eines Profilgitters also durch eine Wirbelreihe.

a) Berechne das Strömungsfeld einer Wirbelreihe der Einzelzirkulation Γ in den Punkten $x = 0$, $y_n = a \cdot n$ mit $n = 0, \pm 1, \pm 2 \dots$.

b) Gib Geschwindigkeitsrichtung und -betrag für $x \to \pm \infty$.

c) Berechne die Wirkung einer gestaffelten Wirbelreihe durch Superposition einer Parallelströmung.

10. Berechne die $u(x, 0)$-Verteilung und die Staupunkte für folgende Quellverteilungen auf der x-Achse in einem Parallelstrom der Geschwindigkeit u_∞:

$$v(x, 0) = \begin{cases} -2\,n\,\tau\,u_\infty \dfrac{x}{a}\left(1 - \dfrac{x^2}{a^2}\right)^{n-1}, & |x| < a, \; n = \dfrac{1}{2}, 1, \dfrac{3}{2}, 2 \\ 0, & |x| > a. \end{cases}$$

Beachte $n = 1$!

11. Bestimme für die Fälle der Aufgabe 10 die u-Verteilung auf der y-Achse.

12. Bestimme mit den Ergebnissen der Aufgaben 10 und 11 das exakte Dickenverhältnis h_m/x_s bzw. h_m/a und vergleiche es mit τ.

Mache den Grenzübergang $\tau \to 0$.

13. Welches Verhalten zeigt $u(x, 0)$ in der Umgebung von $x = a$ für die verschiedenen Fälle von Aufgabe 10?

14. Berechne $u(0, h_m)$ für die Fälle der Aufgabe 10 mittels der Entwicklung:

$$u(x, h) = u(x, 0) + \frac{\partial u}{\partial y}\bigg|_{y=0} \cdot h + \dots .$$

Vergleiche mit $u(0, 0)$ und den aus den Aufgaben 11 und 12 folgenden Resultaten.

15. Berechne $u(x, y)$ und $v(x, y)$ für die Fälle $n = 1, 2$ von Aufgabe 10.

***16.** Berechne $u(x, y)$ und $v(x, y)$ für den Fall $n = \frac{1}{2}$ von Aufgabe 10. Zeige, daß es sich um die Umströmung der Ellipse $x^2/\alpha^2 + y^2/\beta^2 = 1$ mit den Halbachsen

$$\alpha = \frac{1 + \tau}{\sqrt{1 + 2\,\tau}}\,a, \qquad \beta = \frac{\tau}{\sqrt{1 + 2\,\tau}}\,a$$

handelt.

17. Stelle der Darstellung der Störgeschwindigkeiten durch eine Quellbelegung (7.7) eine Formel für eine Wirbelbelegung der y-Achse zwischen $\pm b$ gegenüber.

18. Berechne für die Verteilungen auf der positiven Seite der y-Achse:

$$v(0, y) = -2\,n\,\tau\,u_\infty\,\frac{y}{b}\left(1 - \frac{y^2}{b^2}\right)^{n-1}, \qquad |y| < b, \qquad n = \frac{1}{2}, 1, \frac{3}{2}, 2$$

die Verteilungen $u(x, 0)$ und — soweit explizit möglich — die Staupunkte.

19. Berechne für die einzelnen Fälle von Aufgabe 18 die Verteilung $u(0, y)$ und, soweit explizit möglich, die maximale Dicke h_m und $u(0, h_m)$. Welches Dickenverhältnis hat der für $n = \frac{1}{2}$ entstehende Körper und was ergibt sich für $\tau \to \infty$ in diesem Falle?

***20.** Berechne $u(x, y)$ und $v(x, y)$ für den Fall $n = \frac{1}{2}$ von Aufgabe 18. Zeige, daß es sich um die Umströmung der Ellipse $x^2/\alpha^2 + y^2/\beta^2 = 1$ mit den Halbachsen

$$\alpha = \frac{\tau - 1}{\sqrt{2\,\tau - 1}}\,b, \qquad \beta = \frac{\tau}{\sqrt{2\,\tau - 1}}\,b$$

handelt.

21. Berechne das Strömungsfeld für die Verteilung $v = u_\infty \cdot \sqrt{R/(2\,x)}$ auf der positiven x-Achse. Zeige, daß es die Strömung gegen eine Parabel vom Nasenradius R mit dem Scheitel $(-R/2, 0)$ und dem Brennpunkt $(0, 0)$ darstellt.

22. Welche Strömung wird geliefert durch die Belegung

$$v(x, 0) = u_\infty \cdot \tau, \qquad 0 \leqslant x \leqslant 1\,?$$

Berechne Geschwindigkeitsfeld und Stromfunktion. Wie groß ist die Dicke $2\,h$ des umströmten Körpers bei $x = 1$ und für $x \to \infty$?

Ändere die Lösung so ab, daß die Strömung gegen einen endlichen Keil approximiert wird. Berechne für diesen die Lage des hinteren Staupunktes und seine Dicke bei $x = 1$.

23. In der Profiltheorie wird vielfach die Näherung $v(x, 0) = u_\infty\,dh/dx$, $\sqrt{u^2 + v^2} = u(x, 0)$ benutzt. Zeige die Größe dieses Fehlers für stumpfe Nasen am Beispiel von Aufgabe 21.

24. Bestimme die Übergeschwindigkeit am Dickenmaximum des Parabelbogenzweieckes $\pm h = 2\,\tau\,x(1 - x)$, $0 \leqslant x \leqslant 1$ bis auf die Glieder in τ^2 genau! (Anleitung: Erfülle die Randbedingung auf dem Profil durch Anbringen einer zusätzlichen Quellbelegung auf der x-Achse auch noch in 2. Ordnung!)

25. Zeige (unter Verwendung der jeweils angegebenen Lösungen), daß für die Ellipsen der Aufgaben 16 und 20 sowie für die Parabel der Aufgabe 21 auf der Kontur $h = h(x)$ gilt (ϑ Neigungswinkel)

$$W(x, h) = W_{\max} \cdot \cos\vartheta,$$

worin W den örtlichen, $W_{\max}$ den maximalen an der Kontur auftretenden Geschwindigkeitsbetrag bedeutet.

26. Leite aus

$$u(x, 0) - u_\infty = \frac{1}{\pi} \oint\limits_a^b \frac{v_0(\xi)}{x - \xi} \, d\xi \qquad (7.8)$$

eine Darstellung für $\partial u / \partial x$ ab.

27. Zeige das d'Alembertsche Paradoxon ($c_w = 0$) für eine beliebige ebene Strömung, die durch eine Quellbelegung auf $0 \leqslant x \leqslant 1$ entsteht.

28. Im Gegensatz zur ebenen Strömung ist der unmittelbare Grenzübergang $y \to 0$ beim Störpotential

$$\varphi = -\frac{u_\infty}{4\pi} \int\limits_0^1 \frac{dF}{d\xi} \frac{d\xi}{\sqrt{(\xi - x)^2 + y^2}} \qquad (7.12)$$

für Rotationskörper nicht möglich, weil der Integrand für $y = 0$ an der Stelle $\xi = x$ nicht mehr integrabel ist. Man kann die Stelle $\xi = x$ jedoch herausschälen und gewinnt dann für kleine y-Werte unter der Voraussetzung $F'(0) = F'(1) = 0$ [1]:

$$\frac{\varphi}{u_\infty} = \frac{F'(x)}{2\pi} \ln y - \frac{1}{4\pi} \int\limits_0^x F''(\xi) \ln 2 \, (x - \xi) \, d\xi + \frac{1}{4\pi} \int\limits_x^1 F''(\xi) \ln 2 \, (\xi - x) \, d\xi$$

a) Leite diese Formel ab.

b) Bilde die entsprechende Formel für $u/u_\infty - 1$ für $y \ll 1$.

c) Berechne die u- und c_p-Verteilung auf der Parabelbogenspindel $h = 4 \, h_m \cdot x(1 - x)$ mittels der neuen Formel und vergleiche mit dem ohne Vernachlässigungen bei der Integration gewonnenen Ergebnis [2].

29. Zeige das d'Alembertsche Paradoxon ($c_w = 0$) für eine beliebige achsensymmetrische Quellbelegung in $0 \leqslant x \leqslant 1$ unter der Voraussetzung $F'(0) = F'(1) = 0$

a) durch Integration über die unmittelbare Achsenumgebung,

b) durch Integration über den Körper.

30. Stelle die untere kritische Machzahl nach der linearen Theorie

a) für ein Parabelbogenzweieck im ebenen Falle,

b) für die Parabelbogenspindel im rotationssymmetrischen Falle

abhängig vom Dickenverhältnis graphisch dar.

---

[1] KEUNE, F.: Low Aspect Ratio Wings with Small Thickness at Zero Lift in Subsonic and Supersonic Flow. Kungl. Tekniska Högskolan, Stockholm, AERO Technical Note 21 (1952).

[2] Siehe „Gasdynamik", S. 237.

VIII. Stationäre, reibungsfreie, ebene und achsensymmetrische Überschallströmung

1. Berechne den Widerstand eines Keiles nach der linearen Überschalltheorie und vergleiche das Resultat mit jenem für das Parabelbogenzweieck.

2. Berechne die „obere kritische Machzahl", definiert durch das Erreichen der Machzahl 1, an Keil und Kegel vom halben Öffnungswinkel ϑ_0 gemäß der linearen Theorie.

3. Berechne die Neigung der (linksläufigen) Machlinien am Keil nach der linearen Theorie und diskutiere den Fehler in den Linearisierungsannahmen!

4. Welche Kombinationen von $u - u_\infty$, v und y in den linearen Kegelgleichungen (8.9) bleiben bei $y \to 0$ endlich?

5. Welche u- und v-Werte nimmt die Kegelströmung in der Umgebung der Kopfwelle an (lineare Theorie, $x \operatorname{tg} \alpha - y \ll y$)? Wie ist es bei der Keilströmung?

6. Erfülle im Rahmen der linearen Theorie die Randbedingung am nicht angestellten Kreiskegel exakt. Suche die Grenze des Anwendungsbereiches im Gebiete hoher Machzahlen und vergleiche die Ergebnisse an dieser Grenze mit jenen der Gl. (8.9) und (8.10).

7. Erfülle im Rahmen linearer Überschalltheorie die Randbedingung am wenig angestellten Kreiskegel exakt. Vergleiche mit der Näherungstheorie an der oberen Grenze des Linearisierungsgebietes $\operatorname{tg} \vartheta_0 \cot \alpha \to 1$.

8. Wie verhalten sich gemäß der linearen Theorie u_ε und v_ε eines angestellten Kegels auf der Kegelachse $y \to 0$?

9. Berechne das v-Feld für eine Quellverteilung $F''(\xi) = A/\sqrt{\xi}$ auf der Achse. Gib die v-Verteilung an der Kopfwelle und verifiziere für $y \to 0$: $v \, y/u_\infty = F'(x)/2\,\pi$.

10. Welche Belegung der x-Achse bewirkt an der Stelle $x = x_0$, $y = h$ einen Knick von der Größe ϑ_0 in der Stromlinie bei ebener bzw. bei achsensymmetrischer Strömung?

11. Wie kann man die Funktionen $F_1(\xi)$ und $F_2(\eta)$ in (6.19): $g = F_1(x - y \cot \alpha) + F_2(x + y \cot \alpha)$ wählen, um ein einfaches Beispiel einer Parallelanströmung längs einer Wand zu erhalten, die in $x = y = 0$ einen Krümmungssprung aufweist?
Anleitung: Mache den Ansatz $u - u_\infty = v = 0$ für $x < 0$ und $v = -\,b\,x$ auf $y = 0$, $x > 0$.

12. Mache für einen Rotationskörper die zu Unterschallströmungen analoge Näherung für φ und $u - u_\infty$ in der Umgebung der Achse. Berechne die u-Verteilung auf einer Spindel $h = 2\,x(1 - x)$ vom Dickenverhältnis $\tau = 1/6$ bei $M_\infty = 1{,}28$.
Wie verhält sich $u(x, h)$ für $x \to 1$?

13. Vergleiche das analytische Ergebnis für $u/u_\infty - 1$ an der Spindel mit der „Tangent-Cone"-Näherung! Bei dieser wird die Störung gleichgesetzt der Störung für den tangierenden Kegel im entsprechenden Punkt. Während jedoch die „Tangent-Wedge"-Näherung im Linearisierungsgebiet und darüber hinaus in der nächsten Näherung noch richtig ist, trifft das bei der „Tangent-Cone"-Näherung nicht zu. Da lineare Näherungen für Rotationskörper bei mittleren Überschallgeschwindigkeiten recht brauchbar sind, ist es sinnvoll, einen Vergleich in diesem Gebiet anzustellen.

Wähle z. B. im Anschluß an Aufgabe 12 $\tau = 1/6$, $M_\infty = 1{,}28$.

14. Leite eine Widerstandsformel für nicht angestellte Rotationskörper mit $F_x(0) = F_x(1) = 0$ her und berechne den Widerstand für den Spindelkörper.

15. Berechne den Stoßwinkel für die Maximalablenkung ϑ in einem schiefen Stoß und den Maximalwinkel ϑ abhängig von der Machzahl der Anströmung, insbesondere für $M_\infty \to \infty$!

16. Entwickle die Stoßgleichungen (8.18) und (8.22) nach kleinen Störungen.

17. Berechne aus den Entwicklungen von Aufgabe 16 den Widerstand schlanker Keile.

18. Welche Gestalt nimmt die Stoßpolare:

$$\left(\frac{\hat{v}}{c^*}\right)^2\left[1+\frac{2}{\varkappa+1}\left(\frac{u}{c^*}\right)^2-\frac{u}{o^*}\cdot\frac{\hat{u}}{c^*}\right]=\left(\frac{u}{c^*}\cdot\frac{\hat{u}}{c^*}-1\right)\left(\frac{u}{c^*}-\frac{\hat{u}}{c^*}\right)^2 \qquad (8.21)$$

für $M \to \infty$ an?

19. Entwickle und diskutiere die Gleichung der Stoßpolaren (siehe Aufgabe 18) für große Machzahlen $M^2 \gg 1$ und kleine Störungen.

20. Drücke den Stoßwinkel γ durch den Ablenkungswinkel ϑ und $\hat{\varrho}/\varrho$ für beliebige Medien aus! Welcher Zusammenhang ergibt sich für kleine ϑ und für das maximale ϑ?

21. Berechne den (schiefen) Stoß bei hohen Machzahlen mit Dissoziation und Ionisation durch Annahme des Zustandes hinter dem Stoß ($\hat{T} = 10\,000°\mathrm{K}$, $\hat{\varrho} = $ Normaldichte) und der Temperatur vor dem Stoß ($T = 223°\mathrm{K}$, Stratosphäre)

a) bei Maximalablenkung,

b) bei $\vartheta = 10°$.

Bestimme die Machzahl der Anströmung! (Vgl. Aufgabe II, 10.)

22. Wie groß ist der Stoßwinkel γ bei kleinem Keilwinkel ϑ und $M \to \infty$?

Wie groß ist der Druckkoeffizient und damit der auf den Querschnitt bezogene Widerstandsbeiwert eines solchen Keiles?

23. Wie groß ist die Geschwindigkeitsstörung bei einem schlanken Keil und $M_\infty \to \infty$?

24. Stelle den Druckkoeffizienten an einem Keil in symmetrischer Überschallströmung unter Elimination von M_∞ als Funktion des halben Keilwinkels ϑ und des Stoßfrontwinkels γ dar.

Vereinfache den entstehenden Ausdruck für kleine Keilwinkel und vergleiche mit der linearen Theorie.

25. Stelle für den symmetrischen Verdichtungsstoß am Keil (halber Keilwinkel ϑ, Stoßwinkel γ) $d\gamma/d\vartheta$ bei konstantem M durch γ und ϑ allein dar und betrachte die Grenzfälle

a) $M \to \infty$,

b) $\sin \vartheta \ll 1$.

26. Stelle für $M_\infty \to \infty$ Stoßfrontwinkel γ und Druckkoeffizient c_p eines Keiles in symmetrischer Strömung durch dessen halben Öffnungswinkel ϑ dar.

Berechne $(dc_n/d\varepsilon)_{\varepsilon \to 0}$ für $\sin^2 \vartheta \ll 1$ und vergleiche mit der linearen Theorie.

27. Berechne den Nenner im Ausdruck für den Krümmungsradius R des Hodographen einer achsensymmetrisch-kegeligen Strömung

$$R = (W_1 + W_2 \cot \beta) \bigg/ \left(1 - \frac{W_2^2}{c_2^2}\right)$$

für den Zustand unmittelbar hinter der Stoßfront.

***28.** Berechne die Kegelströmung näherungsweise für $M_\infty \to \infty$ und kleine Kegelöffnungswinkel.

29. Zeige die Analogie zwischen der ebenen Hyperschallströmung an schlanken Profilen und der instationären Rohrströmung durch Vereinfachen des Differentialgleichungs-Systems.

30. Bei welcher Machzahl führt die Umlenkung sowohl im Stoß als auch in einer Prandtl-Meyer-Kompression zu $M = 1$? Wie groß ist die Umlenkung? (Numerische Berechnung.)

31. Wie weit erstreckt sich der gerade Teil der Kopfwelle einer dünnen, einseitig angeschärften Platte nach der Theorie 2. Ordnung?

32. Berechne die Kopfwellenform für einen dünnen endlichen Keil mit Hilfe der Theorie 2. Ordnung[1]! Von der Keilschulter ($x = 1$, $y = 0$) geht ein Verdünnungsfächer aus, der die Kopfwelle im Gebiete $h \leqslant y$ abschwächt.

33. Berechne die Beiwerte der an einem symmetrischen Parabelsegment (= halben Parabelbogenzweieck) wirkenden Kräfte und Momente. Es sei $h_o = 4\,\tau\,x(1 - x)$, $h_u = 0$.

34. Wie verhält sich die Stoßkrümmung zur Profilkrümmung an der Spitze eines mit $M_\infty \to \infty$ angeströmten schlanken Profiles?

---

[1] Siehe etwa OSWATITSCH, K.: Der Verdichtungsstoß bei der stationären Umströmung flacher Profile. Z. angew. Math. Mech. **29**, 129–141 (1949).

35. Berechne den Druckgradienten an der Nase eines schlanken Profiles bei $M_\infty \to \infty$ abhängig von Nasenkrümmung und halbem Öffnungswinkel:

a) Nach der exakten Formel (8.32);

b) nach der Tangent-Wedge-Näherung[1];

c) nach der Shock-Expansion-Näherung[2].

Für welches $\varkappa$ stimmen die Näherungen mit dem exakten Wert überein?

36. Bestimme die relativen Anteile der drei Terme im Croccoschen Wirbelsatz (6.15) an der Spitze eines mit $M_\infty \to \infty$ angeströmten Profiles. Ist die Strömung noch näherungsweise wirbelfrei?

37. Das zweite Glied der Entwicklung von BUSEMANN (8.27) setzt sich aus vier verschiedenen in ϑ quadratischen Einflüssen zusammen, welche der Berücksichtigung folgender nichtlinearer Effekte entsprechen:

1. Krümmung der Charakteristik im Hodographen,

2. $v^2/2$ in der Entwicklung der Geschwindigkeitsstörung nach den Komponentenstörungen,

3. Neigung v/u anstatt v/u_∞,

4. quadratisches Glied in der Entwicklung des Druckkoeffizienten nach der Geschwindigkeit.

Bestimme und diskutiere diese vier Effekte.

Bei welcher Größe von $\operatorname{tg} \vartheta$ ist die lineare Theorie abhängig von M_∞ mit einem Fehler von 10% behaftet?

38. Mit welchem Strömungszustand ist zu linearisieren, um die ebene Überschalltheorie von ACKERET um ein Glied der Entwicklung zu verbessern? Verwende Gl. (8.29).

39. Führe ein 40°-Segment der ebenen Überschallquellströmung in eine Parallelströmung der Machzahl $M_1 = 2{,}134$ bei $\varkappa = 1{,}400$ über. Kontrolliere nach Abschluß mit Hilfe der Kontinuitätsbedingung.

40. Konstruiere einen Parallelstrahl mit Hilfe eines zwischen zwei parallele Wände eingefügten Zentralkörpers. Wie weit sind die Außenwände fortzuführen?

41. Führe die Überschallpotentialwirbel-Strömung in eine Parallelströmung der Machzahl $M_1 = 1{,}604$ über. Setze mittels dieser Lösung ein Überschall-Gleichdruckgitter zusammen.

---

[1] Mit „Tangent-Wedge" wird die Näherung bezeichnet, bei der in jedem Punkte der Oberfläche jener Druck genommen wird, welchen ein Keil gleicher lokaler Oberflächenneigung aufweist.

[2] Mit Shock-Expansion wird die Näherung bezeichnet, bei der man annimmt, der Stoß behalte seine Anfangsrichtung und die Strömung expandiere isentrop entsprechend der Profilkrümmung.

Beide Näherungen kommen bei mittlerer Überschallgeschwindigkeit auf die Busemannsche Theorie 2. Ordnung hinaus. Sie werden für hohe Machzahlen falsch, und es ist anzunehmen, daß man für $M_\infty \to \infty$ ein Maximum der Ungenauigkeit erhält.

42. Stelle die Verträglichkeitsbedingungen für ebene lineare Überschallströmung auf und berechne die Strömung bei $M_\infty = \sqrt{2}$ im Überschallgitter
der Abb. 4. Die Neigung des Gitters sei durch eine Belegung der Skelett-
linie gegeben. Leitrad $v = 0$, Laufrad $v = -\,\text{tg}\,\vartheta = \text{konst.}$ Es handelt
sich dabei um ein Gitter mit Rückwirkung vom Laufrad ins Leitrad trotz
$M > 1$.

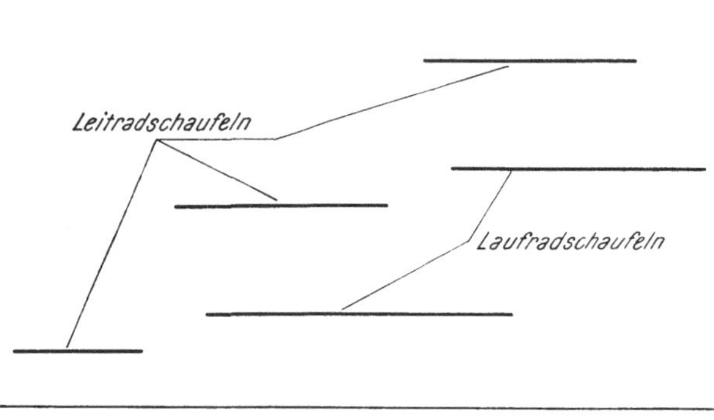

Abb. 4. Schema eines (Überschall-)Gitters

43. Verifiziere die Verträglichkeitsbedingungen

$$d(\varrho\, v\, y) \mp y\, \varrho\, \cot\alpha\, du = 0$$

für die isentrope, achsensymmetrische Überschallströmung. (Das obere
Vorzeichen gilt für die linksläufigen, das untere für die rechtsläufigen
Charakteristiken.)

44. Leite die Verträglichkeitsbedingungen für ebene Überschallströmung
mit Wärmezufuhr ab! Vorteilhafte Abhängige sind beispielsweise: p, s, ϑ.

45. Leite für die Gleichung einer achsensymmetrischen Überschallströmung kleiner Störung bei kleinem Anstellwinkel:

$$\cot^2\alpha\, \varphi_{\varepsilon x x} - \varphi_{\varepsilon r r} - \frac{1}{r}\varphi_{\varepsilon r} + \frac{1}{r^2}\,\varphi_\varepsilon = 0 \qquad (8.14)$$

die Verträglichkeitsbedingungen ab:

$$r\, d\left(\varphi_{\varepsilon r} + \frac{1}{r}\,\varphi_\varepsilon\right) = \pm\, \cot\alpha_\infty\, d(r\,\varphi_{\varepsilon x}).$$

Vergleiche mit den Variablen des Verfahrens von Sauer-Heinz[1]. Bestimme $\varphi_{\varepsilon r} + \varphi_\varepsilon / r$ im Anströmgebiet.

46. Bestimme die Stromlinienneigung ϑ an der Oberfläche eines schräg
angeströmten Rotationskörpers in erster Näherung.

[1] Siehe z. B. Erdmann, S. F., und K. Oswatitsch: Schnell arbeitende, lineare
Charakteristikenverfahren für axiale und schräge Überschallanströmung um Rotationskörper mit Ringflächen. Z. Flugwissenschaften **8**, 201—215 (1954).

47. Bei einer kegeligen Strömung müssen die Kurven konstanter Entropie nicht nur Stromlinien, sondern auch Strahlen durch die Spitze sein. Was ergeben sich daraus für einfache Flächen konstanter Entropie?

48. Löse die Aufgaben 39 und 40 für den achsensymmetrischen Fall.

49. Bestimme den Auftrieb eines mit einem halben Kreiskegel versehenen Dreieckflügels mit Überschallvorderkanten (siehe Abb. 5).

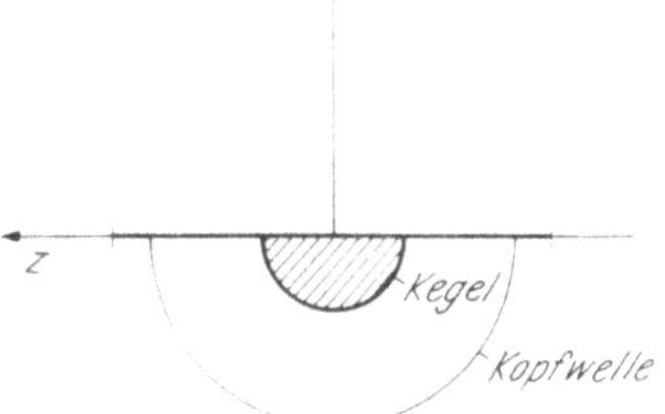

Abb. 5. Dreiecksflügel mit halbem Kreiskegel (Querschnitt)

IX. Stationäre, reibungsfreie, schallnahe Strömung

1. Welche Form nimmt die vereinfachte Gleichung der Stoßpolaren

$$\hat{\mathfrak{v}}^2 = (\mathfrak{u} - \hat{\mathfrak{u}})\left[\left(\mathfrak{u} + \frac{\mathfrak{u}^2}{2}\right) - \left(\hat{\mathfrak{u}} + \frac{\hat{\mathfrak{u}}^2}{2}\right)\right] \tag{9.11}$$

an, wenn die Strömung vor der Front geneigt ist?

2. Wie müssen die Störkomponenten reduziert werden, damit sich für den senkrechten Stoß aus der reduzierten Stoßpolaren bei $u = u_\infty$ das exakte Resultat ergibt? (Spreiter-Reduktion.)

3. Drücke $M - 1$ durch $\mathfrak{u} = (u - u_\infty)/(u_\infty - c^*)$ und $M_\infty - 1$ aus. Entwickle bis zu $(M_\infty - 1)^2$.

4. Berechne die Maximalablenkung am Keil gemäß den Beziehungen $\hat{\mathfrak{v}} = (4/9)\sqrt{3}$, $\hat{\mathfrak{u}} = -4/3$ in Abhängigkeit von M_∞ und die dazugehörige Geschwindigkeitsstörung.

5. Drücke die Machzahlfunktionen β, $1/M^* - 1$, $\beta(1/M^* - 1)$, $\beta^2(1/M^* - 1)$ bzw. $\cot\alpha$, $1 - 1/M^*$, $\cot\alpha(1 - 1/M^*)$, $\cot^2\alpha(1 - 1/M^*)$ (vgl. Tab. 6) direkt durch M selbst aus. Stelle damit am Keil für Schallnähe eine Formel für die Machzahl als Funktion des maximalen Ablenkungswinkels auf.
Berechne schließlich die Machzahl $\hat{M}$ am Keil bei Maximalablenkung als Funktion von M_∞.

6. Schreibe die Gleichung für die Stoßfrontneigung

$$\frac{dy}{dx} = \operatorname{tg}\gamma = \frac{u - \hat{u}}{\hat{v}} \tag{8.20}$$

in schallnahen reduzierten Variablen!

7. Schreibe die Gleichung für Stoßpolare und Stoßneigung in den reduzierten Größen (B willkürlicher Faktor)

$$\mathfrak{u} = \frac{1}{B^2}(\varkappa + 1)\left(\frac{u}{c^*} - 1\right); \qquad \mathfrak{v} = \frac{1}{B^3}(\varkappa + 1)\frac{v}{c^*}; \qquad \mathfrak{x} = x; \qquad \mathfrak{y} = B\,y.$$

***8.** Gib Polynomlösungen der Gleichungen für Schallanströmung (9.12 a, b) im Falle ebener bzw. achsensymmetrischer Strömung und deute sie. (Hinweis: Setze z. B. für das Störpotential ein Polynom 4. Ordnung an.)

9. Bei einem Versuch mit einer bestimmten Profilform hat sich die kritische Machzahl $M_{\infty 1} = 0,80$ bei einem Dickenverhältnis von $\tau_1 = 0,10$ ergeben. Welche kritische Machzahl $M_{\infty 2}$ ist bei einem affin verzerrten Profil und $\tau_2 = 0,05$ zu erwarten? Wie rechnen sich die Geschwindigkeits-störungen um?

10. Bei $\tau_1 = 0,10$ und $M_{\infty 1} = 1,20$ liegt ein Versuch an einem Über-schallprofil vor. Für welches Dickenverhältnis τ_2 kann der Versuch bei $M_{\infty 2} = 1,10$ umgerechnet werden? Wie rechnet sich die kritische Ge-schwindigkeit gemäß den vereinfachten Formeln (Aufgabe 5) um? Ver-gleiche das letzte Ergebnis mit dem exakten Wert!

11. In Schallnähe wurde ein Versuch mittels der Oberflächenwellen-Analogie ($\varkappa_1 = 2,00$) durchgeführt bei einer Machzahl $M_{\infty 1} = 1,10$ und einem Dickenverhältnis $\tau_1 = 0,10$. Welcher Machzahl bei gleichem Dicken-verhältnis entspricht der Versuch in Luft? Wie rechnen sich die Druck-koeffizienten um? (Rechne mit den Näherungen von Aufgabe 5.)

12. Wie ändern sich Volumen und (bei gleichem Staudruck) Widerstand ähnlicher Flügel mit der Machzahl?

13. Stelle die Beziehung zwischen u-Störung und Dickenverhältnis an flachen Körpern bei $M = 1$ her durch Ersetzen der Anströmmachzahl in den Formeln der linearen Theorie durch eine mittlere Machzahl. Mache Entsprechendes bei Rotationskörpern.

14. Bei Strömungen um Rotationskörper spielt die Variablen-Kom-bination $v\,y$ eine besondere Rolle. Wie ist sie bei ähnlichen Lösungen zu transformieren?

15. Nach einer Arbeit von OSWATITSCH und SJÖDIN[1] erhält man für schallnahe Strömung an Kreiskegeln auf $y = 0$ folgende Werte-Paarungen für nachstehende Variablen-Kombinationen:

$$\psi = \frac{\mathrm{tg}^2\,\vartheta}{(1 - 1/M_\infty{}^*)}\;; \qquad \chi = \frac{u/u_\infty - 1}{1 - 1/M_\infty{}^*} - \frac{\mathrm{tg}^2\,\vartheta}{1 - 1/M_\infty{}^*}\,\ln\,(\mathrm{tg}\,\vartheta\,\cot\alpha_\infty)$$

ψ	0,276	0,389	0,537	0,632	0,692	0,723	0,726	0,697
χ	$-0,236$	$-0,371$	$-0,603$	$-0,820$	$-1,030$	$-1,238$	$-1,444$	$-1,647$

ψ und χ setzen sich nur aus reduzierten Größen zusammen, sind also selbst reduzierte Größen und gehorchen daher den Ähnlichkeitsgesetzen.

---

[1] OSWATITSCH, K., und L. SJÖDIN: Kegelige Überschallströmung in Schallnähe. Österr. Ing.-Arch. **8**, 284—292 (1954).

a) Berechne die Geschwindigkeitsstörung für einen halben Kegel-öffnungswinkel von $\vartheta = 10°$ und $M_\infty = 1{,}10$.

b) Wie groß ist der maximale Kegelwinkel bei $M_\infty = 1{,}10$?

16. Bei welcher Machzahl der Anströmung ist die u-Komponente am Kegel gleich der kritischen Geschwindigkeit?

17. Welches Dickenverhältnis τ_2 besitzt bei $M_{\infty 2} = 1{,}20$ ein Rotationskörper, dessen Druckverteilung aus den Versuchen bei $M_{\infty 1} = 1{,}10$ und $\tau_1 = 0{,}10$ umgerechnet werden soll?

18. An einem Spindelkörper der Form $h = 4 h_m x(1 - x)$, $0 \leqslant x \leqslant 1$, wurde bei $M_\infty = 1{,}00$ und einem Dickenverhältnis von $2 h_m = 1/6$ folgende Druckverteilung gemessen:

x	0,03	0,12	0,20	0,27	0,35	0,43	0,50	0,59	0,67	0,75	0,81
c_p	0,43	0,22	0,08	0,01	−0,09	−0,18	−0,24	−0,30	−0,33	0,31	+0,02

Berechne die Druckverteilung bei $M_\infty = 1$ und $2 h_m = 1/(6 \sqrt{2})$.

19. Wie hängt der Widerstandsbeiwert der Rotationskörper von Dicke und Machzahl ab? Wie verhalten sich die Mantelwiderstände beider Körper der vorhergehenden Aufgabe bei $x = 0{,}80$?

***20.** Von welcher Wandstelle einer ebenen Lavaldüse an wird der Unterschallteil nicht mehr beeinflußt? Berechne diese mit der Genauigkeit der Gl. (9.18).

21. Bestimme Machlinienneigung und Verträglichkeitsbedingungen für eine ebene Strömung mit $M_\infty = 1$:

$$- u\, \frac{\partial u}{\partial x} + \frac{\partial v}{\partial \eta} = 0,$$

$$\frac{\partial v}{\partial x} - \frac{\partial u}{\partial \eta} = 0.$$

22. Leite die Verträglichkeitsbedingungen

$$d(v\,\eta) \mp \eta\, d\left(\frac{2}{3} u^{3/2}\right) = 0$$

für eine achsensymmetrische Strömung mit $M_\infty = 1$ ab.

23. Stelle bei der Prandtl-Meyer-Expansion mit Schallparallelanströmung u und v als Funktion des reduzierten Machwinkels ($\mathrm{tg}\,\alpha = -\,\xi_x/\xi_y$) dar. Welche Gestalt haben die rechtsläufigen Machlinien der Strömung?

24. Schreibe die Gleichungen

$$- u\, \frac{\partial u}{\partial x} + \frac{\partial v}{\partial \eta} = 0,$$

$$\frac{\partial v}{\partial x} - \frac{\partial u}{\partial \eta} = 0$$

in Hodographenform.

25. Wie klingt bei der Guderleyschen Lösung für eine mit Schallgeschwindigkeit angeströmte Nase

$$\phi = - |\mathfrak{u}|^{-1}\frac{1}{54}\,f_{-1}(\zeta) - |\mathfrak{u}|^{2}\frac{3}{4}\,f_{2}(\zeta) \tag{9.26}$$

die u-Komponente für $x \to \infty$ ab?

Anleitung: Bilde $\partial \mathfrak{u}/\partial x$ auf $\mathfrak{y} = 0$, d. h. für $v = 0$ oder $\zeta = 0$.

26. Bestimme die Neigung der Stromlinien an der Stoßpolare für Parallelanströmung (Kopfwelle) im Transsonic-Hodographen. Dabei gibt es neben dem Punkte maximaler Ablenkung noch weitere ausgezeichnete Stellen hinter der Stoßfront: den Punkt verschwindender Beschleunigung $(\mathfrak{u}_x = 0)$ und den Punkt verschwindender Stromlinienkrümmung $(v_x = 0,$ Crocco-Punkt).

27. In der Mitte des Anströmgebietes ∞_1 eines Keiles befinde sich, etwa durch einfallende Wellen bedingt, eine Zone verminderter Überschall-

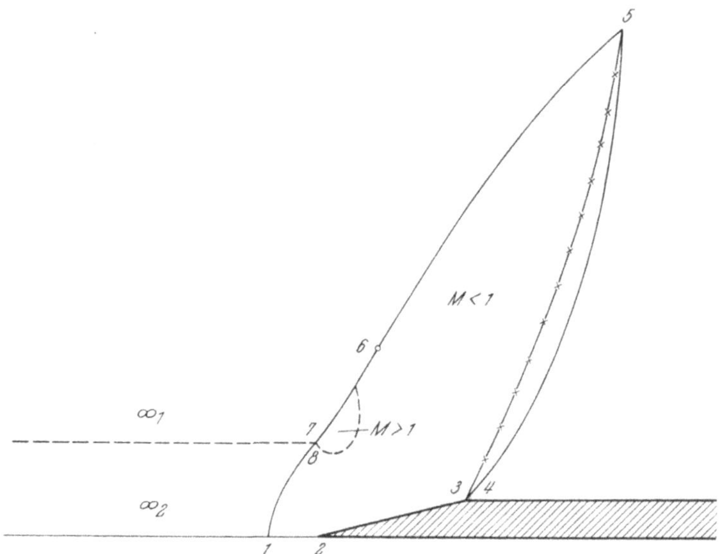

Abb. 6. Schneide in inhomogener Überschall-Parallelströmung

geschwindigkeit ∞_2. Daraus ergibt sich etwa das in Abb. 6 gezeigte Strömungsbild (mündliche Mitteilung von Herrn G. Guderley). Skizziere die Strömung im Hodographen!

28. Stelle das lokale Unterschallgebiet vor einem Keil und die Prandtl-Meyer-Expansion an der Keilschulter im Hodographen dar. Welchen Maximalwinkel darf der Keil hinter der Schulter haben, ohne daß bei $M_\infty \to 1$ das lokale Unterschallgebiet beeinflußt wird? (Siehe Abb. 7.)

***29.** Berechne auf analytischem Wege das Machlinienfeld einer schallnahen Strömung, welche eine Parallelströmung fortsetzt.

30. Berechne das Machliniensystem für die Quellverteilung auf $\mathfrak{y} = 0$:

$$x \leqslant 0: \qquad \mathfrak{v}_0(x) = 0; \qquad 0 \leqslant x \leqslant 1: \qquad \mathfrak{v}_0(x) = \frac{2}{3} \, \mathfrak{u}_\infty{}^{3/2} \left[1 - \left(1 - \frac{x}{l} \right)^3 \right].$$

Hinweis: Verwende die allgemeinen Ergebnisse der vorhergehenden Aufgabe.

***31.** Berechne Stoßneigung und Strömungsrichtung für die schallnahe, auf $M = 1$ führende Prandtl-Meyer-Kompression in reduzierten Größen.

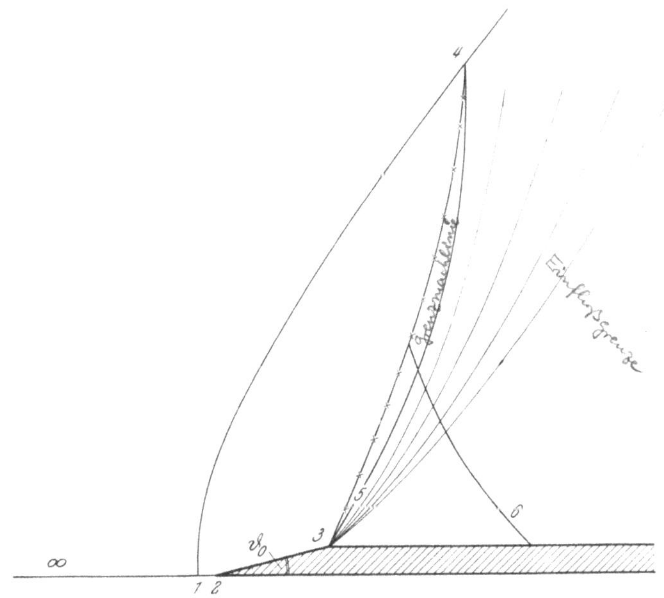

Abb. 7. Expansion an Keilschulter

32. Berechne das Doppelintegral

$$\frac{1}{2\pi} \int\limits_{-\infty}^{\infty} \int\limits_{-\infty}^{\infty} \frac{\mathfrak{u}^2(\xi, \eta)}{2} \, \frac{(\xi - x)^2 - (\eta - \mathfrak{y})^2}{[(\xi - x)^2 + (\eta - \mathfrak{y})^2]^2} \, d\xi \, d\eta \qquad (9.22)$$

auf $\mathfrak{y} = 0$ für die Verteilung

$$\mathfrak{u}^2 = C^2 \qquad \text{für} \qquad 0 \leqslant \xi < \infty, \qquad -b \leqslant \eta \leqslant +b$$
$$\mathfrak{u} = 0 \qquad \text{sonst.}$$

X. Spezielle stationäre und instationäre räumliche Strömungen

1. Berechne die Radialkomponente der Geschwindigkeit an der Vorderkante angestellter Dreiecksflügel nach der Theorie kleiner Streckung und nach der Theorie kegeliger Überschallfelder.

2. Berechne den Einfluß des Abschneidens eines nichtangestellten, ungepfeilten Flügels auf den Widerstandsbeiwert bei $M_\infty > 1$ mittels linearer Theorie, wenn das Flügelprofil überall gleich und symmetrisch ist!

3. Bestimme die Geschwindigkeitsstörung bei $M_\infty < 1$ im Dickenmaximum eines Flügels elliptischen Grundrisses und parabolischen Längs-
und Querschnittes:

$$h(x, z) = \tau\, a \left[1 - \frac{x^2}{a^2} - \frac{z^2}{b^2} \right]; \qquad \frac{x^2}{a^2} + \frac{z^2}{b^2} \leqslant 1.$$

4. Berechne bei $M_\infty < 1$ die u-Verteilung an der Kante eines in einer
Richtung sich ins Unendliche erstreckenden Rechteckflügels konstanten
Längsschnittes von der Tiefe 1 nach der linearen Theorie.

5. Mache dasselbe für $M_\infty > 1$!

6. Führe in Aufgabe 3 die Grenzübergänge für große und kleine Streckung
durch!

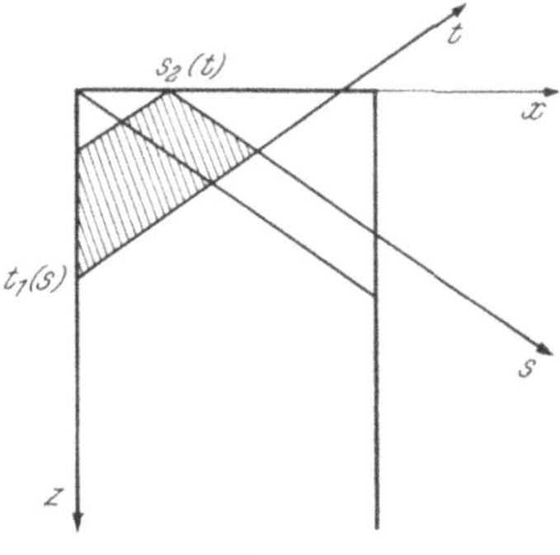

Abb. 8. Evvardsche Formel,
Bezeichnungen

7. Berechne den Auftriebsverlust am
Rande eines Rechteckflügels mittels der
Evvardschen Formel (Bezeichnungen siehe
Abb. 8):

$$\pi \cot \alpha \, \frac{\varphi_\varepsilon}{u_\infty} = \int\limits_{s_2(t)}^{s} \sqrt{\frac{t - t_1(\sigma)}{s - \sigma}} \, d\sigma.$$

8. Berechne einige einfache kegelige
Überschallströmungen an nicht angestellten
Körpern mit Unterschallvorderkanten, insbesondere am Kegel mit Rhombusquer-
schnitt:

$$v(x, 0, z) = u_\infty \, \mathrm{tg}\, \vartheta_0, \qquad |z/x| \leqslant \cot \varLambda.$$

9. Leite die „Pfeilformel" für Überschall ab und vergleiche mit den
Resultaten für die kegelige Strömung.

10. Berechne die u-Verteilung auf einem zwischen $-1 \leqslant x \leqslant 1$ und
$-s \leqslant z \leqslant s$ gelegenen Rechteckflügel bei $M_\infty = 0$ und der Dickenverteilung $h = h_0\,(1 - x^2)$ ($h =$ halbe Dicke).

Berechne die Maximalgeschwindigkeit ($u(0, 0, 0)$) abhängig von der
Streckung s.

Wie verhält sich die Maximalgeschwindigkeit für $s \to 0$ und $s \gg 1$?

Wie verhält sich u auf den Randgeraden $x = \pm 1$ und $z = \pm s$?

Wende die Prandtl-Regel an und studiere den Machzahleinfluß auf die
Maximalgeschwindigkeit.

11. Berechne aus der (linearen) Überschallströmung um die Kante einer
Rechteckplatte (Aufgabe 7) mittels der Lorentz-Transformation (10.12),
(10.13) eine Strömung um geneigte Kanten. Berechne die Tangential- und
Normalkomponente auf die umströmte Kante und zeige deren Verhalten
an der Kante.

12. Gib die Transformation an, welche aus der Kantenumströmung (10.10) mit beliebiger Vorderkante $x/z = n_1$ und Seitenkante $z/x = 0$ die Umströmung an einem gedrehten Rechteckflügel (Abb. 9) macht! (Die Voraussetzung $\cot \Lambda > \operatorname{tg} \alpha$ soll dabei erfüllt sein.)

13. Berechne die Überschallströmung um einen Flügel untenstehender Gestalt (Abb. 10) aus den Formeln für den symmetrisch angeblasenen

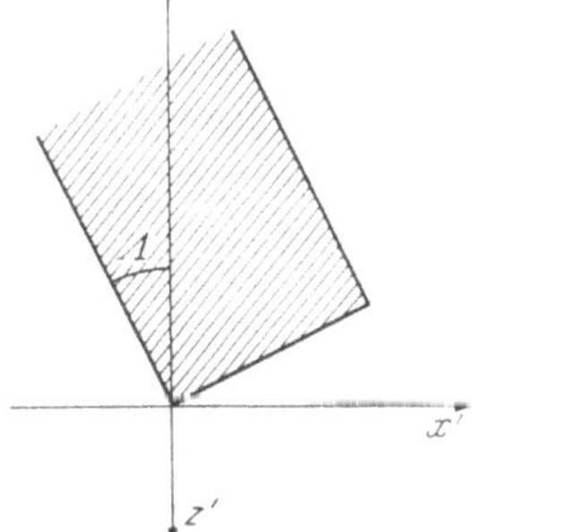
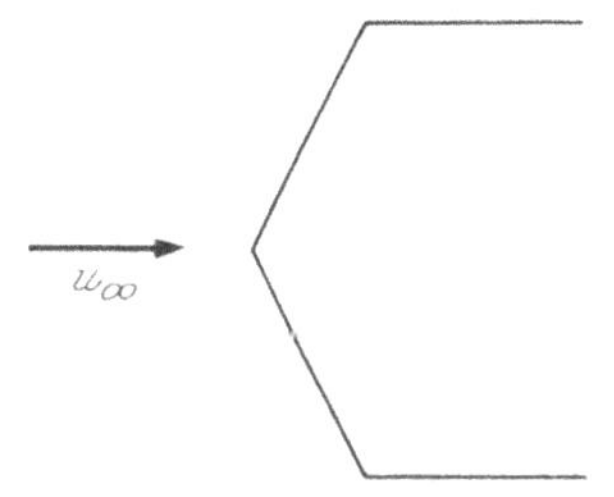

Abb. 9. Gedrehter Rechteckflügel   Abb. 10. Zusammengesetzter Flügel

Dreieckflügel ohne Kantenumströmung sowie den Formeln für den in Richtung einer Kante angeströmten Flügel.

14. Gib Gleitzahl c_a/c_w und Druckpunkt von Deltaflügeln mit Über- und Unterschallvorderkanten bei $M_\infty > 1$ an.

15. Stelle den stationären Verdichtungsstoß im Raume dar. Gib die Stoßpolare an und drücke die Stoßwinkel durch die Komponenten der Geschwindigkeit aus unter der üblichen Annahme, daß die Strömung vor dem Stoß in x-Richtung verläuft.

16. Gib die Galilei-Transformation an, welche die Gleichung

$$- c_0{}^2(\phi_{xx} + \phi_{yy}) + \phi_{tt} = 0 \tag{10.15}$$

in die entsprechende ebene Gl. (10.14) überführt und verallgemeinere mit ihrer Hilfe die Lösung (10.14) für eine schwachgestörte Parallelströmung der x-Komponente u_∞ und der Schallgeschwindigkeit c_∞.

17. Gib eine Lorentz-Transformation an, welche die Gleichung

$$(1 - M_\infty{}^2)\,\phi_{xx} + \phi_{yy} + \phi_{zz} - \phi_{t't'} - 2\,M_\infty\,\phi_{xt'} = 0 \tag{10.14}$$

in die (10.15) entsprechende Wellengleichung überführt, ohne in ein bewegtes Bezugssystem überzuwechseln. Suche sie durch einen Linearansatz!

18. Drücke bei instationärer ebener Strömung die Druckstörung in erster Näherung durch die Ableitungen des Störpotentials aus.

***19.** Berechne die u-Störung $u(x, 0, t) - u_\infty$ und die Druckstörung an einer Platte, welche in Überschallparallelströmung $M_\infty > 1$ zur Zeit $t = 0$ plötzlich angestellt wird. (Also $v_0 = $ konst. für $x > 0$, $t > 0$, sonst $v_0 = 0$.)

20. Führe die Schlagschwingungen einer ebenen Platte in Überschallströmung auf Zeitintegrale zurück. (Randbedingung für $0 \leqslant x$, $-\infty < t < +\infty$: $v(x, 0, t) = v_0 \cos \omega t$.)

XI. Strömungen mit Reibung

1. Schätze die Tiefe der Stoßfront allein mit der Wärmeleitungsgleichung (4.11) ab. Dabei können c_p, ϱ, u und λ als konstant angesehen werden. (Nach der kinetischen Gastheorie ist näherungsweise $\lambda = \varrho \cdot c_p \cdot c \cdot l$, wo l die mittlere freie Weglänge und c die Schallgeschwindigkeit darstellt.)

2. Berechne mit Hilfe von Abb. 11 den laminaren Reibungswiderstand einer Platte bei $\mathrm{Re} = 3 \cdot 10^5$ und $M_\infty = 2,13$ und vergleiche ihn mit dem Druckwiderstand eines Flügels mit einem Parabelbogenzweieck als Längsschnitt und dem Dickenverhältnis $\tau = 0,10$ $(= 0,05)$.

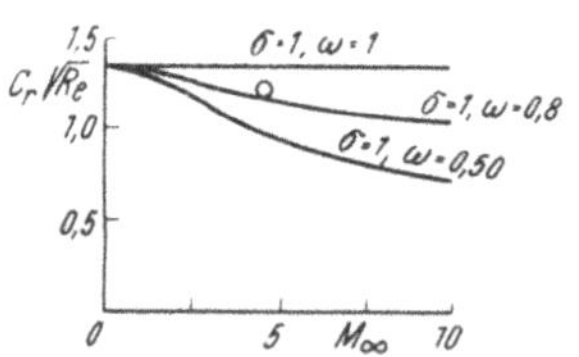

Abb. 11. Reibungsbeiwert an der ebenen Platte, $\mathrm{Re} = (u_\infty L \varrho_\infty)/\mu_\infty$ $\bigcirc\ \sigma = 0,7;\ \omega = 0,8$

3. Vergleiche die Temperatur an einer längsangeströmten Platte $(T_\infty = 220^\circ\ \mathrm{K}$, Prandtl-Zahl $\sigma = 0,7)$ mit der Temperatur im Staupunkt bei $M_\infty = 1, 3, 5$.

4. Berechne mit Hilfe von Abb. 11 den Reibungswiderstandsbeiwert c_r einer Platte mittels des verallgemeinerten Pohlhausen-Verfahrens für $\omega = 0,75$ und $\omega = 1,00$.

5. Vergleiche den auf den Endquerschnitt (= Kaliber) bezogenen Reibungswiderstand eines Kegels vom halben Öffnungswinkel $\vartheta = 10^\circ$ bei $\mathrm{Re} = 3 \cdot 10^5$, $M_\infty = 2$ mit dem Druckwiderstand auf den Mantel.

XII. Versuchstechnik

1. Eine Meßstrecke soll mit $M = 3$ betrieben werden. Wie stark darf die Verengung f_3 hinter dem Meßquerschnitt f_2 sein? Wie groß ist der Druckverlust ohne bzw. mit Verengung?

2. Luft werde (durch Zwischenkühlung) isotherm von der Atmosphäre in einen Kessel von 10 m³ auf $p_1 = 100$ atm gepumpt. Beim Abblasen wird die Luft auf einen konstanten Ruhedruck von $p_2 = 10$ atm abs. reduziert. Wie verhält sich die Pumpleistung gegenüber jener Leistung, die erforderlich wäre, um auf 10 atm abs. hochzupumpen, d. h. welcher Verlust entsteht durch das Speichern bei hohem Druck?

3. Wie groß muß ein Kessel sein, der eine Lavaldüse bei $M = 3$ betreibt, deren Meßquerschnitt 10 × 10 cm² beträgt. Es wird eine Blaszeit von 20 s verlangt. Im Kessel herrsche anfangs 10% Vakuum, die Ruhetemperatur im Kessel sei gleich der Außentemperatur (bzw. bei instationärer Betrachtungsweise gleich der $\varkappa$-fachen Außentemperatur).

4. Ein Absaugkanal vom Meßquerschnitt $f_2 = 10 \times 10$ cm² habe eine Kesselanlage von 100 m³. Die Luft wird aus dem Laboratorium $(T = 288^\circ\ \mathrm{K}$, $p_0 = 1$ atm) abgesaugt und der Kessel kann auf 10% Vakuum ausgepumpt werden. Wie lange ist die Blaszeit theoretisch bei $M = 1, 2, 3, 4$ in der Meßstrecke

a) ohne anschließenden Diffusor,

b) mit anschließendem Diffusor, der jeweils die größtzulässige Verengung aufweist?

Kann der Kanal noch mit $M = 5$ betrieben werden?

c) Welche Blaszeiten ergeben sich (ohne Diffusor) bei Verlusten, die für die angegebenen Machzahlen auf die Pitotdrucke $p/p_0 = 0{,}528$, $0{,}128$, $0{,}027$, $0{,}0065$ führen?

Welche Drucke und Temperaturen herrschen in der Meßstrecke?

Ist Aufheizen notwendig, um die Kondensation von Sauerstoff zu vermeiden?

Welche Temperatur wird im Kessel erreicht?

5. In einem Stoßwellenrohr von 100 m Länge herrscht bei $\varkappa = 1{,}40$ das Ausgangsdruckverhältnis $200:1$. Welche Meßzeit hat man im Gebiet konstanten Zustandes zwischen Stoß und Mediengrenze zur Verfügung?

6. Ein Rohr von 100 m Länge steht unter einem Überdruck $2:1$ gegenüber dem Außendruck. Wie lange dauert der konstante Anströmzustand, wenn es an einem Ende geöffnet wird? (Rohrwindkanal von LUDWIEG[1].)

Weitere Aufgaben zur Versuchstechnik siehe II, 15, II, 18 bis II, 21, sowie III, 12.

---

[1] Z. Flugwissenschaften **3**, 206—216 (1955).

Lösungen

I. Thermodynamik

1. Nach dem Satz von Avogadro verhalten sich die Volumina wie die Molzahlen n. Die Massen und also die Dichten ϱ verhalten sich jedoch wie das Produkt von Molzahl und Molekulargewicht, also:

$$\frac{\varrho_1}{\varrho_2} = \frac{m_1\, n_1}{m_2\, n_2}. \tag{1}$$

Der Sauerstoffanteil in Volumenprozent ist damit:

$$100 \cdot \frac{n_1}{n_1 + n_2} = 100 \cdot \frac{\varrho_1}{\varrho_2} \bigg/ \left(\frac{m_1}{m_2} + \frac{\varrho_1}{\varrho_2}\right) = 20{,}7 \approx 21\%.$$

2. $\qquad\qquad m\,(n_1 + n_2) = n_1\, m_1 + n_2\, m_2; \qquad m = 28{,}8.$ $\hfill (2)$

3. Nach der Zustandsgleichung idealer Gase und (1) gilt:

$$\frac{p_1}{p} = \frac{\varrho_1 \cdot m}{m_1 \cdot \varrho} = \frac{n_1}{n}.$$

Die Volumenanteile verhalten sich also wie die Partialdrucke.

$$n_1/n = p_1/p = 0{,}02.$$

4. Bei einem idealen Gas ist die innere Energie gleich der Summe der inneren Energien der Anteile:

$$\varrho\, e = \varrho_1\, e_1 + \varrho_2\, e_2.$$

Da dies für alle Temperaturen gilt, so gilt es auch für c_v oder mit (1):

$$n\, m\, c_v = n_1\, m_1\, c_{v_1} + n_2\, m_2\, c_{v_2}. \tag{3}$$

Die „Molwärmen" $m\, c_v$ sind in der Mischungsformel mit den Volumanteilen zu multiplizieren! Mit $n = n_1 + n_2$ und $R = m\, c_p - m\, c_v$ erhält man:

$$m\, c_v = m_1\, c_{v_1}\left[1 + \left(\frac{m_2\, c_{v_2}}{m_1\, c_{v_1}} - 1\right)\frac{n_2}{n}\right] \tag{4}$$

und eine gleichgebaute Formel für $m\, c_p$.

Für trockene Luft ($m_1 = 29$) und Wasserdampf ($m_2 = 18$) geben die Tabellenwerke in weitgehender Übereinstimmung mit der kinetischen Gastheorie bei Normaltemperatur $m_1\, c_{v1} = 5/2\, R$, $m_1\, c_{p1} = 7/2\, R$, $m_2\, c_{v2} = 6/2R$, $m_2\, c_{p2} = 8/2\, R$. Daraus errechnen sich für $n_2/n = 0{,}02$:

$$m\, c_v = m_1\, c_{v_1}(1 + 0{,}0040);$$
$$m\, c_p = m_1\, c_{p_1}(1 + 0{,}0029).$$

Gemäß (2) ist $m = m_1\,(1 - 0{,}0076)$,
ferner $\varkappa = c_p/c_v = \varkappa_1\,(1 - 0{,}0011)$.
Für genauere Rechnungen ist also die Luftfeuchte zu berücksichtigen.

5.
$$E = c_v \, T \, \varrho \, V = \frac{1}{\varkappa - 1} \, p \, V,$$

die innere Energie hängt unter den gemachten Annahmen also nur vom Druck ab.

6. Bei einem mittleren $c_p = 0{,}240$ cal/g °C beträgt die in der Sekunde zuzuführende Wärmemenge $c_p \cdot M \cdot \varDelta \, T = 520$ kcal, das entspricht einer elektrischen Leistung von 2180 kW.

7. Im Ansatz befindliche Masse $M = F \cdot L \cdot \varrho$.
Druckerhöhung durch Hineinrücken der Masse:

$$dp = \varkappa \cdot \frac{p}{\varrho} \, d\varrho = c^2 \, d\varrho = c^2 \cdot \frac{\varkappa \cdot F}{V} \cdot \varrho.$$

Auf M wirkende Kraft:

$$- F \, dp = c^2 \, \frac{\varkappa \cdot F^2}{V} \, \varrho.$$

Schwingungsgleichung:

$$\ddot{x} = - \, x \cdot c^2 \, \frac{F}{V \cdot L}.$$

Frequenz:

$$\nu = \frac{c}{2 \, \pi} \cdot \sqrt{\frac{F}{V \cdot L}}.$$

8.
$$c_p = \left(\frac{\partial i}{\partial T} \right)_p = \frac{\partial}{\partial T} \left(e + \frac{p}{\varrho} \right) = c_v + \frac{R}{m},$$

also dieselbe Beziehung wie beim idealen Gas.
(Dagegen: $i = e + p/\varrho = c_p \, T + b \, p$)

$$ds = c_p \cdot \frac{dT}{T} - (c_p - c_v) \frac{dp}{p} = c_p \frac{dv}{v - b} + c_v \frac{dp}{p},$$

$$s - s_0 = c_p \cdot \ln \frac{T}{T_0} - (c_p - c_v) \ln \frac{p}{p_0} = c_p \ln \frac{(1/\varrho) - b}{(1/\varrho_0) - b} + c_v \ln \frac{p}{p_0}.$$

9. Für die Masseneinheit

isotherm:
$$A = - \int_1^2 p \, d\left(\frac{1}{\varrho} \right) = \frac{R}{m_i} \cdot T \ln \frac{p_2}{p_1},$$

isentrop:
$$= c_v (T_2 - T_1),$$

also formal dasselbe wie beim idealen Gas.

Dennoch bestehen Unterschiede, z. B. $p_2 \to \infty$ für $1/\varrho_2 \to b$, die Arbeit wird also unendlich.

10. a) Die Temperatur bleibt konstant, also gemäß Gl. (1.15):
$$s_2 - s_1 = - (c_p - c_v) \ln \varrho_2 / \varrho_1$$

b) $s_2 - s_1 = c_p \ln T_2 / T_1$ ebenfalls gemäß Gl. (1.15).
Hier könnte die Temperaturerhöhung noch durch die Arbeit eines Rührwerkes ausgedrückt werden.

II. Stationäre Fadenströmung

1. Man erhält aus (2.2) mit Rücksicht auf den Außendruck p_a die Komponentendarstellung

$$K_x = - [\varrho_2 W_2^2 + (p_2 - p_a)] f_2 \cos \vartheta_2 + [\varrho_1 W_1^2 + (p_1 - p_a)] f_1 \cos \vartheta_1,$$

$$K_y = - [\varrho_2 W_2^2 + (p_2 - p_a)] f_2 \sin \vartheta_2 + [\varrho_1 W_1^2 + (p_1 - p_a)] f_1 \sin \vartheta_1,$$

und daraus, wie bekannt, Richtung und Größe.

a) Zum Beispiel Betrag der resultierenden Kraft mit G als Durchflußmenge

$$\sqrt{K_x^2 + K_y^2} = G \cdot \sqrt{W_1^2 + W_2^2 - 2 W_1 W_2 \cos (\vartheta_1 - \vartheta_2)},$$

b) z. B.

$$K_x = G \cdot \left[- \left(1 + \frac{1}{\varkappa M_2^2}\right) W_2 \cos \vartheta_2 + \left(1 + \frac{1}{\varkappa M_1^2}\right) W_1 \cos \vartheta_1 \right].$$

Ist die Strömung verlustfrei oder sind die Verluste bekannt, so kann der Zustand 2 noch durch f_2/f_1 und den Zustand 1 ausgedrückt werden.

2. a) Vor dem Körper bildet sich in jedem Falle eine abgelöste Kopfwelle (= Verdichtungsstoß) aus, deren Asymptotenrichtung mit dem Machschen Kegel zusammenfällt.

Ruhedruck p_{10} und Ruhetemperatur T_{10} der ungestörten Strömung errechnen sich nach den Formeln

$$T_{10} = T_1 \left(1 + \frac{\varkappa - 1}{2} M_1^2\right),$$

$$p_{10} = p_1 \left(1 + \frac{\varkappa - 1}{2} M_1^2\right)^{\varkappa/(\varkappa - 1)}.$$

b) Auf der Symmetrieachse handelt es sich beim Durchgang durch die Kopfwelle um einen geraden Verdichtungsstoß; unmittelbar hinter dem Stoß gilt:

$$\frac{T_2}{T_1} = \frac{[1 + (1 + \lambda^2) (M_1^2 - 1)] [1 + \lambda^2(M_1^2 - 1)]}{M_1^2}, \qquad \lambda^2 = \frac{\varkappa - 1}{\varkappa + 1}$$

$$\frac{p_2}{p_1} = 1 + (1 + \lambda^2) (M_1^2 - 1).$$

c) Da der Energiesatz gilt, folgt für die Temperatur T_{20} im Staupunkt

$$T_{20} = T_{10}.$$

Für den Druck im Staupunkt gilt:

$$p_{20} = p_1 \left(\frac{M_1^2}{1 - \lambda^2}\right)^{(1 + \lambda^2)/(2\lambda^2)} \cdot [1 + (1 + \lambda^2) (M_1^2 - 1)]^{-(1 - \lambda^2)/(2\lambda^2)}.$$

d) Vor dem Pitotrohr bildet sich ebenfalls eine Kopfwelle aus; es mißt dann den Ruhedruck p_{20} nach dem Stoß.

M_1	$\dfrac{T_1}{T_{10}}$	$\dfrac{p_1}{p_{10}}$	$\dfrac{T_2}{T_1}$	$\dfrac{p_2}{p_1}(=p_2)$	$\dfrac{p_{20}}{p_1}(=p_{20})$	T_{10}	p_{10}	T_2
1,5	0,689 66	0,272 40	1,320 22	2,458 33	3,413	417,6	3,671	380,2
2,0	0,555 56	0,127 80	1,687 50	4,500 00	5,640	518,4	7,825	486,0
3,0	0,757 14	0,027 22	2,679 01	10,333 33	12,061	806,4	36,740	771,6
5,0	0,166 67	0,001 89	5,800 00	29,000 00	32,660	1 728,0	529,100	1 670,0
10,0	$1/21$	$1/21^{3,5}$	20,387 50	116,500 00	129,220	6 048,0	42 439,000	5 872,0

3.
$$c^2 = c_p(\varkappa - 1)\,T; \qquad c_p = 0,240\,\frac{\text{cal}}{\text{g}\,°\text{C}}.$$

T [°K]	273°	223°	288°
c [m/s]	331,22	299,36	340,20

4. Der Energiesatz liefert:
$$\frac{W^2}{2} + i = i_0.$$

Für das ideale Gas konstanter spezifischer Wärme gilt $i = c_p\,T$, also:
$$T_0 - T = \frac{W^2}{2\,c_p}$$
$$T_0 = \left(1 + \frac{\varkappa - 1}{2}\,M^2\right) T = (1 + 0,2\,M^2)\,T.$$

Die im folgenden verwendeten Temperaturwerte entsprechen der internationalen Norm-Atmosphäre.

h [km]	t [°C]	1. Fall, 1000 km/h			2. Fall, 2000 km/h		
		M	T_0	$\varDelta T$	M	T_0	$\varDelta T$
0	15,0	0,816 5	326,4	38,4	1,633	441,6	153,6
1	8,5	0,825 9	319,9	38,4	1,652	435,2	153,6
10	−50,0	0,927 9	261,4	38,4	1,856	376,6	153,6

5. Es gibt keine Maximalgeschwindigkeit, da die theoretische Ruhetemperatur T_0 mit zunehmender Fluggeschwindigkeit über alle Schranken wächst.

6. $\dfrac{i_0 - i}{i} = \dfrac{W^2}{2\,c_p\,T} = \dfrac{\varkappa - 1}{2} \cdot \dfrac{W^2}{(\varkappa - 1)\,c_p\,T} = \dfrac{\varkappa - 1}{2} \cdot \dfrac{W^2}{c^2} = \dfrac{\varkappa - 1}{2}\,M^2.$

7. Man hat:

$$\hat{M}^2 = \frac{1 + \dfrac{\varkappa - 1}{\varkappa + 1}(M^2 - 1)}{1 + \dfrac{2\varkappa}{\varkappa + 1}(M^2 - 1)} = \frac{\varkappa - 1}{2\varkappa} + \frac{\dfrac{\varkappa + 1}{2\varkappa}}{1 + \dfrac{2\varkappa}{\varkappa + 1}(M^2 - 1)} \geqq \frac{\varkappa - 1}{2\varkappa}.$$

$M = \infty$ liefert Minimum

$$\hat{M} = \sqrt{\frac{\varkappa - 1}{2\varkappa}} \quad (= 0{,}378 \text{ für } \varkappa = 1{,}4).$$

8. Benutze $i = e + p/\varrho$.

9. Durch Elimination von $\hat{W}$ bzw. W folgt:

$$W^2 = \frac{\hat{p} - p}{\hat{\varrho} - \varrho} \cdot \frac{\hat{\varrho}}{\varrho}, \qquad \hat{W}^2 = \frac{\hat{p} - p}{\hat{\varrho} - \varrho} \cdot \frac{\varrho}{\hat{\varrho}}$$

und durch Subtraktion die Beziehung (2.9).

10. Aus Darstellungen von Zusammensetzung und innerer Energie der Luft[1] folgt $m/\hat{m} = 2$ (d. h. Verdoppelung der Teilchenzahl) und $m \cdot \hat{e} = 2{,}4 \cdot 10^5$ cal. Die Hugoniot-Gleichung (siehe Aufgabe 8) lautet vereinfacht wegen $\hat{p} \gg p$, $\hat{e} \gg e$:

$$\frac{\hat{\varrho}}{\varrho} - 1 = \frac{2\,\hat{e}\,\hat{\varrho}}{\hat{p}} = 2\,\frac{\hat{m}}{m} \cdot \frac{\hat{e}\,m}{R\,\hat{T}},$$

also ist $\hat{\varrho}/\varrho = 13$ und wegen $\hat{T}/T = 45$

$$\frac{\hat{p}}{p} = \frac{\hat{T}}{T} \cdot \frac{\hat{\varrho}}{\varrho} \cdot \frac{m}{\hat{m}} = 1170.$$

Aus der Gleichung für die Laufgeschwindigkeit des Stoßes (2.13) folgt schließlich $M = 30$.

Das ideale Gas konstanter spezifischer Wärme liefert bei $M = 30$ etwa $\hat{T}/T = 170$, aber annähernd dieselbe Druckerhöhung $\hat{p}/p = 1000$.

11. Es handelt sich um eine einfache Umformung von

$$M^2 = \frac{M^{*2}}{1 - \dfrac{\varkappa - 1}{2}(^{*2}M - 1)}$$

und anschließende Differentiation.

12. Für die isentrope Strömung eines idealen Gases konstanter spezifischer Wärme gilt:

$$\begin{aligned}
\frac{W^2}{2} - \frac{W_\infty{}^2}{2} &= - \int_{p_\infty}^{p} \frac{dp}{\varrho} = - \frac{p_\infty}{\varrho_\infty} \int_{p_\infty}^{p} \left(\frac{p_\infty}{p}\right)^{1/\varkappa} \cdot \frac{dp}{p_\infty} \\[2mm]
&= \frac{p_\infty}{\varrho_\infty} \cdot \frac{\varkappa}{\varkappa - 1}\left[1 - \left(\frac{p}{p_\infty}\right)^{(\varkappa - 1)/\varkappa}\right] = \\[2mm]
&= \frac{p_\infty}{\varrho_\infty} \cdot \frac{\varkappa}{\varkappa - 1}\left[-\frac{\varkappa - 1}{\varkappa}\frac{p - p_\infty}{p_\infty} + \frac{\varkappa - 1}{2\varkappa^2}\left(\frac{p - p_\infty}{p_\infty}\right)^2 + \cdots\right].
\end{aligned} \tag{1}$$

---

[1] Siehe z. B. Abb. 8 und 9 der „Gasdynamik".

$$\frac{W^2}{W_\infty{}^2} = 1 - \frac{p - p_\infty}{\dfrac{\varrho_\infty}{2} \cdot W_\infty{}^2} + \frac{1}{4} M_\infty{}^2 \left(\frac{p - p_\infty}{\dfrac{\varrho_\infty}{2} W_\infty{}^2}\right)^2 - \frac{\varkappa + 1}{24} M_\infty{}^4 (\ldots)^3 + \ldots$$

$$= 1 - c_p + \frac{1}{4} c_p{}^2 M_\infty{}^2 - \frac{\varkappa + 1}{24} c_p{}^3 M_\infty{}^4 + \ldots .$$

Daraus:

$$c_p = 1 - \frac{W^2}{W_\infty{}^2} + \frac{1}{4} M_\infty{}^2 \left(1 - \frac{W^2}{W_\infty{}^2}\right)^2 + \ldots . \tag{2}$$

Die Konvergenzverhältnisse übersieht man am besten durch direkte Umkehr von (1). Es folgt:

$$c_p = \frac{2}{\varkappa M_\infty{}^2} \left(\frac{p}{p_\infty} - 1\right) = \frac{2}{\varkappa M_\infty{}^2} \left\{\left[1 - \frac{\varkappa - 1}{2} M_\infty{}^2 \left(\left(\frac{W}{W_\infty}\right)^2 - 1\right)\right]^{\varkappa/(\varkappa - 1)} - 1\right\} .$$

Für

$$\left|\frac{\varkappa - 1}{2} \cdot M_\infty{}^2 \left(\left(\frac{W}{W_\infty}\right)^2 - 1\right)\right| \leqslant 1,$$

d. h.

$$1 - \frac{2}{\varkappa - 1} \cdot \frac{1}{M_\infty{}^2} \leqslant \left(\frac{W}{W_\infty}\right)^2 \leqslant 1 + \frac{2}{\varkappa - 1} \cdot \frac{1}{M_\infty{}^2}$$

konvergiert die binomische Reihe von $[\ldots]^{\varkappa/(\varkappa - 1)}$ und liefert das oben angegebene Ergebnis (2) für c_p. Die obere Grenze entspricht der Maximalgeschwindigkeit, die untere ist bedeutungslos, solange $M_\infty{}^2 \leqslant 2/(\varkappa - 1)$ ist. Die Reihe konvergiert in diesem Falle von $W = 0$ an.

Für $M_\infty{}^2 \geqslant 2/(\varkappa - 1)$ kann man im Bereich

$$0 \leqslant \left(\frac{W}{W_\infty}\right)^2 \leqslant 1 - \frac{2}{(\varkappa - 1) M_\infty{}^2}$$

die Entwicklung benutzen:

$$c_p = \frac{2}{\varkappa M_\infty{}^2} \left\{\left[\frac{\varkappa - 1}{2} M_\infty{}^2 \left(1 - \left(\frac{W}{W_\infty}\right)^2\right)\right]^{\varkappa/(\varkappa - 1)}\right.$$

$$\left. \cdot \left[1 + \frac{2\varkappa}{(\varkappa - 1)^2} \cdot \frac{1}{M_\infty{}^2} \cdot \frac{W_\infty{}^2}{W_\infty{}^2 - W^2} + \frac{2\varkappa}{(\varkappa - 1)^4} \cdot \frac{1}{M_\infty{}^4} \left(\frac{W_\infty{}^2}{W_\infty{}^2 - W^2}\right)^2 + \ldots\right]\right\} .$$

13. Aus

$$\frac{W^2}{W_\infty{}^2} = 1 - c_p + \frac{1}{4} c_p{}^2 M_\infty{}^2 - \frac{\varkappa + 1}{24} c_p{}^3 M_\infty{}^4 + \ldots$$

(siehe Aufgabe 12) folgt:

$$\frac{W - W_\infty}{W_\infty} = \frac{W}{W_\infty} - 1 =$$

$$= -\frac{1}{2} c_p - \frac{1}{8} (1 - M_\infty{}^2) c_p{}^2 - \frac{1}{16} \left(1 - M_\infty{}^2 + \frac{\varkappa + 1}{3} M_\infty{}^4\right) c_p{}^3 + \ldots .$$

Die Umkehrung ergibt sich am einfachsten durch Iteration aus

$$c_p = -2 \frac{W - W_\infty}{W_\infty} - \frac{1}{4} (1 - M_\infty{}^2) c_p{}^2 - \frac{1}{8} (\ldots) c_p{}^3 \ldots$$

wie angegeben.

14. Man gewinnt zunächst aus der Bernoullischen Gleichung

$$\left(\frac{\varrho}{\varrho_\infty}\right)^{\varkappa-1} = 1 - \frac{\varkappa-1}{2} M_\infty^2 \left(\frac{W^2}{W_\infty^2} - 1\right)$$

z. B. durch implizite Differentiation den Anfang der Taylor-Reihe um $W = W_\infty$:

$$\frac{\varrho}{\varrho_\infty} = 1 - M_\infty^2 \left(\frac{W}{W_\infty} - 1\right) - \frac{1}{2} M_\infty^2 \left(1 + (\varkappa-2) M_\infty^2\right) \left(\frac{W}{W_\infty} - 1\right)^2 + \dots$$

und daraus durch Einsetzen von

$$\frac{W}{W_\infty} - 1 = \frac{u - u_\infty}{u_\infty} + \frac{1}{2} \cdot \frac{v^2 + w^2}{u_\infty^2} + \dots$$

$$\frac{\varrho}{\varrho_\infty} = 1 - \frac{u - u_\infty}{u_\infty} M_\infty^2 +$$

$$- \frac{1}{2} \cdot \frac{v^2 + w^2}{u_\infty^2} M_\infty^2 - \frac{1}{2} M_\infty^2 \left(1 + (\varkappa-2) M_\infty^2\right) \left(\frac{u - u_\infty}{u_\infty}\right)^2 + \dots,$$

$$\frac{u}{u_\infty} = 1 + \frac{u - u_\infty}{u_\infty}, \text{ also}$$

$$\frac{\varrho\, u}{\varrho_\infty\, u_\infty} = 1 + (1 - M_\infty^2) \frac{u - u_\infty}{u_\infty} - \frac{1}{2} M_\infty^2 \left(3 + (2 - \varkappa) M_\infty^2\right) \left(\frac{u - u_\infty}{u_\infty}\right)^2$$

$$- \frac{1}{2} M_\infty^2 \frac{v^2 + w^2}{u_\infty^2} + \dots .$$

15. Zu a), b) siehe Abb. 12.
Der Stoß liegt bei $x = 13{,}0$.
c) Man hat:

$$\frac{p_2}{p_{10}} = \left(\frac{2\varkappa}{\varkappa+1} M_1^2 - \frac{\varkappa-1}{\varkappa+1}\right) \Big/ \left(1 + \frac{\varkappa-1}{2} M_1^2\right)^{\varkappa/(\varkappa-1)};$$

$$\frac{f}{f^*} \to \infty \text{ bedeutet auch } M_1 \to \infty, \quad \lim_{M_1 \to \infty} \frac{p_2}{p_{10}} = 0.$$

16. $\left.\dfrac{d^2 f}{dx^2}\right|_{f=f^*} = \dfrac{0{,}1}{f^*}$,

also

$$\frac{f^*}{c^*} \cdot \frac{dW}{dx} = \sqrt{\frac{f^*}{\varkappa+1} \cdot \frac{0{,}1}{f^*}} = \frac{1}{\sqrt{10(\varkappa+1)}} \left(= \frac{1}{12} \sqrt{6} \text{ für Luft}\right).$$

17. $\qquad\qquad\qquad\quad G_1 = \varrho_1 W_1 f_1 = \text{konst.},$
$\qquad\qquad\qquad\quad G_2 = \varrho_2 W_2 f_2 = \text{konst.},$ $\qquad$ (siehe Abb. 13)
$\qquad\qquad\qquad\quad p_1 = p_2 = p,$
$\qquad\qquad\qquad\quad f_1 + f_2 = f.$

Bildet man mit Hilfe der beiden ersten Gleichungen $df_1/dp + df_2/dp$, so folgt an der engsten Stelle der Düse:

$$\frac{G_1}{\varrho_1^2 W_1^3} (M_1^2 - 1) + \frac{G_2}{\varrho_2^2 W_2^3} (M_2^2 - 1) = \frac{d(f_1 + f_2)}{dp} = 0.$$

Es gibt also a priori die beiden Möglichkeiten:

a) Beide Gase durchströmen die engste Stelle mit Schallgeschwindigkeit,

b) das eine Gas strömt mit Überschall-, das andere mit Unterschall-geschwindigkeit durch den engsten Querschnitt.

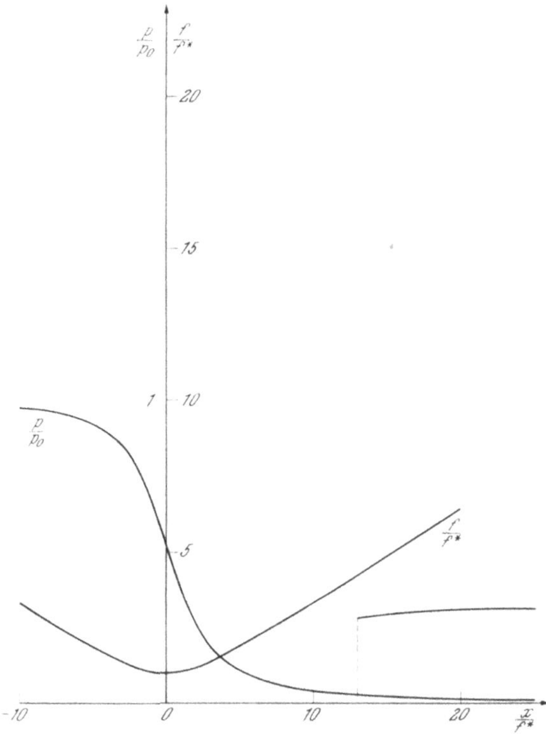

Abb. 12. Druckverteilung in Lavaldüse

Man kann folgende Fälle unterscheiden:

1. Gase gleichen Ruhedruckes mit gleichem $\varkappa$.

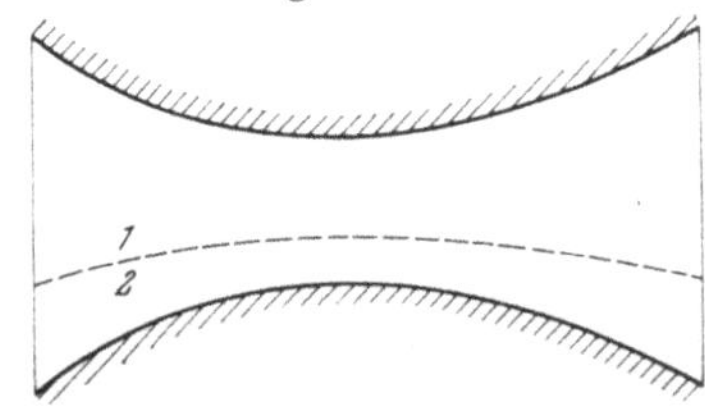

Abb. 13. Lavaldüse mit zwei neben-einander strömenden Gasen

Nach Tab. 3 gilt für isentrop strömen-de, ideale Gase 1 und 2:

$$M_{1,2}{}^2 = \frac{2}{\varkappa - 1}\left[\left(\frac{p_{1,2}}{p_0}\right)^{-(\varkappa-1)/\varkappa} - 1\right].$$

Wegen $p_1 = p_2 = p$ längs der Berührungs-linie folgt, daß auch die Machzahl der beiden Gase längs der Berührungslinie gleich sein muß. Es tritt Fall a) ein.

2. Gase gleichen Ruhedruckes mit verschiedenem $\varkappa$.

Die kritischen Drucke $p_i{}^* = p_0 \cdot (2/(\varkappa_i + 1))^{\varkappa_i/(\varkappa_i - 1)}$, $i = 1, 2$, sind ver-schieden, können also nicht an derselben Stelle der Düse auftreten. Es tritt Fall b) ein.

3. Gase verschiedenen Ruhedruckes, aber mit gleichem $\varkappa$.

Die kritischen Drucke $p_i{}^* = p_{io}\,(2/(\varkappa + 1))^{\varkappa/(\varkappa - 1)}$, $i = 1, 2$, sind verschieden und können deshalb wieder nicht an derselben Stelle der Düse auftreten. Es tritt Fall b) ein.

4. Gase verschiedenen Ruhedruckes und mit verschiedenem $\varkappa$.

Ein gemeinsamer Schalldurchgang an der engsten Stelle der Düse ist nur möglich für

$$p_{10}\left(\frac{2}{\varkappa_1 + 1}\right)^{\varkappa_1/(\varkappa_1 - 1)} =$$

$$= p_{20}\left(\frac{2}{\varkappa_2 + 1}\right)^{\varkappa_2/(\varkappa_2 - 1)},$$

Im allgemeinen wird Fall b) eintreten.

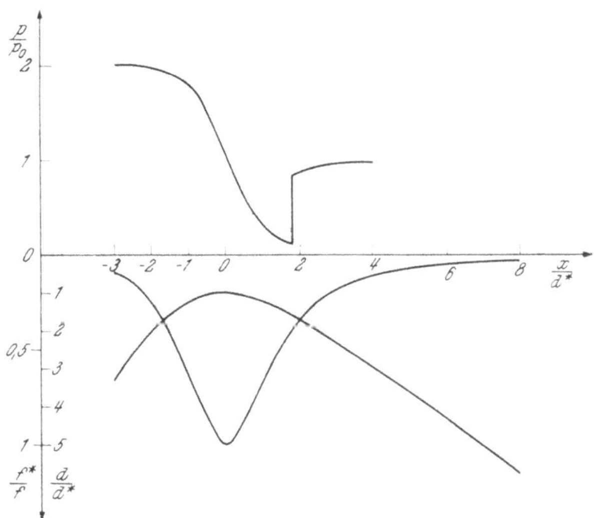

Abb. 14. Druckverteilung (oben) und Querschnittsverteilung (unten) einer typischen Lavaldüse

18. Aus $\dfrac{p_{20}}{p_{10}} = 0{,}5$ folgt $M_1 = 2{,}5$, $\dfrac{\varrho\,W}{\varrho^*\,W^*} = 0{,}379 = \dfrac{f^*}{f}$.

Der Stoß steht also bei einem Querschnittsverhältnis von $f/f^* = 2{,}637$ der Düse.

Weitere Größen: $\dfrac{p_1}{p_{10}} = 0{,}059$, $\dfrac{p_2}{p_1} = 7{,}12$, $\dfrac{p_2}{p_{10}} = 0{,}417$.

Abb. 14 zeigt den Verlauf für eine typische Düse.

19. a) Zu $f/f^* = 6$ gehört $M = 3{,}37$, dazu bei isentroper Strömung $p/p_{10} = 0{,}0158$. Wegen $p_k/p_{10} = 0{,}3$ ist der gegebene Einlauf überexpandiert. In ihm ist ein Verdichtungsstoß anzubringen, der für $f_e/f^* = 6$ gerade auf $p_{2e}/p_{10} = 0{,}3$ führt (Index „e" soll auf „Endquerschnitt" hinweisen). Die graphische Lösung ergibt, daß der V-Stoß bei $f = 4{,}33\,f^*$ anzubringen ist. (Siehe Abb. 15.)

b) Der V-Stoß rückt mit zunehmendem Gegendruck des Kessels in die Kehle der Lavaldüse, die schließlich verlustfrei durchströmt wird. Der Übergang zur verlustfreien Unterschallströmung findet statt bei $f/f^* = 6$ für Unterschall, d. h. $M_e = 0{,}097$ und $p_e/p_{10} = 0{,}993$. Der Kessel ist praktisch aufgefüllt, wenn sich Unterschallströmung einstellt.

c) Die sekundliche Durchflußmenge ist gleich der maximalen sekundlichen Durchflußmenge, solange Überschallströmung herrscht.

$$G_{\max} = \varrho_0 \, V_{\max} = f^* \, \varrho^* \, W^* = f^* \, \varrho_0 \, c_0 \cdot \left(\frac{2}{\varkappa + 1}\right)^{(\varkappa + 1)/2\,(\varkappa - 1)},$$

$$V_{\max} \approx 20 \cdot f^* \; \text{dm}^3 \, \text{s}^{-1}.$$

Das aufzufüllende Volumen beträgt $50 \, (1 - 0,3) \, \text{m}^3 = 35 \, \text{m}^3$; es dauert mindestens $(35 \cdot 10^3)/(25 \cdot 20) \approx 70 \, \text{s}$, bis der Kessel gefüllt ist.

20. a) Wegen $\varrho W/\varrho^* W^* = 0,850$ folgt aus $f^* \varrho^* c^* = f \varrho W : f^* = 340 \, \text{cm}^2$.

b) Der Querschnitt Q des Modells muß so klein gewählt werden, daß der verbleibende Querschnitt des Kanals das bei einem etwaigen Verdichtungsstoß in der freien Meßstrecke durch Ruhedruck- und Ruhedichteabfall im Stoß entstehende größere Gasvolumen noch aufzunehmen vermag. Bedeuten f_1, f_2, f_3 der Reihe nach den kleinsten, den Meßstrecken- und den Restquerschnitt, so muß für Luft $(\varkappa = 1,4)$ gelten:

$$\frac{f_3}{f_2} > \frac{p_{20}}{\hat{p}_{20}} \cdot \frac{\varrho_2 \, W_2}{\varrho^* \, W^*} =$$

$$= \frac{1}{0,930} \cdot 0,850 = 0,915,$$

$$Q = = f_2 - f_3 \leqslant 0,085 \, f_2 \leqslant 34 \, \text{cm}^2.$$

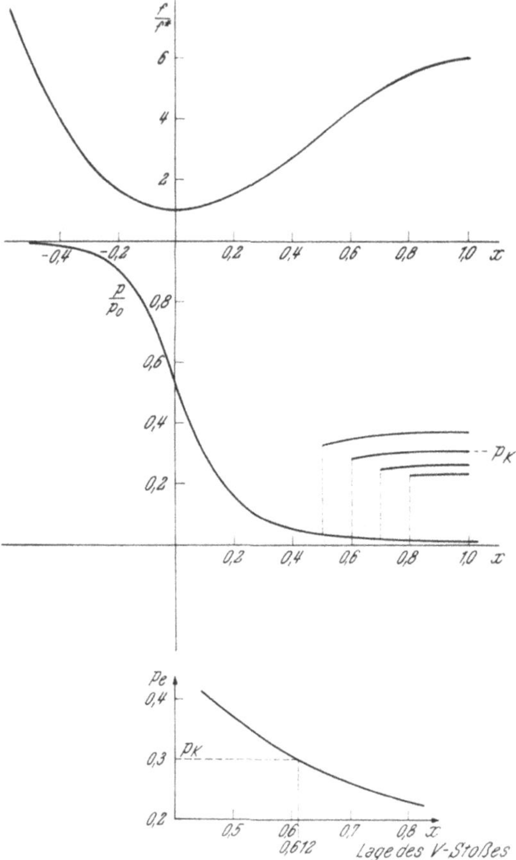

Abb. 15. Bestimmung der Lage des V-Stoßes in überexpandiertem Einlauf

c) Für $34 \, \text{cm}^2 < Q < 60 \, \text{cm}^2$ stellt sich hinter dem engsten Querschnitt der Düse ein Verdichtungsstoß ein, der am Modell wieder auf $M = 1$ führt; für $Q > 60 \, \text{cm}^2$ wird am Modell wieder $M = 1$, während die Strömung im engsten Querschnitt der Düse unterkritisch wird.

21. Sei $p_1 \, (= 3 \, \text{atm})$ der Druck hinter dem Kompressor und f_1, f_2, f_3 die Querschnitte von Düsenhals, Meßstrecke und Diffusorhals. Im günstigsten Fall steht der Stoß gerade im Diffusorhals. Aus dem Ruhedruckverlust $\hat{p}_1/p_1 = \frac{1}{3}$ folgt in diesem $M = 2,98$ und $f_3/f_1 = 4,16$. Der Meßstreckenquerschnitt darf höchstens so groß sein, daß der Diffusor einen etwaigen V-Stoß in dieser noch aufzunehmen vermag. Die Kontinuitätsbedingung ergibt:

$$\frac{\hat{\varrho}_{20}}{\varrho_{20}} = \frac{f_1}{f_3} = 0,240.$$

Nach Stoßtabellen gehört dazu $M = 3,36$ als höchste erreichbare Machzahl und hierzu $f_2/f_1 = 5,96$.

Nimmt man an, daß der Kompressor atmosphärische Luft von $0°$ C isentrop verdichtet, so folgt schließlich $f_1 = 40,7$ cm², $f_2 = 243$ cm².

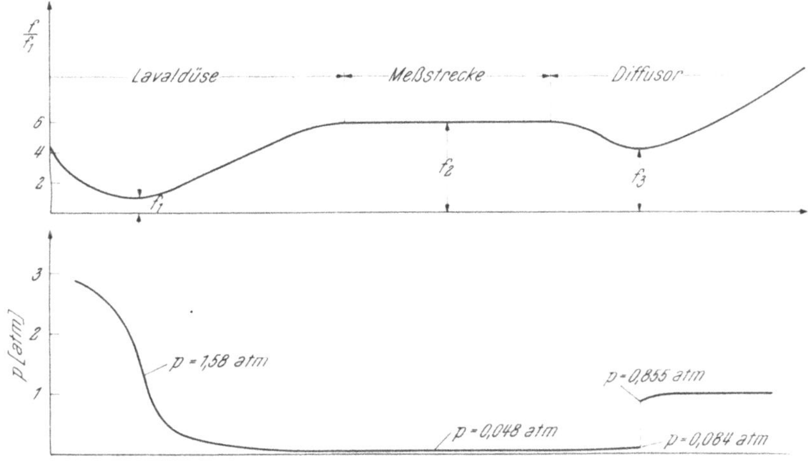

Abb. 16. Überschallkanal, schematisch

Die technische Arbeit beim Verdichten ist

$$A = \frac{\varkappa}{\varkappa - 1}\, p_0 v_0 [3^{(\varkappa - 1)/\varkappa} - 1] = 2,67 \cdot 10^4 \,\text{mkp} = 62,5 \,\text{kcal}.$$

Die Ruhetemperatur nach dem Verdichten ist $T_{10} = T_0 \cdot 3^{(\varkappa - 1)/\varkappa} = 373,7°\,$K.

Die Abkühlung bei konstantem Druck auf T_0 bedeutet den Entzug von $A = c_p \cdot m_0 \cdot (T_{20} - T_0) = 0,24 \cdot 2 \cdot 1,293 \cdot 100,7\,\text{kcal} = 62,5\,\text{kcal}$; nach dem Energiesatz muß dieser gleich der Arbeit des (idealen) Kompressors sein. Siehe Abb. 16.

22. Index 1 beziehe sich auf die Zustände vor, Index 2 auf die Zustände nach dem Stoß, ein weiterer angehängter Index 0 bedeutet die Ruhezustände.

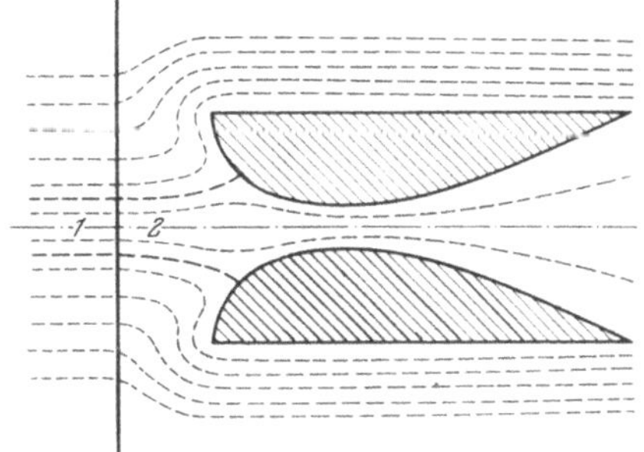

Abb. 17. Strömungsverlauf um Ring hinter senkrechtem V-Stoß

Man findet:

$$\frac{p_2}{p_1} = 10,333, \qquad p_{20} = 0,328 \,\text{atm}, \qquad p_2{}^* = 0,173 \,\text{atm},$$

$$\frac{T_2}{T_1} = 2,679, \qquad T_2 = 261,2\,°\text{K}, \qquad T_{20} = T_{10} = 273\,°\text{K},$$

$$M_2 = 0,475, \qquad T_2{}^* = 227,5\,°\text{K}, \qquad c_2{}^* = 331,2\,\text{m/s}.$$

Siehe Abb. 17.

23. a) Den Fanno-Kurven im (s, i)-Diagramm entnimmt man, daß die Strömung wegen der Entropiezunahme durch die Reibung für $M < 1$ beschleunigt, für $M > 1$ verzögert wird.

$$p = \varrho(c_p - c_v) \cdot T = \varrho \cdot \frac{\varkappa - 1}{\varkappa}\left(i_0 - \frac{W^2}{2}\right) = (\varrho W) \cdot \frac{\varkappa - 1}{\varkappa}\left(\frac{i_0}{W} - \frac{W}{2}\right)$$

nimmt auf einer Fanno-Kurve $(\varrho W) = $ konst. bei zunehmender Geschwindigkeit ab, bei abnehmender Geschwindigkeit zu.

Im Falle eines idealen Gases konstanter spezifischer Wärme folgert man aus

$$\frac{W^2}{c^2} = M^2 = \frac{2}{\varkappa - 1} \cdot \left(\frac{i_0}{i} - 1\right) = \frac{2}{\varkappa - 1} \cdot \left(\frac{i_0}{i_0 - \dfrac{W^2}{2}} - 1\right) :$$

$$M \frac{dM}{dW} = \frac{1}{\varkappa - 1} \cdot \frac{W i_0}{\left(i_0 - \dfrac{W^2}{2}\right)^2} > 0.$$

M und W laufen also auch bei anisentropen Vorgängen gleichsinnig.

b) Ist das Rohr sehr kurz, so entsteht bei $M < 1$ im Anfangsquerschnitt $M = 1$ im Endquerschnitt, während $M > 1$ im Endquerschnitt erhalten bleiben wird.

c) In beiden Fällen entsteht im Endquerschnitt $M = 1$. Dabei springt im Falle $M > 1$ die Strömung an einer geeigneten Stelle im Rohr in einem Verdichtungsstoß auf $M < 1$ und wird anschließend auf $M = 1$ beschleunigt. Die Durchflußmenge nimmt mit zunehmender Länge des Rohres ab.

24. a) Die Annahme $v \approx 250 \text{ m/s}$ führt auf $\text{Re} \sim 3 \cdot 10^5$. Tabellen[1] oder graphischen Darstellungen entnimmt man als Widerstandszahl $\lambda = 0{,}015$. Damit folgt $(\lambda \cdot U)/4 f = \lambda/d = 0{,}75$ und aus Abb. 22 der „Gasdynamik":

$$\frac{p}{p_0} \cdot \frac{G_{\max}}{G} = 1{,}0, \qquad M = 0{,}56 \rightarrow \frac{p}{p_0} = 0{,}81;$$

$$G_{\max} = f \cdot \varrho_0^* \cdot W^*, \qquad W^* = c^* = \sqrt{\frac{2}{\varkappa + 1}}\, c_0 = 313 \text{ m/s};$$

$$\varrho_0^* = 0{,}63\, \varrho_0 = 0{,}738 \text{ kg/m}^3;$$

$$G_{\max} = 7{,}25 \cdot 10^{-2} \text{ kg/s}; \qquad G = 5{,}87 \cdot 10^{-2} \text{ kg/s}.$$

b) Durch Umzeichnen von Abb. 22 der „Gasdynamik" und graphische Integration findet man:

$$s_2 - s_1 = \frac{1}{2}\, \varkappa(c_p - c_v) \cdot \int \frac{\lambda U}{4 f} M^2\, dx = 0{,}0173 \text{ cal/g °C};$$

$$\ln \frac{p_{01}}{p_{02}} = \frac{s_2 - s_1}{c_p - c_v} = 0{,}264; \qquad p_{02} = 0{,}798\, p_{01}.$$

---

[1] Z. B. in PRANDTL, L.: Strömungslehre. Braunschweig: Vieweg. **1956.**

25.

$$\hat{W}_{1,2} = \frac{1}{\varkappa + 1}\left[\varkappa \cdot \frac{B}{A} \pm \sqrt{\varkappa^2 \left(\frac{B}{A}\right)^2 - 2(\varkappa^2 - 1)C}\right];$$

$$\hat{\varrho}_{1,2} = \frac{1}{2(\varkappa - 1)} \cdot \frac{A}{C} \cdot \left[\varkappa \cdot \frac{B}{A} \mp \sqrt{\varkappa^2 \left(\frac{B}{A}\right)^2 - 2(\varkappa^2 - 1)C}\right];$$

$$\hat{p}_{1,2} = \frac{A}{\varkappa + 1} \cdot \left[\frac{B}{A} \mp \sqrt{\varkappa^2 \left(\frac{B}{A}\right)^2 - 2(\varkappa^2 - 1)C}\right].$$

$$A = \varrho W, \qquad B = \varrho W^2 + p, \qquad C = \frac{W^2}{2} + \frac{\varkappa}{\varkappa - 1} \cdot \frac{p}{\varrho}$$

ergibt mit

$$\frac{\varkappa \cdot p}{\varrho} = c^2, \qquad \frac{W^2}{c^2} = M^2:$$

$$\frac{\hat{W}_{1,2}}{W} = \frac{\varrho}{\hat{\varrho}_{1,2}} = 1 - \frac{1}{\varkappa + 1}\left[1 - \frac{1}{M^2} \mp \left(1 - \frac{1}{M^2}\right)\right],$$

$$\frac{\hat{p}_{1,2}}{p} = 1 + \frac{\varkappa}{\varkappa + 1}\left[(M^2 - 1) \mp (M^2 - 1)\right].$$

Das obere Vorzeichen liefert hierin jeweils die Identität, das untere den senkrechten Stoß.

26. $A = \varrho W(1 + \sigma);$ $B = \varrho W^2 + p;$ $C = \frac{\varkappa}{\varkappa - 1}\frac{p}{\varrho} + \frac{W^2}{2}.$

$$\frac{\hat{W}}{W} = \frac{1}{M^2} \cdot \frac{1 + \varkappa M^2 \mp D}{(\varkappa + 1)(1 + \sigma)};$$

$$\frac{\hat{\varrho}}{\varrho} = \frac{1}{2} \cdot \frac{1 + \varkappa M^2 \pm D}{1 + \frac{\varkappa - 1}{2}M^2};$$

$$\frac{\hat{p}}{p} = \frac{1}{\varkappa + 1}(1 + \varkappa M^2 \pm \varkappa D);$$

$$\hat{M}^2 = \frac{1 + \varkappa M^2 \mp D}{1 + \varkappa M^2 \pm \varkappa \cdot D}.$$

Hierin ist

$$D = \sqrt{(1 + \varkappa M^2)^2 - 2(\varkappa + 1)M^2\left(1 + \frac{\varkappa - 1}{2}M^2\right)(\sigma + 1)^2}.$$

Für $\sigma = 0$ ergibt sich

	bei Wahl des	
	oberen Vorzeichens	unteren Vorzeichens
für $M < 1$	Identität	Verdünnungsstoß
für $M > 1$	Verdichtungsstoß	Identität

Die Beschränkungen für σ ergeben sich aus:

a) D reell $\rightarrow |\sigma + 1| < \dfrac{1}{\sqrt{2(\varkappa + 1)}} \cdot \dfrac{1}{M} \cdot \dfrac{1 + \varkappa M^2}{1 + \dfrac{\varkappa - 1}{2} M^2}$,

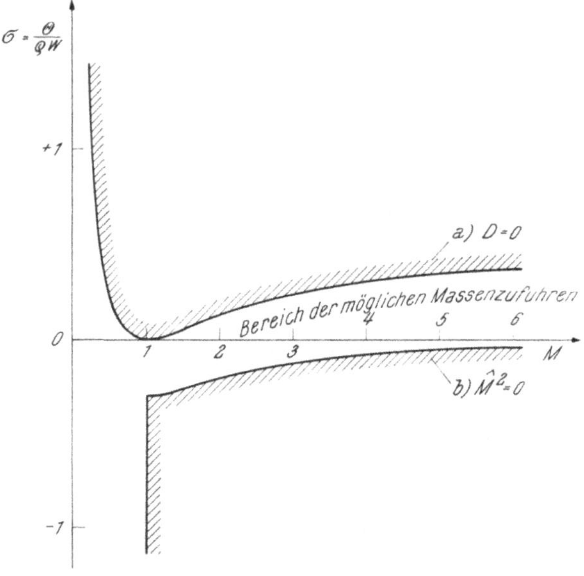

Abb. 18 a. Mögliche Massenzufuhren in Abhängigkeit von der Machzahl

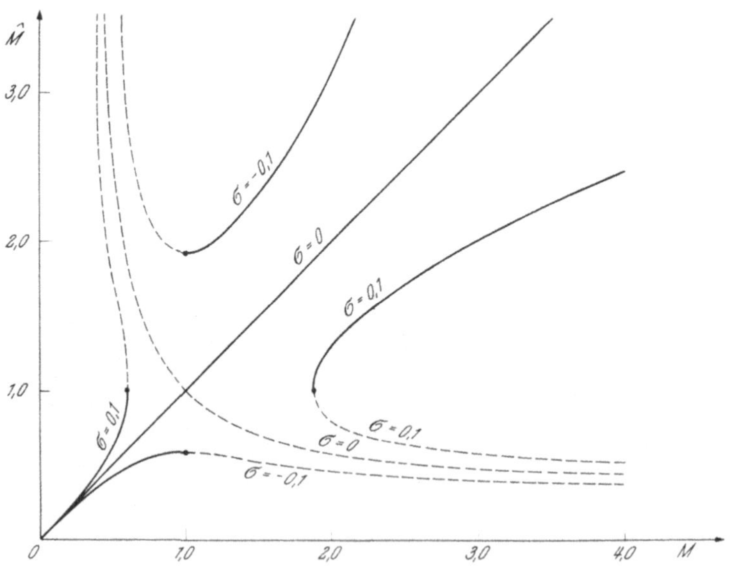

Abb. 18 b. $\hat{M}(M)$ nach reiner Massenzu- bzw. -abfuhr

b) $\hat{p} > 0 \rightarrow |\sigma + 1| > \dfrac{1}{\varkappa} \cdot \sqrt{\dfrac{\varkappa - 1}{2}} \cdot \dfrac{1}{M} \cdot \dfrac{1 + \varkappa M^2}{\sqrt{1 + \dfrac{\varkappa - 1}{2} M^2}}$

Letztere Beschränkung ist nur für die stoßfreie Lösung $M > 1$ von Bedeutung. Siehe Abb. 18 a, b.

27. $A = \varrho W; \qquad B = (1 + \mu)(\varrho W^2 + p); \qquad C = \dfrac{W^2}{2} + \dfrac{\varkappa}{\varkappa - 1} \cdot \dfrac{p}{\varrho}.$

($\mu > 0$ Kraft, $\mu < 0$ Widerstand).

$$\frac{\hat{W}}{W} = \frac{(1 + \mu)(1 + \varkappa M^2) \mp D'}{(\varkappa + 1) M^2}$$

$$\frac{\hat{\varrho}}{\varrho} = \frac{1}{2} \cdot \frac{(1 + \mu)(1 + \varkappa M^2) \pm D'}{1 + \dfrac{\varkappa - 1}{2} M^2} \; ;$$

$$\frac{\hat{p}}{p} = \frac{1}{\varkappa + 1}\left((1 + \mu)(1 + \varkappa M^2) \pm \varkappa D'\right);$$

$$\hat{M}^2 = \frac{(1 + \mu)(1 + \varkappa M^2) \mp D'}{(1 + \mu)(1 + \varkappa M^2) \pm \varkappa D'}.$$

Hierin ist

$$D' = \sqrt{(1 + \mu)^2 (1 + \varkappa M^2)^2 - 2(\varkappa + 1) M^2 \left(1 + \frac{\varkappa - 1}{2} M^2\right)}.$$

Fallunterscheidungen siehe Aufgabe 26.

Die Beschränkungen für μ ergeben sich aus:

a) D' reell $\rightarrow \dfrac{1}{|\mu + 1|} < \dfrac{1}{\sqrt{2(\varkappa + 1)}} \cdot \dfrac{1}{M} \cdot \dfrac{1 + \varkappa M^2}{\sqrt{1 + \dfrac{\varkappa - 1}{2} M^2}} \; ;$

b) $\hat{p} > 0 \rightarrow \dfrac{1}{|\mu + 1|} > \dfrac{1}{\varkappa} \cdot \sqrt{\dfrac{\varkappa - 1}{2}} \cdot \dfrac{1}{M} \cdot \dfrac{1 + \varkappa M^2}{\sqrt{1 + \dfrac{\varkappa - 1}{2} M^2}}.$

In erster Näherung entsteht das an der M-Achse gespiegelte Diagramm Abb. 18 a.

Der zulässige Widerstand ist eine für $M = 1$ verschwindende Funktion der Machzahl. Bei $M < 1$ folgt $M < \hat{M} < 1$, bei $M > 1$ folgt entweder (ohne Stoß) $M > \hat{M} > 1$ oder (mit Stoß) $M > 1 > \hat{M}$.

Die zulässige Kraft ist lediglich bei der für $\mu = 0$ in die Identität übergehenden Überschallösung beschränkt.

28. Setze in Aufgabe 25

$$A = \varrho W, \qquad B = p + \varrho W^2 - \frac{D}{f}, \qquad C = \frac{\varkappa}{\varkappa - 1} \frac{p}{f} + \frac{W^2}{2}.$$

Es kommt (der Zirkumflex bezeichnet die Mittelwerte hinter dem Modell):

$$\frac{\hat{W}_{1,2}}{W} = \frac{1}{\varkappa+1} \cdot \frac{1}{M^2}\left(1 + \varkappa M^2 - \frac{D}{f p} \pm R\right) = \frac{\varrho}{\hat{\varrho}_{1,2}};$$

$$\frac{\hat{p}_{1,2}}{p} = \frac{1}{\varkappa+1}\left(1 + \varkappa M^2 - \frac{D}{f p} \mp \varkappa R\right);$$

$$\hat{M}_{1,2}{}^2 = \frac{1 + \varkappa M^2 - \dfrac{D}{f p} \pm R}{1 + \varkappa M^2 - \dfrac{D}{f p} \mp \varkappa R} \cdot$$

Hierin ist

$$R = \sqrt{(M^2 - 1)^2 - \frac{2D}{f p}(1 + \varkappa M^2) + \frac{D^2}{f^2 p^2}} \cdot$$

Bei $M < 1$ führt das untere, bei $M > 1$ das obere Zeichen auf die stoß-freie Lösung ($D = 0$ führt in diesen Fällen auf die Identität).

Analog zu Aufgabe 27 stellt man z. B. durch Differentiation nach D fest, daß

$$\text{für } M < 1 \quad \frac{\hat{W}}{W} \text{ und } \frac{\hat{M}}{M} > 1, \quad \frac{\hat{p}}{p} \text{ und } \frac{\hat{\varrho}}{\varrho} < 1,$$

$$\text{für } M > 1 \quad \frac{\hat{W}}{W} \text{ und } \frac{\hat{M}}{M} < 1, \quad \frac{\hat{p}}{p} \text{ und } \frac{\hat{\varrho}}{\varrho} > 1$$

sind.

Der maximal mögliche Widerstand ist durch das Verschwinden von R gegeben. Es ergibt sich:

$$\frac{D}{f p} = \frac{(1 - M^2)^2}{1 + \varkappa M^2 + \sqrt{2(\varkappa + 1)M^2\left(1 + \dfrac{\varkappa - 1}{2}M^2\right)}} \cdot$$

29.

$$c_0 = \sqrt{\varkappa \cdot \frac{p_0}{\varrho_0}} = \sqrt{(\varkappa - 1)c_p T_0} = 340{,}20 \text{ m/s};$$

$$c = \left(c_0{}^2 - \frac{\varkappa - 1}{2}w^2\right)^{1/2} = 327{,}25 \text{ m/s};$$

$$M = \frac{w}{c} = 0{,}2965;$$

$$T = \frac{c^2}{c_0{}^2} T_0 = 283 \,°\text{K}.$$

Nach den Formeln für Gleichdruckverbrennung (2.43), (2.39) und (2.45) folgt:

a) $q = c_p T = 67{,}9 \dfrac{\text{cal}}{\text{g}}$,

b) $\hat{T}_0 - T_0 = T = 283 \,°\text{K}$,

c) $\dfrac{\hat{p}_0}{p_0} = 0{,}970.$

30. a) Für die Isentrope gilt:

$$\log \frac{p}{p_0} = \frac{\varkappa}{\varkappa - 1} \log \frac{T}{T_0} = - \frac{\varkappa}{\varkappa - 1} \log \left(1 + \frac{\varkappa - 1}{2} M^2\right).$$

Für die Dampfdruckkurve:

$$\log p = - \frac{A}{T_0} \left(1 + \frac{\varkappa - 1}{2} M^2\right) + B,$$

also

$$\log p_0 + \frac{A}{T_0} \left(1 + \frac{\varkappa - 1}{2} M^2\right) = B + \frac{\varkappa}{\varkappa - 1} \log \left(1 + \frac{\varkappa - 1}{2} M^2\right). \tag{1}$$

$$M = 8, \qquad p_0 = 1 \,\text{atm} \quad \text{ergibt} \quad T_0 = 573\,^\circ\text{K}.$$

b) Gl. (1) liefert für jedes vorgegebene M einen Zusammenhang zwischen denjenigen Ausgangswerten p_0 und T_0, bei denen gerade Sättigung eintritt. Man wählt zweckmäßig $M = $ konst. als Netzlinien und für p_0 und T_0 logarithmisch geteilte Achsen (Abb. 19).

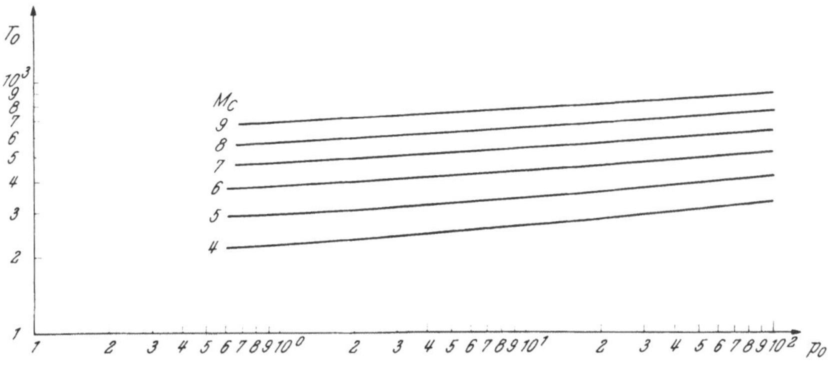

Abb. 19. Ohne Übersättigung erreichbare Machzahlen M_c

III. Instationäre Fadenströmung

1. Benutze beispielsweise für die Kontinuitätsbedingung Gl. (3.1) in der Form für veränderliche Grenzen. Mit $x(t)$ als zeitabhängige Stoßfrontlage gilt dann (siehe Abb. 20):

$$\frac{\partial}{\partial t} \left[\int_{x_1}^{x} \varrho_1 dx + \int_{x}^{x_2} \varrho_2 dx \right] =$$

$$= \varrho_1 U - \varrho_2 U = \varrho_1 W_1,$$

das heißt:

$$\varrho_1 (W_1 - U) = - \varrho_2 U.$$

Abb. 20. Instationärer Stoß, Bezeichnungen

Entsprechend findet man als Impulssatz:

$$\varrho_1 W_1 (W_1 - U) + p_1 = p_2$$

und als Energiesatz:

$$\varrho_1 (U - W_1) \frac{W_1^2}{2} + \varrho_1 U e_1 - \varrho_1 W_1 i_1 = \varrho_2 U e_2$$

oder durch Umformung mittels Impuls- und Kontinuitätsbedingung:

$$- U W_1 + \frac{W_1{}^2}{2} + i_1 = i_2.$$

2. Durch Betrachten eines stationären Stoßes mit Strömungsrichtung von rechts nach links aus einem mit $(- W)$ bewegten Bezugssystem erhält die Stoßfront eine Laufgeschwindigkeit $U = + W$, während für die Geschwindigkeitsbeträge gilt $- \hat{W} + W = W_1$. Die thermischen Zustände bleiben unverändert, $\hat{\varrho} = \varrho_1$, $\varrho = \varrho_2$. Man braucht also nur einzusetzen $W = - U$ und $\hat{W} = U - W_1$ und bekommt:

$$(U - W_1)\, \varrho_1 = U \varrho_2.$$

Aus Kontinuitätsbedingung und Impulssatz erhält man:

$$- W_1(U - W_1)\, \varrho_1 + p_1 = p_2,$$

aus dem Energiesatz:

$$- U W_1 + \frac{W_1{}^2}{2} + i_1 = i_2$$

wie unter Aufgabe 1.

3. Der Energiesatz für stationäre Strömung (siehe Aufgabe 2) kann in einer auch für instationäre Strömung gültigen Form geschrieben werden, wenn W durch $- U$ und $\hat{W}$ durch $(\hat{W} - W) - U$ ersetzt wird. Man erhält dann:

$$\hat{i}_0 - i_0 = \frac{\hat{W}^2}{2} + \hat{i} - \left(\frac{W^2}{2} + i\right) = \varDelta W(W + U).$$

Die Ruheenthalpie ist also unverändert, entweder wenn die Stoßstärke verschwindet $(\varDelta W = 0)$, oder wenn die Stoßgeschwindigkeit verschwindet $(W + U = 0)$.

Mittels der Beziehungen $T_0/T = 1 + ((\varkappa - 1)/2)\, M^2$ und $\varDelta W/c = \ldots$ (3.27) gewinnt man schließlich die Formel

$$\frac{\hat{T}_0}{T_0} - 1 = 2\, \frac{\varkappa - 1}{\varkappa + 1}\left(\frac{U}{c} - \frac{c}{U}\right)\left(\frac{U}{c} + \frac{W}{c}\right)\Big/\left[1 + \frac{\varkappa - 1}{2}\left(\frac{W}{c}\right)^2\right], \tag{1}$$

welche den Anstieg der Ruhetemperatur durch U/c als ein Maß der Stoßstärke und durch die Machzahl vor dem Stoß (W/c) ausdrückt.

4. Der Anstieg der Entropie und damit der Ruheentropie ist gegeben durch:

$$\frac{\hat{s} - s}{c_v} = \frac{\hat{s}_0 - s_0}{c_v} = \ln\left[\frac{2\varkappa}{\varkappa + 1}\cdot\frac{U^2}{c^2} - \frac{\varkappa - 1}{\varkappa + 1}\right] + \varkappa \ln\left[\frac{\varkappa - 1}{\varkappa + 1} + \frac{2}{\varkappa + 1}\cdot\frac{c^2}{U^2}\right] \tag{2}$$

$$\text{(3.28)}.$$

Mit (1.15) ist aber dann

$$\ln\frac{\hat{p}_0}{p_0} = \frac{\varkappa}{\varkappa - 1}\ln\frac{\hat{T}_0}{T_0} - \frac{1}{\varkappa - 1}\frac{\hat{s}_0 - s_0}{c_v} = \ln\frac{\hat{\varrho}_0}{\varrho_0} + \ln\frac{\hat{T}_0}{T_0} \tag{3}$$

als Funktion von U/c und W/c gegeben.

5. Aus (1) von Aufgabe 3 wird näherungsweise:

$$\frac{\hat{T}_0}{T_0} = 1 + 2\,\frac{\varkappa - 1}{\varkappa + 1}\left(\frac{U^2}{c^2} - 1\right)\left(1 + \frac{W}{U}\right). \tag{4 a}$$

Bei schwachen Stößen kann die Entropie als konstant angenommen werden. Aus (3) von Aufgabe 4 folgt dann:

$$\frac{\hat{p}_0}{p_0} = 1 + \frac{2\varkappa}{\varkappa + 1}\left(\frac{U^2}{c^2} - 1\right)\left(1 + \frac{W}{U}\right); \qquad \frac{\hat{\varrho}_0}{\varrho_0} = 1 + \frac{2}{\varkappa + 1}\left(\frac{U^2}{c^2} - 1\right)\left(1 + \frac{W}{U}\right). \tag{4 b}$$

Obwohl also die Strömung praktisch isentrop ist, ändern sich in instationären schwachen Stößen die Ruhegrößen. Bei $W \to 0$ gehen die Formeln für $\hat{T}_0$, $\hat{p}_0$ und $\hat{\varrho}_0$ näherungsweise in jene für T, p und ϱ über, siehe (3.27).

6. Die kritische Stromdichte muß um 33% ansteigen:

$$\frac{1}{0{,}75} = 1{,}33 = \frac{\hat{\varrho}^* \hat{c}^*}{\varrho^* c^*} = \frac{\hat{\varrho}_0}{\varrho_0} \cdot \left.\middle/ \sqrt{\frac{\hat{T}_0}{T_0}}\right. = \text{(nach (4 a, b))}$$

$$= 1 + \left(\frac{U^2}{c^2} - 1\right)\left(1 + 0{,}20\,\frac{c}{U}\right).$$

Also wiederum nach (4 a, b):

$$\frac{\hat{T}_0}{T_0} = 1{,}11; \qquad \frac{\hat{\varrho}_0}{\varrho_0} = 1{,}28; \qquad \frac{\hat{p}_0}{p_0} = 1{,}39;$$

$$\frac{U}{c} = 1{,}13.$$

7. Siehe Abb. 21 a, b. Da die Drucke im Ausgangszustand gleich sind ($p_2 = p_1$), ist also $c_2 < c_1$. Bezieht man im Stoßpolaren-Diagramm Druck

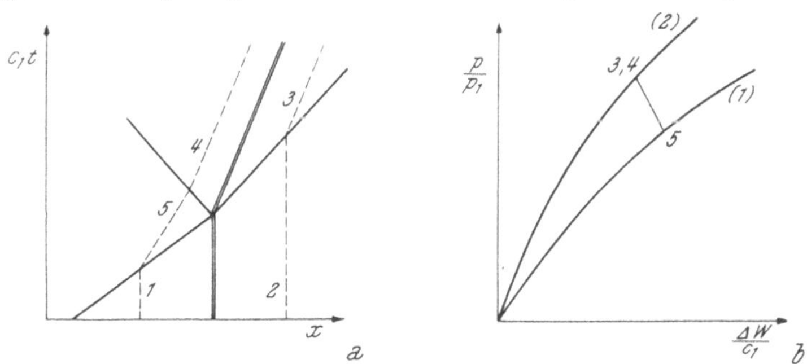

Abb. 21 a, b. Stoß an Mediengrenze

und Geschwindigkeit auf den Zustand 1, so ist die Polare, welche vom Zustand 2 ausgeht, steiler.

Der Zustand 5 ist durch den Ausgangsstoß gegeben. Das Aufprallen auf das dichtere Gas bewirkt einen linksläufigen Stoß in das Gas 1 hinein. Von 5 ist also im Polarendiagramm eine linksläufige Polare zu ziehen. Im Schnittpunkt 3, 4 mit der Polare 2 gibt sie die Zustände in beiden Gasen: $p_3 = p_4$ wegen $W_3 = W_4$, aber $c_3 \neq c_4$.

Für $\varrho_2 \gg \varrho_1$ erfolgt die Reflexion wie an einer festen Wand.
Für $c_2 > c_1$ läuft in das Gas 1 eine Expansion hinein.
Für $c_2 \gg c_1$ ähnelt die Reflexion der am offenen Rohrende.

8. Seien U_1 und U_2 die Geschwindigkeiten der in die Gase 1 und 2 laufenden Stoßfront. Aus $p_5/p_1 = p_3/p_2$ folgt eine Beziehung zwischen U_2/c_2 und U_1/c_1: Für $\varkappa_1 = \varkappa_2$ beispielsweise $U_2/c_2 = U_1/c_1$. Aus $W_3 = W_5$ folgt dann eine Beziehung von c_2/c_1 zu $\varkappa_1$, $\varkappa_2$, U_1/c_1, oder besser p_5/p_1:

$$\frac{\varrho_2}{\varrho_1} = \frac{\varkappa_2 \cdot c_1{}^2}{\varkappa_1 \cdot c_2{}^2} = \frac{2\,\varkappa_1 + (\varkappa_1 + 1)\,(p_5/p_1 - 1)}{2\,\varkappa_2 + (\varkappa_2 + 1)\,(p_5/p_1 - 1)}.$$

Für $\varkappa_1 = \varkappa_2$ gilt also $\varrho_2 = \varrho_1$, $c_2 = c_1$, aber im allgemeinen $T_2 \neq T_1$. Für $\varkappa_1 \neq \varkappa_2$ ist ϱ_2/ϱ_1 abhängig von der Stoßstärke p_5/p_1.
Allgemein erhält man $U_2/U_1 = \varrho_1/\varrho_2$.

9. Aus den Gl. (3.27) erhält man:

$$\frac{\Delta W}{c_2} = \sqrt{\frac{2}{\varkappa(\varkappa - 1)}} \quad \text{und damit} \quad \frac{U_{23}}{c_2} = \sqrt{\frac{2\,\varkappa}{\varkappa - 1}},$$

$$\frac{\varrho_3}{\varrho_2} = \frac{\varkappa}{\varkappa - 1}, \qquad \frac{p_3}{p_2} = \frac{3\,\varkappa - 1}{\varkappa - 1}.$$

Mit $\varrho_2/\varrho_1 = (\varkappa + 1)/(\varkappa - 1)$ folgt schließlich $\varrho_3/\varrho_1 = \varkappa(\varkappa + 1)/(\varkappa - 1)^2$ und wegen

$$\frac{p_2}{p_1} \to \infty: \quad \frac{p_3 - p_1}{p_2 - p_1} = \frac{3\,\varkappa - 1}{\varkappa - 1}.$$

10. Nach (3.28) gilt:

$$\frac{\hat{s} - s}{c_v} = \ln\left[1 + \frac{2\,\varkappa}{\varkappa + 1}\left(\frac{U^2}{c^2} - 1\right)\right] + \varkappa \ln\left\{\frac{c^2}{U^2}\left[1 + \frac{\varkappa - 1}{\varkappa + 1}\left(\frac{U^2}{c^2} - 1\right)\right]\right\}$$

$$= 2\ln\left|\frac{U}{c}\right| + \ln\left[\frac{2\,\varkappa}{\varkappa + 1} \cdot \left(\frac{\varkappa - 1}{\varkappa + 1}\right)^{\varkappa}\right] + \frac{\varkappa + 1}{\varkappa - 1} \cdot \frac{3\,\varkappa - 1}{2\,\varkappa} \cdot \frac{c^2}{U^2} + \cdots.$$

Das zweite Glied ist also auch bei starken Stößen noch recht wichtig.

11. Da die Lage eines Teilchens $a =$ konst. entspricht, ist die Teilchenbahn eine Parallele zur t-Achse. Das bedeutet, daß die Mach- und Stoßwellenneigungen proportional zu $\pm\,c$ und $\pm\,U$ sind.
Da jedoch die x-Abstände gemäß der Kontinuitätsbedingung $(\partial x / \partial a)_t = {} = \varrho_0/\varrho$ zu den a-Abständen proportional ϱ_0/ϱ verzerrt sind, sind die gesuchten Neigungen gegeben durch

$$\frac{da}{dt} = \pm\,\frac{\varrho}{\varrho_0}\,c \quad \text{bzw.} \quad \pm\,\frac{\varrho}{\varrho_0}\,U^1.$$

12. Es kann ein starker Stoß angenommen werden. Mit (3.29) gilt dann:

$$\frac{\hat{T}}{T_{01}} = \frac{\varkappa_1 - 1}{\varkappa_1 + 1} \cdot \frac{\hat{p}}{p_{01}} = \frac{(\varkappa_1 - 1)\,\varkappa_1}{2}\left(\frac{\hat{W}}{c_{01}}\right)^2.$$

---

[1] Betreffs einer formalen Ableitung vgl. „Gasdynamik", S. **135** bis **136**.

Daraus errechnet sich ein Druckverhältnis im Stoß $\hat{p}/p_{01} = 69,6$ und eine Geschwindigkeit hinter dem Stoß $\hat{W}/c_{01} = 5,64$.

Auf die Ruheschallgeschwindigkeit c_{02} in H_2 bezogen ist also

$$\frac{\hat{W}}{c_{02}} = \frac{\hat{W}}{c_{01}} \cdot \sqrt{\frac{m_2}{m_1}} = 1,26.$$

Das gibt mit (3.32):

$$\frac{c}{c_{02}} = 1 - \frac{\varkappa_2 - 1}{2}\frac{\hat{W}}{c_{02}} = 0,748; \qquad \frac{\hat{p}}{p_{02}} = \left(\frac{\hat{c}}{c_{02}}\right)^7 = 0,131; \qquad \frac{p_{02}}{p_{01}} = 530.$$

13. Mit c als konstanter Schallgeschwindigkeit ist die ebene Welle für $x \leqslant x_1$ (Abb. 22): $\varphi = f_1(x - c\,t) + f_2(x + c\,t)$.

Dabei ist $f_2 \equiv 0$, so lange x_1 von der Ausgangswelle nicht erreicht wurde. Für $x_1 \leqslant x$ kann der Kugelwellenansatz gemacht werden:

$$\varphi = \frac{1}{x} g_1(x - c\,t).$$

Da für $x = x_1$ Geschwindigkeit und Druck für alle Zeiten übereinstimmen müssen, gelten dort die Randbedingungen:

$$f_{1x} + f_{2x} = -\frac{1}{x^2} g_1 + \frac{1}{x} g_{1x};$$

$$f_{1t} + f_{2t} = \frac{1}{x} g_{1t}.$$

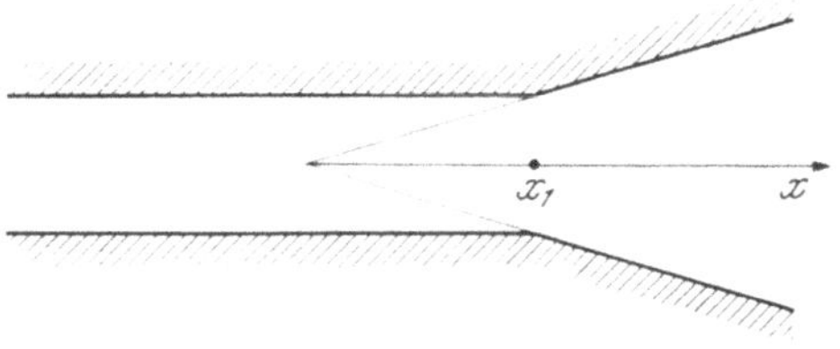

Daraus folgen 2 gewöhnliche Differentialgleichungen für die Funktionen f_2 und g_1.

Abb. 22. Rohrerweiterung

Für einen ankommenden Sägezahn der Amplitude A, der sich zur Zeit t_0 von x_0 bis x_1 erstreckt, erhält man mit $l_0 = x_1 - x_0$ für $x - c_0 t \leqslant x - c\,t \leqslant x_1 - c_0 t$:

$$g_1(x - c\,t) = 2\,A\,x_1{}^2\{[1 + 2(x_1/l_0)]\exp[(1/2x_1)(x - c\,t - x_1 + c\,t_0)] - [(x - c\,t - x_0 + c\,t_0)/l_0]\ 2(x_1/l_0)\}$$

und für $x - c\,t < x_0 - c\,t_0$:

$$g_1(x - c\,t) = 2\,A\,x_1{}^2\{[1 + 2(x_1/l_0)]\exp[-(l_0/2\,x_1)] - (2\,x_1/l_0)\}\cdot$$
$$\cdot\exp[(1/2\,x_1)(x - c\,t - x_1 + c\,t_0)]$$

und daraus $F_2{}'(x + c\,t)$.

Man erkennt, daß an der Erweiterung ähnlich wie an einem offenen Ende eine Verdünnungswelle reflektiert wird, wenn eine Verdichtung ankommt[1].

14. Vermöge der Beziehung $(\partial g/\partial t)_\xi = dg/dt - c\,\partial g/\partial x$ und den aus der Isentropie folgenden Beziehungen $di = 1/\varrho\,dp = c^2/\varrho\,d\varrho$ erhält man auf $\xi = $ konst. für $f = f(x)$:

$$\frac{\varrho\,f}{c}(W - c)\left[-\frac{dW}{dt} + c\,\frac{\partial W}{\partial x} + \frac{1}{\varrho\,c}\frac{dp}{dt} - \frac{1}{\varrho}\frac{\partial p}{\partial x} + \frac{c}{f}\frac{df}{dt}\right] = 0.$$

---

[1] Vgl. TEIPEL, I.: The Influence of a Local Cross-Section Change on the Two Dimensional Wave by Linearized Theory. J. Aero/Space Sci. **25**, 532—533 (1958).

In der eckigen Klammer steht hier in ausgeschriebener Form genau die behauptete Beziehung (3.34) für $\xi =$ konst. Die Verträglichkeitsbedingung für $\eta =$ konst. geht hieraus hervor, indem man c durch $-c$ ersetzt.

15. Nach der Pfriemschen Formel $U = \frac{1}{2}(c + \hat{c} + \varDelta W)$ und den Gleichungen für schwache Stöße (3.30) gilt näherungsweise:

$$\left(\frac{\partial \mu}{\partial t}\right)_{\mathrm{St}} = \varrho\, U = \frac{1}{2}\left[\varrho\, c + \varrho(\hat{c} + \varDelta W)\right] =$$

$$= \frac{1}{2}\left[\varrho\, c + \hat{\varrho}\, \hat{c}\left(1 + \frac{\varDelta W}{\hat{c}}\right)\left(1 - \frac{\varDelta W}{c}\right)\right] = \frac{1}{2}\left[\varrho\, c + \hat{\varrho}\, \hat{c}\right].$$

Auch in diesem Diagramm ist die Stoßneigung annähernd das arithmetische Mittel der Machlinienneigungen vor und hinter der Front.

16. *1. Lösung.* Man setze eine herauslaufende Welle $\phi = 1/x\, F(\eta)$, $\eta = c_0\, t - x + x_0$ an. Aus der Anfangsbedingung erhält man eine Differentialgleichung für $F(\eta)$:

$$F'(\eta) + \frac{1}{x_0} F(\eta) + x_0\, \phi_x(x_0, \eta) = 0$$

mit der Lösung

$$F(\eta) = - x_0\, e^{-\eta/x_0} \int\limits_0^\eta \phi_x(x_0, \sigma)\, e^{\sigma/x_0}\, d\sigma.$$

Diese gilt nur für $0 \leqslant \eta \leqslant c_0\, t_0$. Für $c_0\, t_0 \leqslant \eta$ ist die obere Grenze des Integrals zu ersetzen durch $\sigma = c_0\, t_0$. Mit $(c_0\, t_0)/x_0 = a$ kommt für $0 \leqslant \eta \leqslant c_0\, t_0 - x + x_0$:

$$\phi(x, t) = - \frac{4}{a^2\, \pi} \cdot \frac{x_0^2}{x}\left[\left(\frac{\eta}{x_0}\right)^4 - 2(2 + a)\left(\frac{\eta}{x_0}\right)^3 + (12 + 6\, a + a^2)\left(\frac{\eta}{x_0}\right)^2 + \right.$$

$$\left. - 2(12 + 6\, a + a^2)\frac{\eta}{x_0} + 2(12 + 6\, a + a^2)(1 - e^{-\eta/x_0})\right];$$

$$\frac{2}{\varkappa - 1}(c - c_0) = - \frac{1}{c_0}\phi_t = \frac{8}{\pi} \cdot \frac{x_0}{x} \cdot \frac{1}{a^2}\left[2\left(\frac{\eta}{x_0}\right)^3 - 3(2 + a)\left(\frac{\eta}{x_0}\right)^2 + (12 + 6\, a + a^2)\frac{\eta}{x_0} - \right.$$

$$\left. - (12 + 6\, a + a^2)(1 - e^{-\eta/x_0})\right] \text{ für } \eta \leqslant c_0\, t_0,$$

$$= \frac{8}{\pi} \cdot \frac{x_0}{x} \cdot \frac{1}{a^2}\left[(- 12 + 6\, a - a^2)\, e^{a - (\eta/x_0)} + \right.$$

$$\left. + (12 + 6\, a + a^2)\, e^{-\eta/x_0}\right], \qquad \text{für } \eta \geqslant c_0\, t_0.$$

Abb. 23 gibt Resultate. Dabei zeigt sich, daß die Druckwelle für $a \gg 1$ mit jener der Kugelwelle, für $a = 0{,}5$ aber mit der ebenen Welle von Abb. 30 der „Gasdynamik" gut übereinstimmt. Stets ist aber ein Nachlauf da, der sich bis $x = x_0$ erstreckt.

2. Lösung (nach I. TEIPEL). Die Aufgabe läßt sich — mit etwas mehr Aufwand — auch mit der Methode der Singularitätenbelegungen lösen.

Man setzt an mit unbekanntem $f(\tau)$, $f(0) = 0$:

$$\phi = \frac{1}{\pi x} \int_0^{\tau_1} \frac{f(\tau)}{\sqrt{c_0(t-\tau) - (x-x_0)}}\, d\tau \qquad c_0\,\tau_1 = c_0\, t - (x - x_0) \qquad (1)$$

und gewinnt aus der Randbedingung $\phi_x(x_0, t) = $ dat. eine lineare inhomogene Differentialgleichung 1. Ordnung für

$$h(t) = 2 c_0 \int_0^t f'(\tau) \cdot \sqrt{c_0(t-\tau)}\, d\tau, \qquad (2)$$

deren Lösung explizit angegeben werden kann.

Damit kennt man aber vermöge der Umkehrung von (2)

$$f(t) = \frac{1}{\pi c_0} \int_0^t \frac{h'(\tau)}{\sqrt{c_0(t-\tau)}}\, d\tau$$

auch $f(t)$, das in (1) eingesetzt nach Umformungen eine einfache Darstellung von $\phi(x, t)$ durch seine Randwerte liefert:

$$\phi(x, t) = -\frac{x_0^2}{x} \phi_x(x_0, \tau_1) +$$

$$+ \frac{x_0^2}{x} \int_0^{\tau_1} \phi_{xt}(x_0, \sigma) \cdot$$

$$\cdot e^{-(c_0(t-\sigma) - (x-x_0))/x_0}\, d\sigma.$$

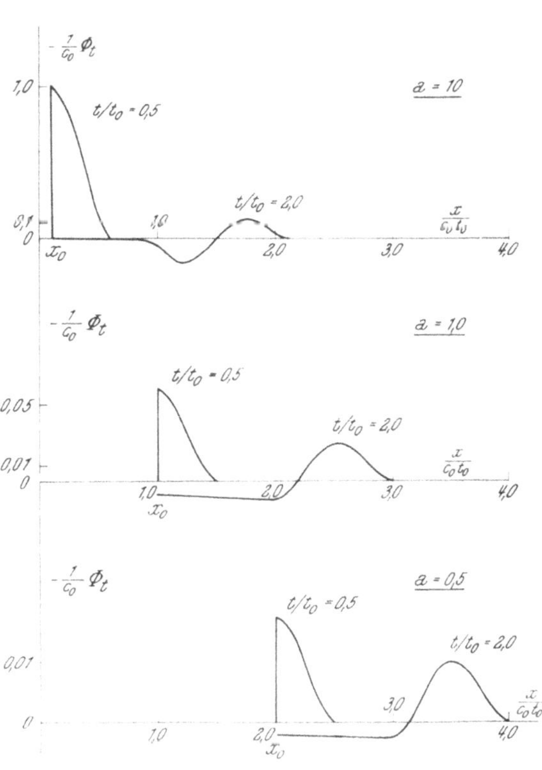

Abb. 23. Ausbreitung einer Kugelwelle

17. Der Kolbenweg sei $x = a \sin \omega t$, die Kolbengeschwindigkeit $u = a \omega \cos \omega t = u_0 \cos \omega t$, wobei $u_0 = a \omega$ die Amplitude der Kolbengeschwindigkeit ist. Unter Vorbehalt einer späteren Kontrolle wird u anstatt am Kolben einfach auf $x = 0$ angenommen:

Anfangsbedingung: $x = 0,$ $u(0, t) = u_0 \cos \omega t.$

Ansatz: $\varphi = F(x - c_0 t); \qquad u = \varphi_x = F'(x - c_0 t),$

also $u(x, t) = F'(x - c_0 t) = u_0 \cos \omega \left(t - \frac{x}{c_0} \right).$

Wegen

$$\frac{p - p_0}{p_0} = \frac{2\varkappa}{\varkappa - 1} \cdot \frac{c - c_0}{c_0} = -\frac{\varkappa}{c_0^2}\, \varphi_t = \frac{\varkappa}{c_0} F'(x - c_0 t) = \varkappa \cdot \frac{u_0}{c} \cos \omega \left(t - \frac{x}{c_0} \right)$$

ist auf dem Kolben:

$$\frac{p(0,t) - p_0}{p_0} = \varkappa \cdot \frac{u_0}{c_0} \cos \omega t = \varkappa \cdot \frac{a\,\omega}{c_0} \cos \omega t.$$

Projektion der Randbedingung vom Kolben auf die Wand nach TAYLOR:

$$u(0,t) = u(x,t) - \left(\frac{\partial u}{\partial x}\right)_{x,0} \cdot x + \ldots = u_0\left(\cos \omega t - \frac{u_0}{c_0} \sin^2 \omega t + \ldots\right).$$

Diese Vereinfachung ist also stets erlaubt, wenn die Störgeschwindigkeit u_0 klein gegen die Schallgeschwindigkeit c_0 ist, eine Voraussetzung, die auch schon wegen der Linearisierung der Differentialgleichung erfüllt sein muß.

18. $$-\frac{dx}{dt} = U - W = c\left(\frac{U}{c} - M\right).$$

Aus der ersten Gl. (3.27) folgt mit $W/c = M$:

$$-\frac{dx}{dt} = c\left[\frac{\varkappa - 3}{4} M + \sqrt{1 + \left(\frac{\varkappa + 1}{4} M\right)^2}\,\right]$$

und demnach die Zeit t:

$$t = -l\,\frac{dt}{dx} = \frac{l}{c\left[\dfrac{\varkappa - 3}{4} M + \sqrt{1 + \left(\dfrac{\varkappa + 1}{4} M\right)^2}\,\right]}$$

19. Für die Randbedingung am Geschoßboden erhält man

$$1{,}20\,\frac{d(W/c_0)}{d(c_0\,t)} = \frac{\varrho}{\varkappa \cdot L} \cdot \frac{p}{p_0};$$

am Rohrboden ist $W = 0$.

20. Aus der ersten Gl. (3.27) folgt $U/c = 3{,}86$, aus der dritten Gleichung $\hat{p}/p = 17{,}2$; also rund 17 atm Druck vor dem Geschoß.

21. Die Luft wird annähernd auf ihren sechsfachen Ausgangswert verdichtet. Der Abstand des Stoßes vom Geschoß ist daher etwa 1/6 vom Geschoßweg.

IV. Allgemeine Gleichungen und Sätze

1. Deutet man in der integralen Schreibweise des Impulssatzes (4.2) das Integral über die Massenkräfte als Haltekraft $-D$, indem man sich vorstellt, daß der Körper von solchen Massenkräften vorwärtsgezogen wird, so erhält man zunächst:

$$D = -\frac{d}{dt} \int\!\!\int\!\!\int \varrho\,u\,dx\,dy\,dz - \int\!\!\int (\varrho\,u^2 + p - p_\infty)\,dy\,dz.$$

Durch das Vorrücken des Körpers gibt das Raumintegral einen Beitrag, welcher gleich ist einer Verlängerung des Nachlaufes in der Zeiteinheit um u_∞:

$$D = - \int\!\!\int \varrho\, u\, u_\infty\, dy\, dz - \int\!\!\int (\varrho\, u^2 + p - p_\infty)\, dy\, dz =$$

$$= - \int\!\!\int [\varrho(u_\infty + u)\, u + p - p_\infty]\, dy\, dz. \tag{1}$$

2. Die Rakete habe die augenblickliche Gesamtmasse M, eine sekundliche Ausstoßmenge m und die Geschwindigkeit $\quad - u_\infty$.

Bewegungsgröße zur Zeit t: $\qquad\qquad\qquad - u_\infty M$;

Bewegungsgröße zur Zeit $t + dt$: $\qquad\qquad - u_\infty(M - m\, dt)$;

sekundliche Änderung der Bewegungsgröße: $m\, u_\infty$.

3. Wie für den Widerstand ergibt sich auch für den Schub S ein Flächenintegral und eine zeitliche Ableitung eines Raumintegrals] über Bewegungsgrößen. In letzterem tritt die Abnahme des Raketenimpulses auf:

$$S = u_\infty \cdot m + \int\!\!\int \varrho\, u\, u_\infty\, dy\, dz + \int\!\!\int \varrho\, u^2\, dy\, dz.$$

Der Zustand über den Raketenstrahl sei als konstant angenommen. Es gilt dann:

$$m = \int\!\!\int \varrho(u + u_\infty)\, dy\, dz, \quad \text{also} \quad S = m\,(u + u_\infty).$$

4. Da hier keine zeitliche Änderung von Bewegungsgröße auftritt, bleibt:

$$D = - \int\!\!\int [\varrho\, u^2 - \varrho_\infty\, u_\infty{}^2 + p - p_\infty]\, dy\, dz. \tag{2}$$

Unter Verwendung der Kontinuitätsbedingung

$$0 = \int\!\!\int (\varrho\, u - \varrho_\infty\, u_\infty)\, dy\, dz$$

gelangt man dann zu

$$D = - \int\!\!\int [\varrho\, u(u - u_\infty) + p - p_\infty]\, dy\, dz. \tag{3}$$

Unter Berücksichtigung der unterschiedlichen Bedeutung der Geschwindigkeitskomponenten stimmt (3) mit (1) von Aufgabe 1 überein.

5. $$D = \frac{\varrho_\infty}{2} u_\infty{}^2 \int\!\!\int \left(2\,\frac{\varrho}{\varrho_\infty} \cdot \frac{u}{u_\infty} \cdot \frac{u - u_\infty}{u_\infty} + c_p\right) dy\, dz$$

nach (3). Setzt man hierin $\varrho\, u/\varrho_\infty\, u_\infty$ aus Aufgabe II, 14 und das auf Komponenten umgeschriebene c_p aus Aufgabe II, 13 ein, so kommt in der verlangten Näherung:

$$D = \frac{\varrho_\infty}{2} \int\!\!\int [v^2 + w^2 - (1 - M_\infty{}^2)\,(u - u_\infty)^2]\, dy\, dz. \tag{4}$$

6. Da in Schallnähe $1 - M_\infty{}^2$ von der Größenordnung $(u - u_\infty)/u_\infty$ ist, muß man noch ein weiteres Glied der Entwicklungen in $(u - u_\infty)$ berücksichtigen. Es kommt dann:

$$D = \frac{\varrho_\infty}{2} \int\!\!\int \left[v^2 + w^2 - (1 - M_\infty{}^2)(u - u_\infty)^2 + \right.$$
$$\left. + \frac{\varkappa + 1}{3}\left(3\frac{M^4}{M^{*2}} - M^2\right)\frac{(u - u_\infty)^3}{u_\infty} \right] dy\,dz$$

und für $M = 1$:

$$D = \frac{\varrho_\infty}{2} \int\!\!\int \left[v^2 + w^2 + \frac{2}{3}(\varkappa + 1)\frac{(u - c^*)^3}{c^*} \right] dy\,dz.$$

7. Zunächst gilt entsprechend wie in (2) (siehe Aufgabe 4):

$$S = \int\!\!\int (\varrho\,u^2 - \varrho_\infty\,u_\infty{}^2)\,dy\,dz.$$

Während die Bewegungsgröße der Rakete in diesem Koordinatensystem ständig Null ist, ändert sich ihre Masse:

$$G = \int\!\!\int (\varrho\,u - \varrho_\infty\,u_\infty)\,dy\,dz.$$

Aus den letzten beiden Gleichungen folgt dann:

$$S - G \cdot u_\infty = \int\!\!\int \varrho\,u(u - u_\infty)\,dy\,dz = G(u - u_\infty); \qquad S = G \cdot u.$$

Das ist die frühere Gleichung im körperruhenden System.

8.
$$A = \int\!\!\int \varrho_\infty\,u_\infty\,v\,dy\,dz. \tag{5}$$

9.
$$A = \varrho_\infty\,u_\infty \int\!\!\int \phi_y\,dy\,dz = \varrho_\infty\,u_\infty \int [\phi(x, +\,0, z) - \phi(x, -\,0, z)]\,dz$$
$$= -\,\varrho_\infty\,u_\infty \int \Gamma\,dz.$$

10. Aus (4) folgt für Potentialströmung

$$D = \frac{\varrho_\infty}{2} \int\!\!\int [\phi_y{}^2 + \phi_z{}^2]\,dy\,dz;$$

mittels des Greenschen Satzes kommt wegen $\phi_{yy} + \phi_{zz} = 0$:

$$D = \frac{\varrho_\infty}{2} \int_{\text{Schlitz}} \phi\,\frac{\partial\phi}{\partial\nu}\,ds = \frac{\varrho_\infty}{2} \int (\phi_- - \phi_+)\,dz = \frac{\varrho_\infty}{2} \int v\,\Gamma\,dz.$$

11. Für kleine Störungen folgt aus (4.21) für die Breiten- und Längeneinheit eines Keils in erster Näherung:

$$D = 2\,T_\infty\,\varrho_\infty \int_0^\infty (s - s_\infty)\,dy.$$

Nach (2.20) gilt:

$$\frac{s - s_\infty}{c_p - c_v} = \frac{\varkappa + 1}{12\,\varkappa^2}\left(\frac{\Delta p}{p}\right)^3,$$

also nach (8.18) unter Verwendung von Aufgabe VIII, 14:

$$\frac{s - s_\infty}{c_p - c_v} = \frac{16\,\varkappa}{3(\varkappa + 1)^2} \sin^3 \alpha_\infty \cos^3 \alpha_\infty (\cot \alpha_\infty - \cot \gamma)^3.$$

Bedeutet γ_0 den Winkel des von der Spitze ausgehenden, bis h reichenden und von Expansionsfächern unveränderten Stoßes, so gilt[1]:

$$\cot \alpha_\infty - \cot \gamma \equiv \cot \alpha_\infty - \cot \gamma_0 \qquad y \lessgtr h$$

$$= (\cot \alpha_\infty - \cot \gamma_0) \sqrt{\frac{h}{y}} \qquad y \gtrless h.$$

Damit kommt nach Ausführen der Integration:

$$D = 2\,T_\infty\,\varrho_\infty \cdot \frac{16}{3} \cdot \frac{\varkappa}{(\varkappa + 1)^2} \sin^3 \alpha_\infty \cos^3 \alpha_\infty (\cot \alpha_\infty - \cot \gamma_0)^3 \cdot 3\,h.$$

12. Für stationäre Strömung gilt gemäß (4.2):

$$D = \int\!\!\int_F [\varrho\,W_n(u - u_\infty) + (p - p_\infty) \cos (n, x)]\,df.$$

a) Nach Linearisierung für ebene Strömung der Breite b und Integration unmittelbar über und unter der Ebene $y = 0$ $(\cos (n, x) = 0)$:

$$D = \varrho_\infty\,b \int v(u - u_\infty)\,d\xi.$$

b) Für einen kleinen Zylinder um die Achse vom Radius y $(y \to 0)$:

$$D = 2\,\varrho_\infty\,\pi \int v\,y(u - u_\infty)\,d\xi.$$

Beachte, daß $u - u_\infty$ nicht am Körper, sondern unmittelbar an der Achse zu nehmen ist! Dort wird es unendlich wie

$$\frac{\partial}{\partial x}\,(v\,y)_0 \ln y \qquad (\text{siehe z. B. (6.27)}).$$

Wenn über den ganzen Quellbereich integriert wird, gilt:

$$D = 2\,\varrho_\infty\,\pi \int (v\,y)_0 \left(u - u_\infty - \frac{\partial}{\partial \xi}\,(v\,y)_0 \ln y\right) d\xi,$$

und es stehen im Integranden nur mehr endliche Größen!

V. Spezielle Anwendungen der Integralsätze

1. Die Auflösung des aus Kontinuitätsbedingung, Impuls- und Energiesatz bestehenden Gleichungssystems ergibt die beiden Lösungen für W/W_1:

a) $$\frac{W}{W_1} = 1 = \frac{M^*}{M_1{}^*},$$

b) $$\frac{W}{W_1} = \frac{M^*}{M_1{}^*} = \frac{\lambda}{\varkappa - \dfrac{\varkappa - 1}{2}\lambda}\left(\frac{\varkappa - 1}{2} + \frac{1}{M_1{}^2}\right), \qquad \lambda = \frac{f + f_1}{2f}.$$

---

[1] Vgl. OSWATITSCH, K.: Der Verdichtungsstoß bei der stationären Umströmung flacher Profile. Z. angew. Math. Mech. **29**, **132** (1949), Formel (**17**).

Daraus gewinnt man mit Hilfe gasdynamischer Tabellen oder Kurvenblätter auch M.

Das Ruhedruckverhältnis nach (5.2) ist im Falle a) nur von der Erweiterung abhängig; $p_0/p_{10} = f_1/f$.

Für den Fall b) siehe die Kurven Abb. 24.

2. Man verwendet (5.3) für W/W_1, (5.2) für p_0/p_{10} und (5.4) für p_2/p_1. Abb. 25 zeigt den Lösungsverlauf in den drei verlangten Fällen. Er ist jeweils ausgezogen, soweit ihm physikalische Bedeutung zukommt. Zum Vergleich sind Druckanstieg und Ruhedruckverhältnis für den senkrechten Stoß ebenfalls eingezeichnet.

3. Durch Einsetzen von (5.3) in (5.4) folgt $p_2 > 0$ falls entweder $p\,f/(p_1\,f_1) < 1$, oder

$$\frac{p\,f}{p_1\,f_1} > \frac{2\,\varkappa\,M_1^{\,2} - (\varkappa - 1)}{\varkappa + 1}$$

ist.

Das besagt z. B., daß die Vorgabe $p = p_1$ bei kleinen Erweiterungen f/f_1 nur für einen sehr engen Bereich von schallnahen Machzahlen M_1 möglich ist.

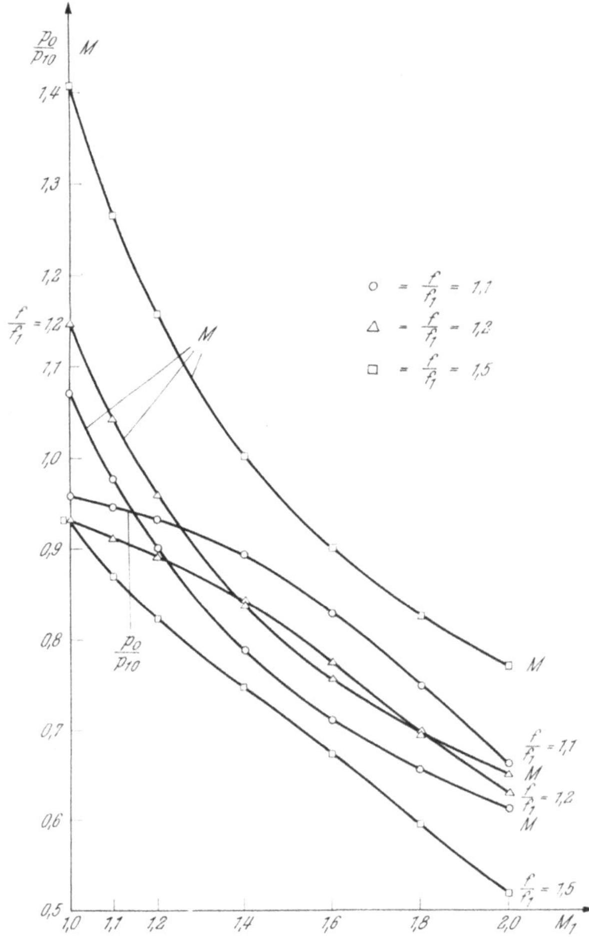

Abb. 24. Ruhedruck und Machzahl nach der plötzlichen Erweiterung eines Rohres (Carnotscher Stoßverlust)

4. Bedeuten f_1 und f Anfangs- und Endquerschnitt des abgelenkten Strahls, $G = f_1\,\varrho_1\,W_1 = f\,\varrho\,W$ die sekundliche Menge, p_a den Außendruck, so liefert der Impulssatz für zunächst beliebigen Ablenkungswinkel (n, x):

$$K_x = f(\varrho\,W^2 + p - p_a)\cos(n, x) - f_1(\varrho_1\,W_1^{\,2} + p_1 - p_a). \qquad (5.5)$$

Durch Spezialisierung auf die vorliegende Aufgabe

$(p = p_a = 0, \quad W = W_{\max}, \quad p_1 = p^*, \quad \varrho_1 = \varrho^*, \quad W_1 = c^*, \quad \cos(n, x) = -1)$

folgt:

$$-\frac{K_x}{G \cdot c^*} = \frac{W_{\max}}{c^*} +$$

$$+ 1 + \frac{p^*}{\varrho^* c^{*2}}$$

$$= \frac{W_{\max}}{c^*} + 1 + \frac{1}{\varkappa}$$

$$= 4{,}16 \quad \text{für} \quad \varkappa = 1{,}40.$$

5. Ist G die im Nachlauf abfließende Menge und W_∞ die Anströmgeschwindigkeit, so ist der Widerstand D des Körpers $D = G(W_\infty - W_1)$. Der Antrieb muß also die Leistung $W_\infty D$ aufbringen, was im Idealfall so geschieht, daß die Gesamtmasse G des Nachlaufes wieder auf W_∞ beschleunigt wird. Dazu ist wie bei (5.7) die Leistung $L = G(W_\infty{}^2/2 - W_1{}^2/2)$ aufzubringen. Der Strahlwirkungsgrad ist dann

$$\eta = 2\, W_\infty/(W_\infty + W_1).$$

Er liegt aber im Unterschied zum gewöhnlichen Antrieb „gesunder Luft" wegen $W_1 < W_\infty$ über eins!

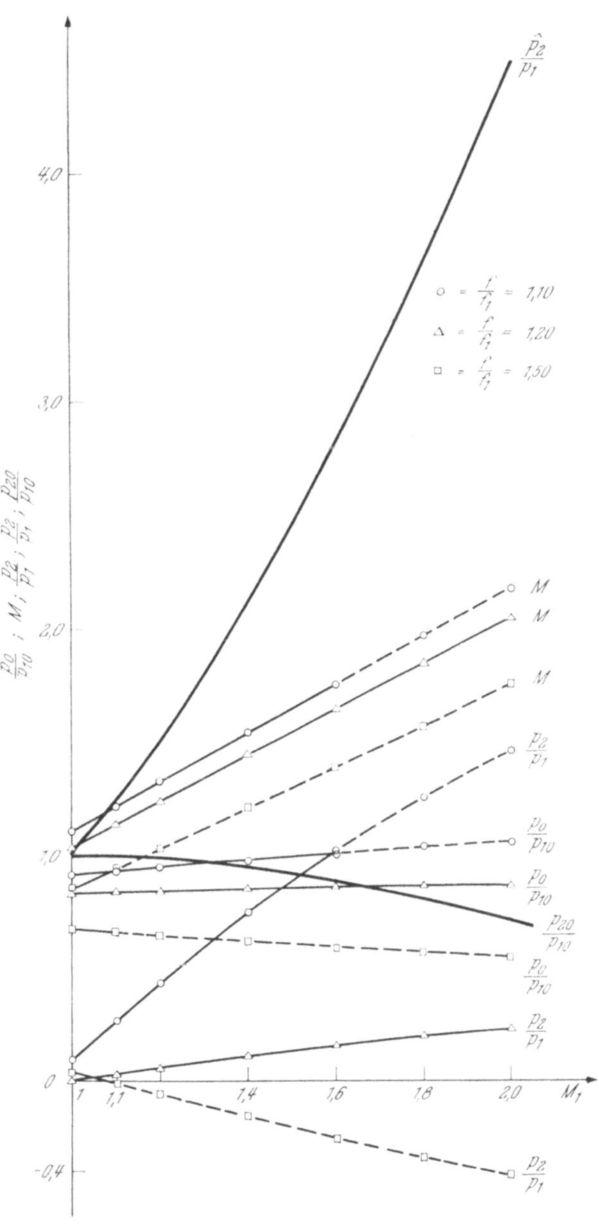

Abb. 25. Ergebnisse von Aufgabe 2 (Carnotscher Stoßverlust)

6. Man gewinnt den besten Einblick mit Hilfe der Bernoullischen Gleichung $W\, dW = -dp/\varrho$. Vom Ort der Anströmung bis zum Ort der Wärmezufuhr ist gerade die umgekehrte Druckdifferenz zu durchlaufen, wie vom Ort der Wärmezufuhr bis in den Nachlauf. Im letzteren Teil herrscht im Mittel die geringere Dichte, also entstehen stärkere Geschwindigkeitsunterschiede. Die Folge ist Geschwindigkeitsüberschuß im

Nachlauf bei Wärmezufuhr in den Staupunkten (Staupunktsverbrennung). Da bei Unterschall der übrige Impulsstrom unverändert bleibt, bedeutet das Schub.

Der Überschallnachlauf ist eng mit den Verdichtungsstoß-Konstellationen verknüpft. Diese werden aber durch Wärmezufuhr völlig verändert. Es zeigt sich hier, daß eine Widerstandsverminderung durch eine Wärmezufuhr im Soggebiet hinter dem Dickenmaximum erfolgt!

7. Der Wirkungsgrad ist Null. Das Material wird bei p_∞ erwärmt und kann nicht beschleunigt werden, weil das Druckgefälle fehlt. Also unveränderter Nachlauf bei erhöhter Temperatur.

8. $\quad M = M_0 - M_R; \qquad W = W_a + W_R = W_a\left[1 - \ln\dfrac{M_0}{M_0 - M}\right].$

Beim Raketengewicht (einschließlich der noch vorhandenen Ladung) $M_R = M_0/e$ wird die absolute Geschwindigkeit W des Strahls $= 0$.

9. $\quad \displaystyle\int_0^{M_0 - M_R} W\, dM = - W_a M_R \ln\frac{M_R}{M_0} = - W_R M_R \qquad$ nach (5.10).

10. Beispielsweise:

$$\int_0^{M_0 - M_e} W^2\, dM = W_a^2 \int_0^{M_0 - M_e}\left[1 - \ln\frac{M_0}{M_0 - M}\right]^2 dM = W_a^2 M_e\left[\frac{M_0}{M_e} - 1 - \ln^2\frac{M_0}{M_e}\right];$$

$$\eta = \ln^2\frac{M_0}{M_e}\bigg/\left(\frac{M_0}{M_e} - 1\right);$$

$$W_e/W_a \approx - 1{,}59; \qquad M_0/M_e \approx 4{,}92; \qquad \eta = 0{,}65.$$

In diesem Falle hat der Strahl bei Brennschluß entgegengesetzte Geschwindigkeit wie beim Start, womit das Gebiet verschwindender Absolutgeschwindigkeit am besten zur Geltung kommt.

11. W_{e1}, W_{e2}, W_{a1}, W_{a2}, M_{01}, M_{02} seien Endgeschwindigkeit, Ausstoßgeschwindigkeit und Gesamtmassen ohne und mit Beifügen toter Materie, M_e die Masse der ausgebrannten Rakete. Da die kinetischen Energien von Strahl und Rakete in beiden Fällen nach Brennschluß gleich sein müssen, folgt unter Benutzung von Aufgabe 10 $(M_{01} - M_e) W_{a1}^2 = (M_{02} - M_e) W_{a2}^2$, also bis auf das Vorzeichen:

$$W_{e2} = W_{a2}\ln\frac{M_{02}}{M_e} = W_{a1}\cdot\sqrt{\frac{M_{01} - M_e}{M_{02} - M_e}}\,\ln\frac{M_{02}}{M_e} =$$

$$= W_{a1}\cdot\sqrt{M_{01}/M_e - 1}\cdot\frac{\ln\left(M_{02}/M_e\right)}{\sqrt{M_{02}/M_e - 1}}.$$

Der Bruch hat die gleiche Form wie die Wurzel aus dem Wirkungsgrad in Aufgabe 10. Solange das Maximum des Wirkungsgrades nicht erreicht ($W_{e1}/W_{a1} \neq 1{,}59$) und $M_{01} < 4{,}92\, M_e$ ist, gibt Zusatz von Materie Erhöhung von W_e.

12. Man findet:

Stautemperatur T_0 aus $c_p\,T_\infty + W_\infty^2/2 = c_p\,T_0$ zu $T_0 = 301\,°\mathrm{K}$.

Temperatur T hinter dem Verdichter aus $T/T_0 = (p/p_0)^{(\varkappa-1)/\varkappa}$; $T = 502\,°\mathrm{K}$.

$$\frac{L}{G} = c_p(T' - T) = 141{,}6\ \mathrm{cal/g};$$

$$G = 66{,}3\ \mathrm{kg/s}, \qquad L = 9370\ \mathrm{kcal/s};$$

$$\frac{L}{G} = \left(\frac{W_a^2}{2} - \frac{W_\infty^2}{2}\right)\cdot \frac{1}{1 - T_\infty/T} \rightarrow W_a = 785\ \mathrm{m/s};$$

$$\text{Schub } K = 3610\ \mathrm{kp};$$

$$\eta \approx 22{,}3\% \qquad \text{nach (5.9)}.$$

VI. Allgemeine Gleichungen und spezielle, exakte Lösungen für stationäre, reibungslose Strömung

1. Die Zylinderkoordinaten seien (x, r, φ), w_r die Radialkomponente, w_φ die Azimutalkomponente, also $\mathfrak{w} \equiv (u, w_r, w_\varphi)$. Man findet:

$$\frac{\partial(\varrho\,v)}{\partial y} + \frac{\partial(\varrho\,w)}{\partial z} \equiv \frac{\partial}{\partial r}(\varrho\,w_r) + \frac{\varrho\,w_r}{r} + \frac{1}{r}\frac{\partial}{\partial \varphi}(\varrho\,w_\varphi).$$

Bei Achsensymmetrie ist $\partial/\partial\varphi = 0$, also

$$\operatorname{div}(\varrho\,\mathfrak{w}) \equiv \frac{\partial(\varrho\,u)}{\partial x} + \frac{\partial}{\partial r}(\varrho\,w_r) + \frac{\varrho\,w_r}{r}.$$

Indem man jetzt v statt w_r, y statt r schreibt, folgt für die Kontinuitätsbedingung:

$$\frac{\partial(\varrho\,u)}{\partial x} + \frac{\partial(\varrho\,v)}{\partial y} + \frac{\varrho\,v}{y} = 0.$$

2. Sei

$$x = r\cos\psi,$$
$$y = r\sin\psi\cos\vartheta, \qquad \text{und} \qquad \mathfrak{w} \equiv (w_r, w_\psi, w_\vartheta).$$
$$z = r\sin\psi\sin\vartheta,$$

Man benutzt für die Umrechnung zweckmäßig die Formeln, die in den Lehrbüchern der Vektoranalysis für allgemeine krummlinige orthogonale Koordinaten abgeleitet werden, und erhält:

$$\operatorname{div}(\varrho\,\mathfrak{w}) \equiv \frac{\partial}{\partial r}(\varrho\,w_r) + \frac{1}{r}\frac{\partial}{\partial\psi}(\varrho\,w_\psi) + \frac{1}{r\sin\psi}\frac{\partial}{\partial\vartheta}(\varrho\,w_\vartheta) +$$

$$+ \frac{2}{r}\varrho\,w_r + \frac{1}{r}\cot\psi\cdot\varrho\,w_\psi = 0. \qquad \text{(Kontinuitätsgleichung)}$$

$$w_r\frac{\partial w_r}{\partial r} + \frac{1}{r}w_\psi\frac{\partial w_r}{\partial\psi} + \frac{1}{r\sin\psi}w_\vartheta\frac{\partial w_r}{\partial\vartheta} - \frac{1}{r}(w_\psi^2 + w_\vartheta^2) + \frac{1}{\varrho}\frac{\partial p}{\partial r} = 0;$$

$$w_r\frac{\partial w_\psi}{\partial r} + \frac{1}{r}w_\psi\frac{\partial w_\psi}{\partial\psi} + \frac{1}{r\sin\psi}w_\vartheta\frac{\partial w_\psi}{\partial\vartheta} + \frac{1}{r}w_\psi w_r - \frac{1}{r}\cot\psi\,w_\vartheta^2 + \frac{1}{\varrho\,r}\frac{\partial p}{\partial\psi} = 0;$$

$$w_r\frac{\partial w_\vartheta}{\partial r} + \frac{1}{r}w_\psi\frac{\partial w_\vartheta}{\partial\psi} + \frac{1}{r\sin\psi}w_\vartheta\frac{\partial w_\vartheta}{\partial\vartheta} + \frac{1}{r}w_\vartheta w_r + \frac{1}{r}\cot\psi\,w_\vartheta w_\psi +$$

$$+ \frac{1}{\varrho\,r\sin\psi}\frac{\partial p}{\partial\vartheta} = 0. \qquad \text{(Eulergleichungen)}$$

3. Setzt man $\varrho\, u = \psi_y = r$, $\varrho\, v = -\psi_x = s$, so ist die Kontinuitätsgleichung von selbst erfüllt.

Der Ansatz $\bar\psi \equiv x\,\psi_x + y\,\psi_y - \psi \equiv -s\,x + r\,y - \psi$ für die Legendre-Stromfunktion $\bar\psi$ führt auf

$$\psi_{xx} = \frac{1}{D}\,\bar\psi_{rr}, \qquad \psi_{xy} = \frac{1}{D}\,\bar\psi_{rs}, \qquad \psi_{yy} = \frac{1}{D}\,\bar\psi_{ss}$$

mit $D = \bar\psi_{rr}\,\bar\psi_{ss} - \bar\psi_{rs}{}^2$.

In die gasdynamische Grundgleichung für ψ eingesetzt, ergibt das:

$$\left(1 - \frac{r^2}{\varrho^2\,c^2}\right)\bar\psi_{rr} + 2\,\frac{r\,s}{\varrho^2\,c^2}\,\bar\psi_{rs} + \left(1 - \frac{s^2}{\varrho^2\,c^2}\right)\bar\psi_{ss} = 0.$$

4.
$$\begin{aligned}
u &= \phi_x, & \varrho\,u\,y &= \psi_y, \\
v &= \phi_y, & -\varrho\,v\,y &= \psi_x,
\end{aligned}$$

$$\frac{\partial}{\partial x} = \frac{\partial}{\partial \phi}\,\phi_x + \frac{\partial}{\partial \psi}\,\psi_x,$$

$$\frac{\partial}{\partial y} = \frac{\partial}{\partial \phi}\,\phi_y + \frac{\partial}{\partial \psi}\,\psi_y,$$

ergeben mit $v/u = \operatorname{tg}\vartheta$ und $u^2 + v^2 = w^2$:

$$\frac{\varrho\,y}{w}\,\frac{\partial w}{\partial \psi} - \frac{\partial \vartheta}{\partial \phi} = 0$$

und

$$\frac{1}{\varrho^2\,y^2\,w}\,\frac{\partial(\varrho\,y\,w)}{\partial \phi} + \frac{\partial \vartheta}{\partial \psi} = 0\;^1.$$

Sehr brauchbar sind diese Gleichungen allerdings nicht, weil y erst durch Integration über ψ gewonnen wird. Längs Potentiallinien gilt nämlich:

$$\frac{y^2}{2} = \int \frac{\cos\vartheta}{\varrho\,w}\,d\psi.$$

5. $c^2 \to \infty$ und $M^2 \to 0$ liefert unmittelbar:

$$\psi_{xx} + \psi_{yy} = -\frac{\varrho_\infty\,p_\infty}{c_p - c_v}\cdot B \cdot \psi.$$

6. Es ist allgemein $\operatorname{div}(\mathfrak{w}_1 \times \mathfrak{w}_2) = \mathfrak{w}_2{}^\circ\operatorname{rot}\mathfrak{w}_1 - \mathfrak{w}_1{}^\circ\operatorname{rot}\mathfrak{w}_2$. Wegen $\mathfrak{w}_i = \operatorname{grad}\psi_i$, $i = 1,2$, ist $\operatorname{rot}\mathfrak{w}_i = 0$, also

$$\operatorname{div}(\operatorname{grad}\psi_1 \times \operatorname{grad}\psi_2) = 0.$$

7. Dies kann aus der Form der Gleichungen in räumlichen Polarkoordinaten geschehen oder direkt aus der Kontinuitätsbedingung:

$$\varrho\,w\cdot 4\,\pi\,r^2 = \text{konst.} = \varrho^*\,w^*\cdot 4\,\pi\,r^{*2};$$

$$\frac{\varrho\,w}{\varrho^*\,w^*} = \left(\frac{r^*}{r}\right)^2.$$

---

[1] Vgl. die entsprechenden Gleichungen (VI, **74**, **75**) für ebene Strömung in der „Gasdynamik".

8. Potentialwirbel:

$$\frac{w}{c^*} = \frac{r^*}{r}\,; \qquad \Gamma = \int_0^{2\pi} w \cdot r\, d\varphi = 2\,\pi\, r^* \, c^* = \text{konst.}$$

Wirbel konstanter Teilchengeschwindigkeit:

$$w = w_0;\qquad \Gamma = \int_0^{2\pi} w_0 \cdot r\, d\varphi = 2\,\pi\, w_0 \cdot r.$$

Starrer Wirbel:

$$w = \omega \cdot r;\qquad \Gamma = \int_0^{2\pi} \omega \cdot r^2\, d\varphi = 2\,\pi\, \omega\, r^2.$$

9. Gasdynamische Grundgleichung für ψ.

$$\left(1 - \frac{u^2}{c^2}\right)\psi_{xx} - 2\,\frac{u\,v}{c^2}\,\psi_{xy} + \left(1 - \frac{v^2}{c^2}\right)\psi_{yy} = 0.$$

Linearisierung für $\psi = u_\infty \sqrt{|1 - M_\infty{}^2|}\,(y + \varphi(x,\, y))$:

$$(1 - M_\infty{}^2)\,\psi_{xx} + \psi_{yy} = 0.$$

$$M_\infty < 1:\qquad \psi = b \cos \lambda\, x\, e^{-\lambda \sqrt{1 - M_\infty{}^2}\, y},$$

$$\psi = u_\infty \sqrt{1 - M_\infty{}^2}\,(y + b \cos \lambda\, x\, e^{-\lambda \sqrt{1 - M_\infty{}^2}\, y}).$$

Stromlinie $\psi = 0$ (Wand) annähernd gegeben durch:

$$y = -\, b \cos \lambda\, x.$$

Isotachen annähernd gegeben durch:

$$\cos \lambda\, x\, e^{-\lambda \sqrt{1 - M_\infty{}^2}\, y} = \text{konst.}$$

$$M_\infty > 1:\qquad \psi = b \cos \lambda \cdot (x - \sqrt{M_\infty{}^2 - 1}\, y),$$

$$\psi = u_\infty \sqrt{M_\infty{}^2 - 1}\,[y + b \cos \lambda\,(x - \sqrt{M_\infty{}^2 - 1}\, y)].$$

Stromlinie $\psi = 0$ (Wand) annähernd gegeben durch:

$$y = -\, b \cos \lambda\, x.$$

Isotachen annähernd gegeben durch:

$$\sin \lambda (x - \sqrt{M_\infty{}^2 - 1}\, y) = \text{konst.},$$

also durch die parallelen Geraden

$$y = \frac{1}{\sqrt{M_\infty{}^2 - 1}}\,(x - \text{konst.}).$$

10. Wie in Aufgabe II, 12 erhält man:

$$c_p = 1 - \frac{W^2}{W_\infty{}^2} + \frac{1}{4}\, M_\infty{}^2 \left(1 - \frac{W^2}{W_\infty{}^2}\right)^2 + \dots.$$

Der genaue Konvergenzbereich ist

$$\left|\frac{\varkappa - 1}{2}\, M_\infty{}^2 \left(\frac{W^2}{W_\infty{}^2} - 1\right)\right| \leqslant 1.$$

Sind u, W_1, W_2 drei zueinander orthogonale Komponenten, also z. B. $W_1 = v, W_2 = w$, so folgt:

$$c_p = -2 \frac{u - u_\infty}{u_\infty} + (M_\infty{}^2 - 1)\left(\frac{u - u_\infty}{u_\infty}\right)^2 - \left(\frac{W_1}{u_\infty}\right)^2 - \left(\frac{W_2}{u_\infty}\right)^2.$$

Die Gleichung ist für $M_\infty = 0$ exakt und liefert im allgemeinen für $|M_\infty{}^2(u/u_\infty - 1)| < 1$ eine gute Approximation.

11. Die Größenordnungen der Störungen sind (τ Dickenverhältnis, ε Anstellwinkel, χ Azimutalwinkel):

	$\dfrac{u - u_\infty}{u_\infty}$	$\dfrac{W_1}{u_\infty}$	$\dfrac{W_2}{u_\infty}$
$\varepsilon = 0$	τ^2	τ	0
$\varepsilon \neq 0$	$\tau \cdot \varepsilon$	τ	$\varepsilon \cdot \sin \chi$

Nur für $\varepsilon \ll \tau$ kann der $W_2{}^2$-Term wegbleiben. Für die Normalkraft liefert er dagegen keinen Beitrag[1].

12. Bei ebener Strömung für höhere Genauigkeitsansprüche im Anwendungsbereich — siehe Aufgabe 10 — stets, bei achsensymmetrischer Strömung nie! In letzterem Falle wird die Größenordnung des $(W_1/u_\infty)^2$-Gliedes erst am Rande des Bereichs erreicht.

13.
$$c_w = \int\limits_0^1 c_p \frac{F_x}{F_m} \, dx_r$$

wenn die Körperlänge auf 1 normiert ist.
Kegel im Überschall:

$$c_p = \text{konst.}, \qquad c_w = \int\limits_0^{x_m} c_p \frac{F_x}{F_m} \, dx = c_p.$$

14. Gemäß (4.2):

$$c_w = -\frac{4\pi}{F_m} \lim_{y \to 0} \int\limits_0^1 \left(\frac{u}{u_\infty} - 1\right) \frac{v}{u_\infty} \, y \, dx = -\frac{2}{F_m} \int\limits_0^1 \left(\frac{u}{u_\infty} - 1\right) F_x(x) \, dx =$$

$$= \frac{2}{F_m} \lim_{y \to 0} \int\limits_0^1 \frac{\varphi}{u_\infty} \cdot F_{xx}(x) \, dx,$$

letzteres unter der Voraussetzung $F_x(0) = F_x(1) = 0$.

---

[1] Siehe z. B. ACKERET, J., M. DEGEN und N. ROTT: Über die Druckverteilung an schräg angeströmten Rotationskörpern bei Unterschallgeschwindigkeit. L'Aerotecnica **31**, 11—19 (1951).

15. 1. In der Umgebung des senkrechten Stoßes.

2. Bei kleiner Ablenkung in Hyperschallströmung.

16. Für eine Platte ist:

$$c_{a\varepsilon} = c_{n\varepsilon} = \frac{2}{u_\infty} \int \int [(\varphi_{\varepsilon x})_{+y \to 0} - (\varphi_{\varepsilon x})_{-y \to 0}]\, dx\, dz.$$

Da an der Vorderkante $\varphi_\varepsilon = 0$, gilt:

$$c_{a\varepsilon} = \frac{2}{u_\infty} \int [(\varphi_\varepsilon)_{+y \to 0} - (\varphi_\varepsilon)_{-y \to 0}]\, dz,$$

wobei die Integration entlang der Hinterkante oder im abgehenden Wirbelband auszuführen ist. Die Potentialdifferenz an der Hinterkante ist definitionsgemäß gleich der negativen Zirkulation im entsprechenden Punkt also

$$A_\varepsilon = \frac{\varrho_\infty u_\infty{}^2}{2} c_{a\varepsilon} = - \varrho_\infty u_\infty \int \Gamma_\varepsilon\, dz.$$

17. a) Die linearen gasdynamischen Gleichungen für ϕ_0 und $\phi_{\varepsilon\varepsilon}$ stimmen überein.

Die Randbedingungen im Unendlichen oder, bei Überschall, an der Machschen Kopfwelle lauten:

$$\text{für } r \to \infty \text{ oder } x^2 = (y^2 + z^2) \cot^2 \alpha_\infty:$$
$$u_0 = u_\infty, \qquad v_0 = 0, \qquad w_0 = 0 \qquad \text{und}$$
$$u_{\varepsilon\varepsilon} = - u_\infty, \qquad v_{\varepsilon\varepsilon} = 0, \qquad w_{\varepsilon\varepsilon} = 0.$$

Aus der Randbedingung am Körper $y = h(x, z)$

$$u\, h_x - v + w\, h_z = 0$$

folgt:

$$u_0\, h_x - v_0 + w_0\, h_z = 0$$

sowie

$$u_\varepsilon\, h_x - v_\varepsilon + w_\varepsilon\, h_z = 0$$

und

$$u_{\varepsilon\varepsilon}\, h_x - v_{\varepsilon\varepsilon} + w_{\varepsilon\varepsilon}\, h_z = 0.$$

Daraus ergibt sich die Lösung:

$$\phi_{\varepsilon\varepsilon} = - \phi_0 = - (u_\infty x + \varphi_0).$$

Die Einfachheit dieses Resultates erklärt sich daraus, daß bei linearen Differentialgleichungen die Lösungen einer Anströmung in x-Richtung und einer solchen in y-Richtung superponiert werden dürfen. Bei einer Anstellung der Anströmung um den Winkel ε vermindern sich alle Störungen, welche durch die x-Anblasung verursacht sind, wie die Anblasgeschwindigkeit.

    b) $$\phi_{\varepsilon\varepsilon} = - u_\infty \cdot x.$$

Dies gilt für alle schwachen Störungen auch bei nichtlinearer gasdynamischer Gleichung. Während jedoch das Hauptglied von ϕ_0, nämlich $u_\infty x$, eine triviale Lösung darstellt, kann obige Lösung praktische Bedeutung gewinnen (siehe Aufgabe 18).

18. Es ist zu beachten, daß für $\varepsilon \sim \vartheta_0$ die durch die Anstellung bedingte u-Störung, d. i. $u_\varepsilon \cdot \varepsilon$, ein in ε oder ϑ_0 quadratischer Ausdruck ist; ganz ähnlich wie beim nicht angestellten Rotationskörper ist die kleinste Ordnung der Störung proportional zu ε^2 oder ϑ_0^2:

$$\frac{W}{u_\infty} - 1 = \frac{u}{u_\infty} - 1 + \frac{1}{2}\left(\frac{W_1}{u_\infty}\right)^2 + \frac{1}{2}\left(\frac{W_2}{u_\infty}\right)^2 + \cdots$$

$$= \frac{u_0}{u_\infty} - 1 + \frac{u_\varepsilon}{u_\infty} \cdot \varepsilon + \frac{1}{2}\frac{u_{\varepsilon\varepsilon}}{u_\infty} \cdot \varepsilon^2 + \frac{1}{2}\left(\frac{W_{10}}{u_\infty}\right)^2 + \frac{1}{2}\left(\frac{W_{2\varepsilon}}{u_\infty}\right)^2 \varepsilon^2 + \cdots =$$

$$= \operatorname{tg}^2\vartheta_0 \ln\left(\frac{1}{2}\operatorname{tg}\vartheta_0 \cot\alpha_\infty\right) + \frac{1}{2}\operatorname{tg}^2\vartheta_0 +$$

$$+ 2\operatorname{tg}\vartheta_0 \cdot \varepsilon\cos\chi - \frac{1}{2}\varepsilon^2 + 2\,\varepsilon^2\sin^2\chi + \cdots, \tag{1}$$

wo ε natürlich im Bogenmaß zu messen ist.

Bei sowohl kleinem ε wie ϑ_0 ist $\varepsilon \ll \vartheta_0$ sowie $\vartheta_0 \ll \varepsilon$ denkbar. Im ersten Fall dominiert für den Anstelleffekt das Glied mit $\operatorname{tg}\vartheta_0 \cdot \varepsilon$, im anderen Fall die Glieder mit ε^2.

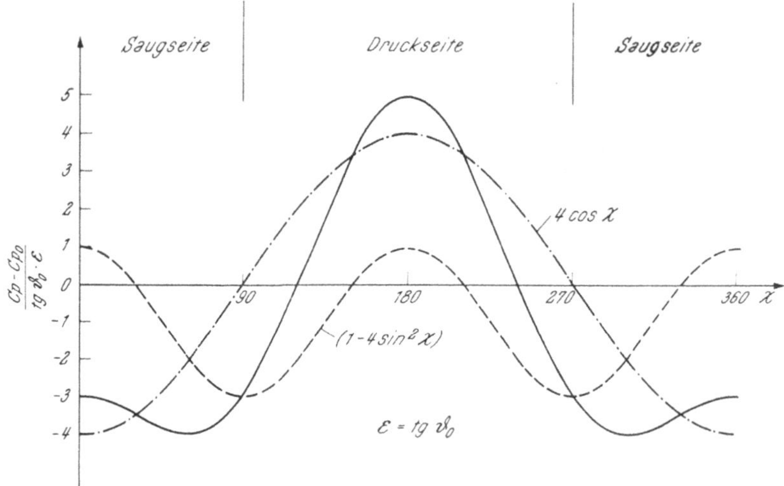

Abb. 26. Verlauf des Druckkoeffizienten am angestellten schlanken Kreiskegel für $M_\infty > 1$ bei $\varepsilon = \operatorname{tg}\vartheta_0$

Für den Druckkoeffizient erhält man:

$$c_p = -2\left(\frac{W}{u_\infty} - 1\right) + (M_\infty^2 - 1)\left(\frac{W}{u_\infty} - 1\right)^2, \tag{2}$$

wobei das zweite Glied nicht vernachlässigt werden darf, wenn ϑ_0 oder ε vergleichbar mit dem Machwinkel α werden. Dann sollen allerdings auch nicht die vereinfachten Formeln für die Komponenten, sondern genauere, etwa gemäß Aufgaben VIII, 6 und VIII, 7, verwendet werden.

Für $\varepsilon \ll \alpha$ und $\vartheta \ll \alpha$ ist:

$$c_p = -2\operatorname{tg}^2\vartheta_0\ln(\tfrac{1}{2}\operatorname{tg}\vartheta_0\cot\alpha_\infty) - \operatorname{tg}^2\vartheta_0 +$$
$$-4\operatorname{tg}\vartheta_0 \cdot \varepsilon\cdot\cos\chi + \varepsilon^2(1 - 4\sin^2\chi) + \cdots. \tag{3}$$

Während für $\operatorname{tg}\vartheta_0 \sim \varepsilon$ das Glied in ε und ε^2 für die Druckschwankung von gleicher Größenordnung sind (Abb. 26 zeigt den Fall $\varepsilon = \operatorname{tg}\vartheta_0$), trägt im Rahmen von Gl. (3) nur das in ε lineare Glied zur Normalkraft bei, während sich die Wirkungen des in ε quadratischen Gliedes an der Saug- und Druckseite aufheben[1].

19.   a) $\dfrac{u}{u_\infty} - 1 = \dfrac{4\,\tau}{\beta\,\pi} = 0{,}159\,;$

       b) $\tau = \dfrac{\pi}{4}\left(\dfrac{u}{u_\infty} - 1\right)\beta = \dfrac{\pi}{4}\left(\dfrac{c^*}{u_\infty} - 1\right)\beta = \dfrac{\pi}{4}\cdot 0{,}21\cdot 0{,}60 = 0{,}1\,;$

       c)   ja, beispielsweise bei $\tau = 0{,}10$ für $M_\infty > 0{,}80$.

20. Man nimmt die Form für gleichbleibende Dicke und gleichbleibenden Anstellwinkel. Gemäß (6.31) ändert sich z. B. c_t und entsprechend c_n, c_m und folglich auch c_w und c_a wie $1/\beta$ oder $1/\cot\alpha_\infty$ bei $M_\infty \lessgtr 1$. Der Druckpunkt bleibt unverändert, weil sich alle Druckstörungen um denselben Faktor ändern.

21. In Kap. X der „Gasdynamik" wird gezeigt, daß das Druckintegral auf Ober- und Unterseite eines solchen Flügels dasselbe ist wie auf einem flächengleichen ebenen Flügel. Damit ist auch der Machzahleinfluß derselbe.

22. Kein Einfluß. In der Theorie von R. T. Jones tritt M_∞ gar nicht auf.

23. Die Platte trägt in den durch den Machwinkel gegebenen „Einbrüchen" (siehe Abb. 27) nur mit dem halben Betrag der ebenen Strömung[2]. Ist der Auftriebsbeiwert pro Breiteneinheit der ebenen Strömung bei $M_\infty = \sqrt{2}$ gegeben durch $c_a\sqrt{2}$, so gilt:

$$b\,c_a = b\,c_a\sqrt{2}\,\operatorname{tg}\alpha - \tfrac{1}{2}\,c_a\sqrt{2}\,\operatorname{tg}^2\alpha \qquad \text{oder}$$

$$c_a = c_a\sqrt{2}\,\operatorname{tg}\alpha\left[1 - \frac{1}{2\,b\cot\alpha}\right]. \qquad (4)$$

Abb. 27. Randzonen beim Rechteckflügel

Wie es der Prandtl-Regel entspricht, geht die Streckung nur in der Verbindung $b\cot\alpha$ ein! Die Gleichung gilt bis zur Grenze $b = \operatorname{tg}\alpha$, wo der Einbruch an der gegenüberliegenden Seitenkante auftrifft.

24. $M_\infty = 0\,;$ $W/u_\infty - 1 = 0{,}052\,;$ $\dfrac{1}{2\,\pi}F_{xx} = -2\,\tau^2\,;$

       $M_\infty = 0{,}80\,;$ $W/u_\infty - 1 = \tau^2[2\ln 2/(\beta\,\tau) - 3] = 0{,}078.$

25. Die Umlenkungen müssen klein sein und der Gitterabstand a, gerechnet senkrecht zur Hauptströmungsrichtung, muß für die Vergleichsfälle die Bedingung $a_1\sqrt{|M_{\infty 1}{}^2 - 1|} = a_2\sqrt{|M_{\infty 2}{}^2 - 1|}$ erfüllen (Abb. 28).

---

[1] Für Ergebnisse bei Unterschall vgl. Ackeret, J., M. Degen und N. Rott: Über die Druckverteilung an schräg angeströmten Rotationskörpern bei Unterschallgeschwindigkeit. L'Aerotecnica **31**, 11–19 (1951).

[2] Vgl. Abb. 270 der „Gasdynamik".

26. Mit der Prandtl-Regel und mit Rücksicht auf das geänderte Dickenverhältnis gilt

$$\frac{u'}{u_\infty{}'} - 1 = \frac{1}{\sqrt{1 - M_\infty{}'^2}}\left(\frac{W}{u_\infty} - 1\right)_{i,\,\varLambda=0} \cdot \frac{1}{\cos\varLambda}.$$

Der Index $i,\,\varLambda = 0$ bedeutet die Störung bei gleichem Längsschnitt bei $M_\infty = 0$ mit $\varLambda = 0$. Mit der Näherung

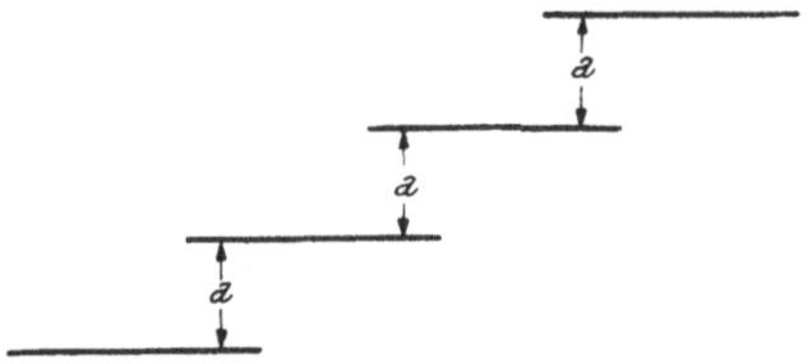

$$\frac{W}{u_\infty} - 1 = \frac{u' - u_\infty{}'}{u_\infty{}'}\cos^2\varLambda$$

folgt dann

$$\frac{W}{u_\infty} - 1 =$$

$$= \left(\frac{W}{u_\infty} - 1\right)_{i,\,\varLambda=0} \cdot \frac{\cos\varLambda}{\sqrt{1 - M_\infty{}^2\cos^2\varLambda}}. \quad {}^1$$

Abb. 28. Schema eines Flügelgitters

27.
$$\frac{u}{u_\infty} - 1 = \frac{4\,\tau}{\beta\,\pi}\,B(k'), \qquad k' = \sqrt{1 - \frac{1}{\beta^2\,s^2}}$$

(vgl. Aufgabe X, 3).

28.
$$-\psi_u/\psi_v = -\frac{\psi_x\,x_u + \psi_y\,y_u}{\psi_x\,x_v + \psi_y\,y_v} = \left(\text{wegen } \frac{\partial x}{\partial v} = \frac{\partial y}{\partial u}\right) =$$

$$= \frac{u\,x_v - v\,x_u}{v\,y_u - u\,y_v} = \frac{1 - \dfrac{v}{u}\left(\dfrac{\partial x}{\partial u}\Big/\dfrac{\partial x}{\partial v}\right)}{-\left(\dfrac{\partial y}{\partial v}\Big/\dfrac{\partial y}{\partial u}\right) - \dfrac{v}{u}}.$$

$$-\left(\frac{\partial x}{\partial u}\Big/\frac{\partial x}{\partial v}\right) \quad \text{und} \quad -\left(\frac{\partial y}{\partial u}\Big/\frac{\partial y}{\partial v}\right)$$

sind die Neigungen der beiden Koordinatenlinien $x =$ konst. und $y =$ konst. in der Hodographenebene.

Für $v/u \ll 1$ folgt:

$$-\psi_u/\psi_v = v_x/u_x = -\left(\frac{\partial y}{\partial u}\Big/\frac{\partial y}{\partial v}\right);$$

die Neigung der Stromlinie ist in erster Näherung gleich der Neigung der Geraden $y =$ konst.

VII. Stationäre, reibungsfreie, ebene und achsensymmetrische Unterschallströmung

1. Strömung um einen Halbkörper.

a) $\varphi = \dfrac{g}{2\,\pi}\ln r; \qquad r^2 = x^2 + y^2; \qquad \phi = u_\infty\,x + \dfrac{g}{2\,\pi}\ln r.$

b) Aus $u(x, 0) = 0$ folgt: $x_{\mathrm{St}} = -g/(2\,\pi\,u_\infty).$

---

^{1} Wende dies auf Abb. 261 der „Gasdynamik" mit $z \to \infty$ an und vergleiche mit Abb. 126 der „Gasdynamik".

c)
$$\frac{dy}{dx} = \frac{v}{u} = \frac{g}{2\,\pi} \cdot \frac{y}{r^2} \bigg/ \left(u_\infty + \frac{g}{2\,\pi} \cdot \frac{x}{r^2} \right);$$

$$-\frac{g}{2\,\pi} \cdot \frac{y}{r^2}\,dx + \left(u_\infty + \frac{g}{2\,\pi} \cdot \frac{x}{r^2} \right) dy = 0;$$

vollständiges Differential, also

$$u_\infty \cdot y + \frac{g}{2\,\pi}\,\text{arc tan}\,\frac{y}{x} = \text{konst.} \; (=\psi).$$

Staupunktstromlinie:

$$u_\infty \cdot y + \frac{g}{2\,\pi}\,\text{arc tan}\,\frac{y}{x} = 0 \;\to\; \alpha) \quad y = 0, \quad x\,\text{beliebig};$$

$$\beta) \quad x = -\,y \cot \frac{2\,\pi\,u_\infty}{g}\,y \quad \text{(Körperform)}.$$

d) $\quad x \to \infty \quad \text{für} \quad \dfrac{2\,\pi\,u_\infty}{g} \cdot y \to \pm\,\pi, \quad \text{das heißt} \quad y \to \pm\,\dfrac{g}{2\,u_\infty} = \pm\,h.$

Durchfließende Menge:

$$\lim_{x \to \infty} \int_{-y(x)}^{y(x)} u\,dy = \int_{-h}^{+h} u_\infty\,dy = 2\,h\,u_\infty = \frac{2\,g}{2\,u_\infty} \cdot u_\infty = g.$$

2. Quelle in $(-\,s,\,0)$:

$$\varphi_1 = \frac{g}{2\,\pi}\,\ln r_1 = \frac{g}{4\,\pi}\,\ln\,[(x+s)^2 + y^2];$$

Senke in $(s,\,0)$:

$$\varphi_2 = -\,\frac{g}{2\,\pi}\,\ln r_2 = -\,\frac{g}{4\,\pi}\,\ln\,[(x-s)^2 + y^2];$$

Parallelstrom:

$$\phi_0 = u_\infty \cdot x;$$

Gesamt:

$$\phi = u_\infty\,x + \frac{g}{4\,\pi}\,\{\ln\,[(x+s)^2 + y^2] - \ln\,[(x-s)^2 + y^2]\}.$$

Geschwindigkeitskomponenten:

$$\phi_x = u = u_\infty + \frac{g}{2\,\pi} \left(\frac{x+s}{(x+s)^2 + y^2} - \frac{x-s}{(x-s)^2 + y^2} \right);$$

$$\phi_y = v = \frac{g}{2\,\pi} \left(\frac{y}{(x+s)^2 + y^2} - \frac{y}{(x-s)^2 + y^2} \right).$$

Staupunkte:

$$\phi_x = \phi_y = 0; \quad \phi_y = 0 \to y = 0;$$

$$\phi_x\Big|_{y=0} = u_\infty - \frac{g}{\pi} \cdot \frac{s}{x^2 - s^2} = 0 \to x_{\text{St}} = \pm\,s\,\sqrt{1 + g/(s\,\pi\,u_\infty)},$$

also Halbachse

$$\frac{a}{s} = +\,\sqrt{1 + g/(s\,\pi\,u_\infty)}.$$

Stromfunktion:

$$\psi = u_\infty \cdot y + \frac{g}{2\pi}\left(\text{arc tan}\,\frac{y}{x+s} - \text{arc tan}\,\frac{y}{x-s}\right)$$

$$= u_\infty \cdot y - \frac{g}{2\pi}\,\text{arc tan}\,\frac{2ys}{x^2+y^2-s^2}.$$

$\psi = 0$ führt für $x = 0$ auf eine transzendente Gleichung
für die Halbachse b:

$$b^2 - s^2 = 2\,b\,s\,\cot\frac{2\pi u_\infty b}{g}\,;$$

$$\frac{b}{s} = \cot\frac{\pi u_\infty b}{g} = \cot\left(\frac{\pi u_\infty s}{g}\cdot\frac{b}{s}\right).$$

Für $\qquad\qquad \dfrac{g}{s\,\pi\,u_\infty} \to 0$ folgt $\dfrac{a}{s}\to 1,\qquad \dfrac{b}{s}\to 0;$

für $\qquad\qquad \dfrac{g}{s\,\pi\,u_\infty} \to \infty$ folgt $\dfrac{a}{s},\dfrac{b}{s}\to\infty,\qquad \dfrac{b}{a}\to 1.$

3. $\quad \lim\limits_{s\to 0} \phi = u_\infty\,x + \lim\limits_{s\to 0}\dfrac{m}{4\pi s}\{\ln\,[(x+s)^2+y^2] - \ln\,[(x-s)^2+y^2]\} =$

$$= u_\infty \cdot x + \frac{m}{2\pi}\frac{\partial}{\partial x}\ln\,[x^2+y^2] = u_\infty\,x + \frac{m}{\pi}\cdot\frac{x}{r^2} = \tilde{\phi}.$$

$$\lim\limits_{s\to 0}\psi = u_\infty\cdot y + \lim\limits_{s\to 0}\frac{m}{2\pi s}\left\{\text{arc tan}\,\frac{y}{x+s} - \text{arc tan}\,\frac{y}{x-s}\right\} =$$

$$= u_\infty\cdot y + \frac{m}{\pi}\frac{\partial}{\partial x}\,\text{arc tan}\,\frac{y}{x} = u_\infty\,y - \frac{m}{\pi}\cdot\frac{y}{r^2} = \tilde{\psi}.$$

Entsprechend:

$$\tilde{u} = \lim\limits_{s\to 0} u = \tilde{\phi}_x = u_\infty + \frac{m}{\pi}\cdot\frac{y^2-x^2}{r^4}\,;$$

$$\tilde{v} = \lim\limits_{s\to 0} v = \tilde{\phi}_y = -\,2\,\frac{m}{\pi}\cdot\frac{xy}{r^4}.$$

Staupunkte:

$$x_{\text{St}} = \pm\,\sqrt{m/(u_\infty\,\pi)}.$$

Stromlinie $\psi = 0$ besteht aus:

$\alpha)\qquad\qquad\qquad\qquad y = 0$

$\beta)\qquad\qquad u_\infty - \dfrac{m}{\pi}\cdot\dfrac{1}{r^2} = 0;\qquad r^2 = \dfrac{m}{u_\infty\,\pi}\qquad$ (Kreis).

4. Man gewinnt das Stromlinienbild am besten graphisch (siehe Abb. 29).

$$\phi = u_\infty\cdot x + \frac{\Gamma}{2\pi}\,\text{arc tan}\,\frac{y}{x}\,;\qquad \psi = u_\infty\,y - \frac{\Gamma}{2\pi}\ln r\,;\qquad \Gamma < 0. \qquad (1)$$

Steigung der Stromlinien:

$$\frac{dy}{dx} = \frac{v}{u} = \frac{\Gamma}{2\pi}\cdot\frac{x}{r^2}\left(u_\infty - \frac{\Gamma}{2\pi}\cdot\frac{y}{r^2}\right) \to 0 \quad \text{für} \quad r \to \infty.$$

Staupunkt:

$$x = 0, \qquad y = \frac{\Gamma}{2\,\pi\,u_\infty}.$$

Staustromlinie:

$$\psi = \frac{\Gamma}{2\,\pi}\left(1 - \ln\left|\frac{\Gamma}{2\,\pi\,u_\infty}\right|\right).$$

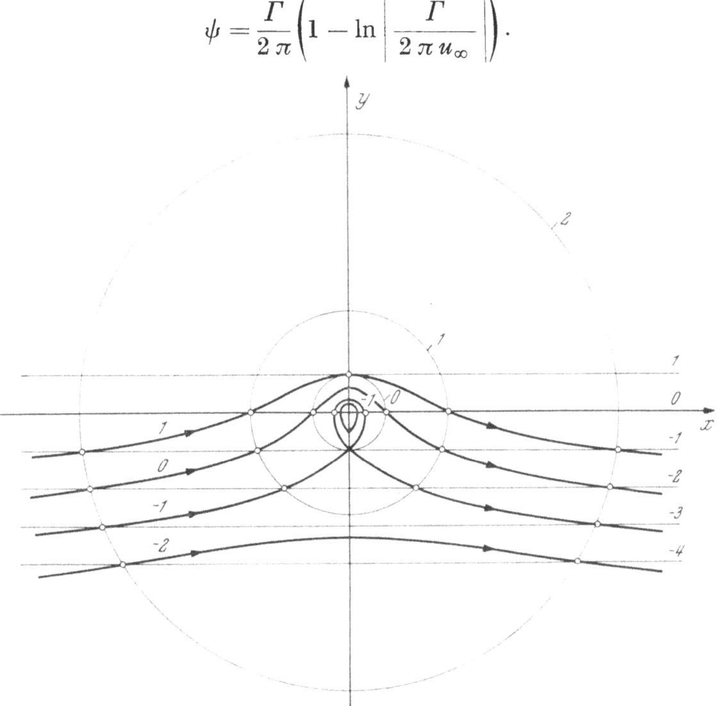

Abb. 29. Überlagerung eines Potentialwirbels mit einem Parallelstrom

Aus (1) folgt für festes ψ, daß mit $r \to \infty$ auch $|y| \to \infty$ gehen muß, also zwar die asymptotische Richtung 0, aber keine Asymptote vorhanden ist.

5. a) Aus Rücksicht auf die folgende Aufgabe 6 Behandlung für allgemeinen Zylinderradius a in Polarkoordinaten (r, φ): Mit $a^2 = m/(u_\infty\,\pi)$ folgt aus Aufgabe 3:

$$\phi = u_\infty \cos\varphi\left(r + \frac{a^2}{r}\right) + \frac{\Gamma}{2\,\pi}\,\varphi.$$

$$w_r = \frac{\partial\phi}{\partial r} = u_\infty\left(1 - \frac{a^2}{r^2}\right)\cos\varphi \quad \text{verschwindet auf } r = a;$$

$$w_\varphi = \frac{1}{r}\frac{\partial\phi}{\partial\varphi} = -u_\infty\left(1 + \frac{a^2}{r^2}\right)\cdot\sin\varphi + \frac{\Gamma}{2\,\pi\,r} = 0 \text{ auf } r = a \text{ für } \sin\varphi = \frac{\Gamma}{4\,\pi\,a\,u_\infty};$$

Staupunkte auf dem Umfang gibt es also nur für $|\Gamma| \leqslant 4\,\pi\,a\,u_\infty$, bei „$=$" fallen die Staupunkte zusammen.

b) Die Lösung wird durchsichtiger bei Verwendung des komplexen Strömungspotentiales

$$\zeta = \phi + i\,\psi = u_\infty\left(z + \frac{a^2}{z}\right) - \frac{i\,\Gamma}{2\,\pi}\ln z, \qquad z = x + iy;$$

$$\mathfrak{w} = u - i\,v = \frac{d\zeta}{dz} = u_\infty\left(1 - \frac{a^2}{z^2}\right) - \frac{i\,\Gamma}{2\,\pi\,z};$$

$$\mathfrak{w} = 0 \quad \text{für} \quad z = \frac{i\,\Gamma}{4\,\pi\,u_\infty} \pm \sqrt{a^2 - (\Gamma/4\,\pi\,u_\infty)^2},$$

was auch das Abwandern des Staupunktes für $|\Gamma| > 4\,\pi\,u_\infty\,a$ längs der y-Achse zeigt.

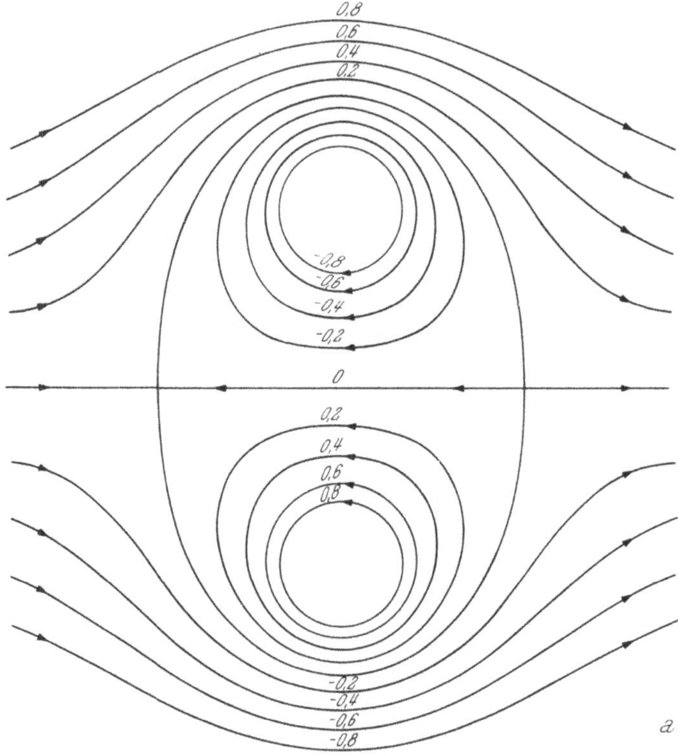

Abb. 30 a, b, c. Überlagerung zweier gegenläufig drehender Wirbel mit einem Parallelstrom

6.
$$A = -\int_0^{2\pi} p\,a\sin\varphi\,d\varphi; \qquad p = \text{konst.} - \frac{\varrho}{2}\,w^2 = C - \frac{\varrho}{2}\,w_\varphi{}^2;$$

$$A = -\frac{\Gamma\,\varrho\,u_\infty}{\pi}\int_0^{2\pi}\sin^2\varphi\,d\varphi = -\,\Gamma\,\varrho\,u_\infty \qquad \text{(Kutta-Joukowski).}$$

7. Rechtsdrehender Wirbel in $(0, +h)$:

$$\varphi_1 = \frac{\Gamma}{2\,\pi}\arctan\frac{y-h}{x} \qquad \Gamma < 0;$$

Linksdrehender Wirbel in $(0, -h)$:

$$\varphi_2 = -\frac{\Gamma}{2\pi}\arctan\frac{y+h}{x}\,;$$

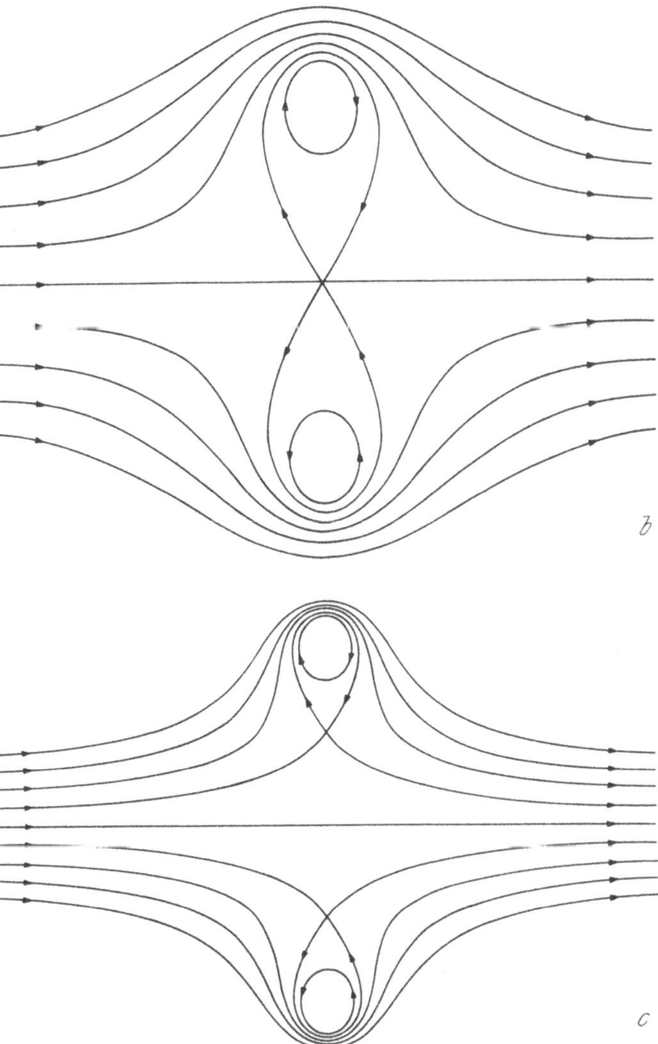

b

c

Überlagerung mit Parallelstrom:

$$\phi = u_\infty \cdot x - \frac{\Gamma}{2\pi}\left(\arctan\frac{y+h}{x} - \arctan\frac{y-h}{x}\right).$$

Für die möglichen Fälle siehe Abb. 30 a, b, c.
Umströmung eines Körpers für $h < -\Gamma/(\pi u_\infty)$;

$$\text{Staupunkt } a = \sqrt{-\Gamma h/(\pi u_\infty) - h^2}\,;$$
$$\text{Dicke } 2a = 2\sqrt{-\Gamma h/(\pi u_\infty) - h^2}.$$

Die Höhe sei $2\,b$. b ist zu bestimmen als nichttriviale Lösung von

$$\int\limits_0^b u(0,\,y)\,dy = 0 = u_\infty \cdot b - \frac{\Gamma}{2\,\pi} \ln \frac{b-h}{b+h}\,.$$

8.
$$\bar\psi = \lim_{h\to 0}\left\{ u_\infty \cdot x + \frac{m}{\pi} \cdot \frac{1}{2\,h}\left[\arctan \frac{y+h}{x} - \arctan \frac{y-h}{\varkappa}\right]\right\} =$$

$$= u_\infty \cdot x + \frac{m}{\pi}\,\frac{\partial}{\partial y}\arctan \frac{y}{x} = u_\infty\,x + \frac{m}{\pi}\cdot\frac{x}{r^2} =$$

$$= u_\infty \cdot x\left(1 + \frac{a^2}{r^2}\right)\qquad \text{mit}\qquad a^2 = \frac{m}{\pi\,u_\infty}\,.$$

Ergebnis stimmt überein mit Aufgabe 3.

9. a) Das komplexe Strömungspotential eines Einzelwirbels der Zirkulation Γ im Ursprung ist $\zeta_0 = \Gamma/(2\,\pi\,i)\,\ln z$, die komplexe Geschwindigkeit $d\zeta_0/dz = u - i\,v = \Gamma/(2\,\pi\,i)\cdot 1/z$. Für die Wirbelreihe gilt demnach:

$$\frac{d\zeta}{dz} = u - i\,v = \frac{\Gamma}{2\,\pi\,i}\sum_{n=-\infty}^{+\infty}\frac{1}{z - i\,n\,a} = \frac{\Gamma}{2\,\pi\,i}\left\{\frac{1}{z} + \sum_1^\infty\left(\frac{1}{z - i\,n\,a} + \frac{1}{z + i\,n\,a}\right)\right\} =$$

$$= \frac{\Gamma}{2\,\pi\,i\,a}\left\{\frac{a}{z} + 2\,\frac{z}{a}\sum_1^\infty \frac{1}{\left(\dfrac{z}{a}\right)^2 + n^2}\right\} = \frac{\Gamma}{2\,i\,a}\coth\frac{\pi\,z}{a} =$$

$$= -\frac{\Gamma}{4\,a}\cdot\frac{\sin\dfrac{2\,\pi\,y}{a} + i\sinh\dfrac{2\,\pi\,x}{a}}{\sinh^2\dfrac{\pi\,x}{a} + \sin^2\dfrac{\pi\,y}{a}}\,,$$

also

$$u = -\frac{\Gamma}{4\,a}\cdot\frac{\sin\dfrac{2\,\pi\,y}{a}}{\sinh^2\dfrac{\pi\,x}{a} + \sin^2\dfrac{\pi\,y}{a}}\,;\qquad v = \frac{\Gamma}{4\,a}\cdot\frac{\sinh\dfrac{2\,\pi\,x}{a}}{\sinh^2\dfrac{\pi\,x}{a} + \sin^2\dfrac{\pi\,y}{a}}\,.$$

b) $x \to \pm\infty$: $u \to 0$; $v \to \pm\dfrac{\Gamma}{2\,a}\,.$

Dies läßt sich auch direkt mittels einer Kontrollfläche gewinnen. Auf $y = \pm\,a/2$ ist $u = 0$; der Zirkulationssatz gibt dann, Existenz des Grenzwertes vorausgesetzt, v für $x \to \infty$.

c) Parallelströmung: U, V; für $x \to \pm\infty$ beispielsweise: $u = U$; $v = V \pm \Gamma/(2\,a)$. Winkel β zwischen Anströmung und Gitterfront: $\cot \beta = u^{-1}\,(V - \Gamma/(2\,a)).$

10. $\alpha)$ $n = \dfrac{1}{2}$: $v(x,0) = -\,\tau\,u_\infty\cdot\dfrac{x}{\sqrt{a^2 - x^2}}\,,$ $|x| < a,$

in

$$\frac{u - u_\infty}{u_\infty} = \frac{1}{\pi u_\infty} \int\limits_{-a}^{+a} \frac{v_0(\xi)}{x - \xi}\, d\xi \qquad (7.8)$$

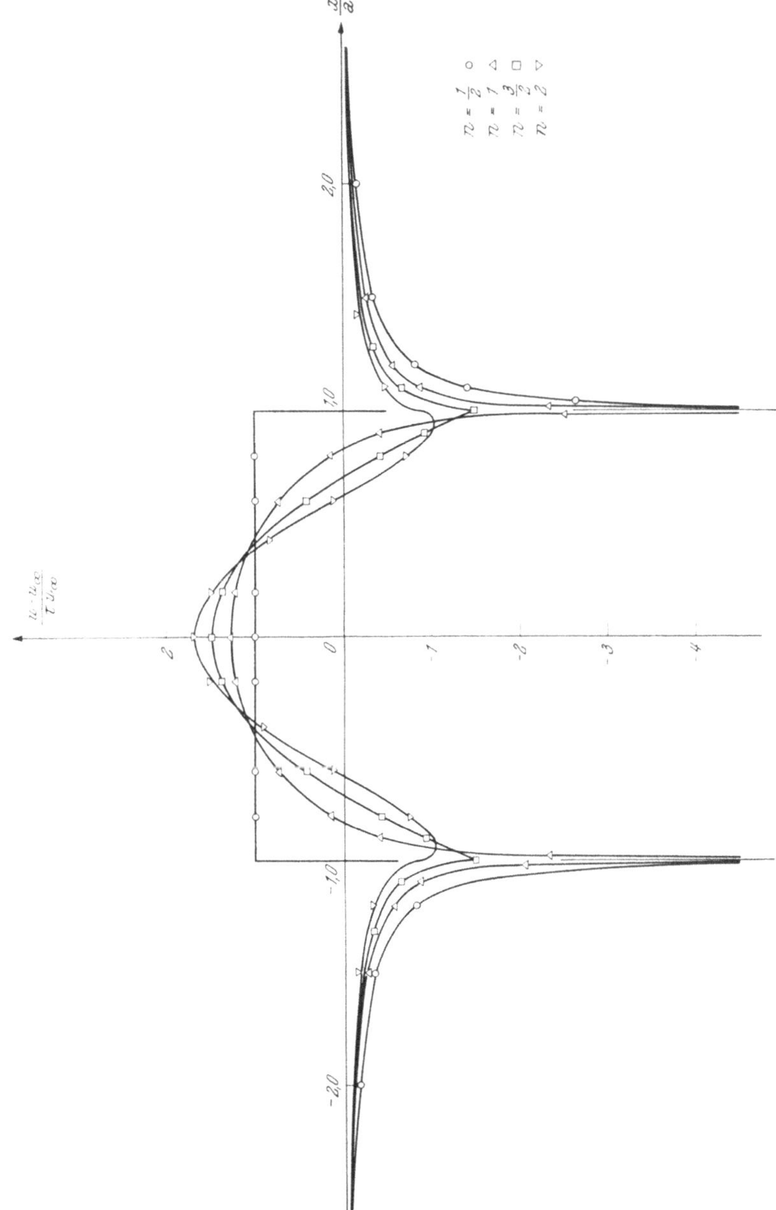

Abb. 31. u-Störung bei Belegung von $-1 \leqq (x/a) \leqq 1$ mit $v(x, 0) = -2\, n\, \tau\, (x/a)\, (1 - (x^2/a^2))^{n-1}$, $n = 1/2,\, 1,\, 3/2,\, 2$

eingesetzt ergibt:

$$\frac{u - u_\infty}{u_\infty} = \begin{cases} \tau & |x| < a \\ \tau\left(1 - \dfrac{|x|}{\sqrt{x^2 - a^2}}\right) & |x| > a. \end{cases}$$

Staupunkte $u = 0$:

$$x_{\mathrm{St}} = \pm\, a\, \frac{1 + \tau}{\sqrt{1 + 2\tau}}\,.$$

$\beta)$ $n = 1$ entsprechend:

$$\frac{u - u_\infty}{u_\infty} = \frac{\tau}{\pi}\left(4 + \frac{2x}{a}\ln\left|\frac{a - x}{a + x}\right|\right).$$

Staupunkte:

$$\frac{x_{\mathrm{St}}}{a} = \pm\,(1 + \varepsilon); \quad \text{mit} \quad 2\left(1 + \frac{\pi}{4\tau}\right) = (1 + \varepsilon)\ln\frac{2 + \varepsilon}{\varepsilon} \;\rightarrow\; \varepsilon \approx 2\,e^{-2(1 + \pi/(4\tau))}.$$

$\gamma)$ $n = \frac{3}{2}$:

$$\frac{u - u_\infty}{u_\infty} = \begin{cases} 3\tau\left(\dfrac{1}{2} - \dfrac{x^2}{a^2}\right) & |x| \leqslant a \\ 3\tau\left(\dfrac{1}{2} - \dfrac{x^2}{a^2} + \dfrac{|x|}{a}\sqrt{\dfrac{x^2}{a^2} - 1}\right) & |x| \geqslant a. \end{cases}$$

Keine Staupunkte vorhanden, weil das Profil scharfe Kanten hat.

$\delta)$ $n = 2$:

$$\frac{u - u_\infty}{u_\infty} = \frac{4\tau}{\pi}\left\{\frac{4}{3} - 2\left(\frac{x}{a}\right)^2 - \frac{x}{a}\left[\left(\frac{x}{a}\right)^2 - 1\right]\ln\left|\frac{1 - \dfrac{x}{a}}{1 + \dfrac{x}{a}}\right|\right\}.$$

Wie bei $\gamma)$ keine Staupunkte. Funktionsverläufe siehe Abb. 31.

11. Allgemein gilt:

$$u - u_\infty = \frac{1}{\pi}\int_{-a}^{+a}\frac{v_0(\xi)\,(x - \xi)}{(x - \xi)^2 + y^2}\,d\xi \qquad \text{(nach (7.7))}.$$

Auf $x = 0$ gilt:

$$u - u_\infty = -\frac{1}{\pi}\int_{-a}^{+a}\frac{\xi\, v_0(\xi)}{y^2 + \xi^2}\,d\xi.$$

Es folgt für

$$n = \frac{1}{2}: \quad \frac{u(0, y) - u_\infty}{u_\infty} = \tau\left(1 - \frac{|y|}{\sqrt{a^2 + y^2}}\right);$$

$$n = 1: \quad \frac{u(0, y) - u_\infty}{u_\infty} = \frac{4\tau}{\pi}\left(1 - \frac{y}{a}\arctan\frac{a}{y}\right);$$

$$n = \frac{3}{2}: \quad \frac{u(0, y) - u_\infty}{u_\infty} = 3\tau\left(\frac{1}{2} + \frac{y^2}{a^2} - \frac{|y|}{a}\sqrt{1 + \frac{y^2}{a^2}}\right);$$

$$n = 2: \quad \frac{u(0, y) - u_\infty}{u_\infty} = \frac{4\tau}{\pi}\left(\frac{4}{3} + 2\frac{y^2}{a^2} - 2\frac{y}{a}\left(1 + \frac{y^2}{a^2}\right)\arctan\frac{a}{y}\right).$$

12. Die Maximalhöhe h_m bestimmt sich am besten aus der Kontinuitätsbedingung

$$\int\limits_0^{h_m} u(0, y)\, dy = \int\limits_{-a}^{0} v(x, 0)\, dx.$$

Für $\delta_m = h_m/a$ ergeben sich die Gleichungen

$$\alpha) \qquad n = \frac{1}{2}: \qquad \delta_m(1 + \tau) = \tau \sqrt{1 + \delta_m^{\,2}}; \qquad \delta_m = \frac{\tau}{\sqrt{1 + 2\,\tau}};$$

$$\beta) \qquad n = 1: \qquad \delta_m + \frac{4\,\tau}{\pi}\left(\frac{1}{2}\,\delta_m + \frac{1}{2}\,\text{arc tan}\,\delta_m - \delta_m^{\,2}\,\text{arc tan}\,\frac{1}{\delta_m}\right) = \tau;$$

$$\delta_m = \tau - \frac{4}{\pi}\,\tau^2 + \frac{4\,\pi^2 + 16}{\pi^2}\,\tau^3 - + \ldots;$$

$$\gamma) \qquad n = \frac{3}{2}: \qquad \delta_m + 3\,\tau\left\{\frac{\delta_m}{2} - \frac{1}{2}\,\delta_m^{\,3} - \frac{1}{3}\,[(1 + \delta_m^{\,2})^{3/2} - 1]\right\} = \tau,$$

$$\delta_m = \tau - \frac{3}{2}\,\tau^2 + \frac{15}{4}\,\tau^3 - + \ldots;$$

$$\delta) \qquad n = 2: \qquad \delta_m + \frac{4\,\tau}{\pi}\left\{\frac{4}{3}\,\delta_m + \frac{2}{3}\,\delta_m^{\,3} - \right.$$

$$\left. - \frac{1}{2}\left[\left(2\,\delta_m^{\,2} + \delta_m^{\,4}\right)\text{arc tan}\,\frac{1}{\delta_m} + \delta_m + \frac{\delta_m^{\,3}}{3} - \text{arc tan}\,\delta_m\right]\right\} = \tau;$$

$$\delta_m = \tau \quad \frac{16}{3\,\pi}\,\tau^2 \mid \frac{18\,\pi^2 + 256}{9\,\pi^2}\,\tau^3 - + \ldots.$$

Den Anfang der Reihenentwicklungen $\delta_m(\tau)$ findet man am besten durch Iteration. Es ist

$$\lim_{\tau \to 0} \frac{\delta_m}{\tau} = 1$$

in jedem Falle.

13. $\alpha)$ $n = \frac{1}{2}$: $(u - u_\infty)/u_\infty$ ist für $|x| < a$ konstant, für $x \to a + 0$ wird es unendlich wie $-1/\sqrt{x - a}$;

$\beta)$ $n = 1$: $(u - u_\infty)/u_\infty$ wird bei Annäherung von beiden Seiten logarithmisch unendlich wie $\ln |x - a|$;

$\gamma)$ $n = \frac{3}{2}$: $(u - u_\infty)/u_\infty$ bleibt bei Annäherung an $x = a$ endlich. Der linke Ast mündet mit endlicher Tangente, der rechte mit unendlicher in $(a, -\frac{3}{2}\,\tau)$;

$\delta)$ $n = 2$: $(u - u_\infty)/u_\infty$ bleibt bei Annäherung an $x = a$ endlich, geht jedoch ohne Knick mit senkrechter Tangente durch $(a, -8\,\tau/(3\,\pi))$.

Siehe Abb. 31 zu Aufgabe 10.

14. Man erhält:

$$u(0, 0) - u(0, h_m) = -\frac{\partial u}{\partial y}\bigg|_{x = y = 0} h_m = -\frac{\partial v}{\partial x}\bigg|_{0,0} h_m = 2\,n\,\tau\,u_\infty\,\delta_m. \tag{1}$$

Einsetzen der Ergebnisse von Aufgabe 12 in die Reihenentwicklungen der Resultate von Aufgabe 11 führt zu der Übersicht:

$$[u(0, 0) - u(0, h_m)]/u_\infty =$$

n	1. Näherung $\delta_m = \tau$ in (1)	2. Näherung aus Aufgabe 12 eingesetzt in (1)	Dagegen $u(0, h_m)$ exakt
$\dfrac{1}{2}$	τ^2	$\tau^2/\sqrt{1 + 2\tau}$	$\tau^2/(1 + \tau)$
1	$2\tau^2$	$2\tau^2\left(1 - \dfrac{4\tau}{\pi} + \dfrac{4\pi^2 + 16}{\pi^2}\tau^2 - + \cdots\right)$	$2\tau^2\left(1 - \dfrac{6}{\pi}\tau + \dfrac{16}{\pi^2}\tau^2 - + \cdots\right)$
$\dfrac{3}{2}$	$3\tau^2$	$3\tau^2\left(1 - \dfrac{3}{2}\tau + \dfrac{15}{4}\tau^2 + \cdots\right)$	$3\tau^2\left(1 - \dfrac{5}{2}\tau + \dfrac{29}{4}\tau^2 + \cdots\right)$
2	$4\tau^2$	$4\tau^2\left(1 - \dfrac{16}{3\pi}\tau + \dfrac{18\pi^2 + 256}{9\pi^2}\tau^2 + \cdots\right)$	$4\tau^2\left(1 - \dfrac{28}{3\pi}\tau + \dfrac{9\pi^2 - 6\pi + 640}{9\pi^2}\tau^2 + \cdots\right)$

15. $n = 1$:

$$\frac{u - u_\infty}{u_\infty} = \frac{2\tau}{\pi}\left\{2 + \frac{x}{2a}\ln\frac{(x - a)^2 + y^2}{(x + a)^2 + y^2} + \right.$$
$$\left. + \frac{y}{a}\left(\arctan\frac{x - a}{y} - \arctan\frac{x + a}{y}\right)\right\};$$

$n = 2$:

$$\frac{u - u_\infty}{u_\infty} = \frac{4\tau}{\pi}\left\{\frac{4}{3} - 2\frac{x^2 - y^2}{a^2} + \frac{x}{2a}\left(1 - \frac{x^2 - y^2}{a^2}\right)\ln\frac{(x - a)^2 + y^2}{(x + a)^2 + y^2} + \right.$$
$$\left. + \frac{y}{a}\left(1 - \frac{x^2 - y^2}{a^2}\right)\left(\arctan\frac{x - a}{y} - \arctan\frac{x + a}{y}\right)\right\};$$

$n = 1$:

$$\frac{v}{u_\infty} = \frac{2\tau}{\pi}\left\{\frac{y}{2a}\ln\frac{(x + a)^2 + y^2}{(x - a)^2 + y^2} + \frac{x}{a}\left(\arctan\frac{x - a}{y} - \arctan\frac{x + a}{y}\right)\right\};$$

$n = 2$:

$$\frac{v}{u_\infty} = \frac{4\tau}{\pi}\left\{\frac{4xy}{a^2} + \frac{y}{2a}\left(1 - \frac{3x^2 - y^2}{a^2}\right)\ln\frac{(x + a)^2 + y^2}{(x - a)^2 + y^2} + \right.$$
$$\left. + \frac{x}{a}\left(1 - \frac{x^2 - 3y^2}{a^2}\right)\left(\arctan\frac{x - a}{y} - \arctan\frac{x + a}{y}\right)\right\}.$$

16.

$$\frac{v}{u_\infty} = -\frac{1}{\pi}\tau y \int_{-a}^{+a} \frac{\xi\, d\xi}{\sqrt{a^2 - \xi^2}\,[(\xi - x)^2 + y^2]};$$

$$\frac{u - u_\infty}{u_\infty} = -\frac{1}{\pi}\cdot\tau \int_{-a}^{+a} \frac{\xi(x - \xi)\, d\xi}{\sqrt{a^2 - \xi^2}\,[(\xi - x)^2 + y^2]}.$$

Durch die Substitution $\zeta = -a\,(1-t^2)/(1+t^2)$ ergeben sich die Integrale mit rationalen Integranden:

$$\frac{v}{u_\infty} = \frac{\tau\,a\,y}{\pi} \int_{-\infty}^{+\infty} \frac{1-t^2}{[a(1-t^2)+x(1+t^2)]^2 + y^2(1+t^2)^2}\,dt;$$

$$\frac{u-u_\infty}{u_\infty} = \frac{\tau\,a}{\pi} \int_{-\infty}^{+\infty} \frac{(1-t^2)\,[x(1+t^2)+a(1-t^2)]}{(1+t^2)\{[a(1-t^2)+x(1+t^2)]^2 + y^2(1+t^2)^2\}}\,dt.$$

Deren Auswertung mit Hilfe des Residuensatzes liefert $(z = x + i\,y)$:

$$-\frac{v}{\tau\,u_\infty} =$$

$$= \frac{a\,y\,\sqrt{\dfrac{1}{2}\,(|z^2-a^2|-a^2+|z|^2)} - (x^2-a\,x+y^2)\,\operatorname{sgn} y\,\sqrt{\dfrac{1}{2}\,(|z^2-a^2|+a^2-|z|^2)}}{[(x-a)^2+y^2]\cdot\sqrt{(x+a)^2+y^2}};$$

$$\frac{u-u_\infty}{\tau\,u_\infty} =$$

$$= \left\{ 1 - \frac{a\,|y|\cdot\sqrt{\dfrac{1}{2}\,(|z^2-a^2|+a^2-|z|^2)} + (x^2-a\,y+y^2)\,\sqrt{\dfrac{1}{2}\,(|z^2-a^2|-a^2+|z|^2)}}{[(x-a)^2+y^2]\,\sqrt{(x+a)^2+y^2}} \right\}.$$

Durch Einsetzen der Ellipsenkontur

$$x = \frac{1+\tau}{\sqrt{1+2\,\tau}}\,a\cos\varphi, \qquad y = \frac{\tau}{\sqrt{1+2\,\tau}}\,a\sin\varphi$$

erhält man:

$$\frac{v}{u_\infty} = -\tau(1+2\,\tau)\,\frac{\sin\varphi\cos\varphi}{(1+\tau)^2\sin^2\varphi + \tau^2\cos^2\varphi};$$

$$\frac{u}{u_\infty} = (1+\tau)\,(1+2\,\tau)\,\frac{\sin^2\varphi}{(1+\tau)^2\sin^2\varphi + \tau^2\cos^2\varphi};$$

$$\frac{v}{u} = -\frac{\tau}{1+\tau}\,\cot\varphi = \frac{dy}{dx},$$

also Stromlinie.

17. $\qquad \varphi = \dfrac{1}{\pi}\displaystyle\int_{-b}^{+b} v(0,\eta)\,\arctan\frac{y-\eta}{x}\,d\eta, \qquad \phi = u_\infty\,x + \varphi;$

$$u-u_\infty = \frac{1}{\pi}\int_{-b}^{+b} v(0,\eta)\,\frac{\eta-y}{(\eta-y)^2+x^2}\,d\eta, \qquad v = \frac{1}{\pi}\int_{-b}^{+b} v(0,\eta)\,\frac{x}{(\eta-y)^2+x^2}\,d\eta.$$

18.

n	$\dfrac{u(x,\,0) - u_\infty}{u_\infty}$	Staupunkte	Bedingung für Existenz von Staupunkten
$\dfrac{1}{2}$	$-\tau\left(1 - \dfrac{\lvert x\rvert}{\sqrt{b^2 + x^2}}\right)$	$\pm\, b\,\dfrac{\tau - 1}{\sqrt{2\,\tau - 1}}$	$\tau \geqslant 1$
1	$-\dfrac{4\,\tau}{\pi}\left(1 - \dfrac{x}{b}\arctan\dfrac{b}{x}\right)$	$\left(1 - \dfrac{\pi}{4\,\tau}\right)\dfrac{b}{x} = \arctan\dfrac{b}{x}$	$\tau \geqslant \dfrac{\pi}{4}$
$\dfrac{3}{2}$	$-3\,\tau\left(\dfrac{1}{2} + \dfrac{x^2}{b^2} - \left\lvert\dfrac{x}{b}\right\rvert\sqrt{1 + \dfrac{x^2}{b^2}}\right)$	$\dfrac{1}{2} - \dfrac{1}{3\,\tau} = \left\lvert\dfrac{x}{b}\right\rvert\sqrt{1 + \dfrac{x^2}{b^2}} - \dfrac{x^2}{b^2}$	$\tau \geqslant \dfrac{2}{3}$
2	$-\dfrac{8\,\tau}{\pi}\left[\dfrac{2}{3} + \dfrac{x^2}{b^2} - \dfrac{x}{b}\left(1 + \dfrac{x^2}{b^2}\right)\arctan\dfrac{b}{x}\right]$	$\dfrac{2}{3} - \dfrac{\pi}{8\,\tau} = \dfrac{x}{b}\left(1 + \dfrac{x^2}{b^2}\right)\arctan\dfrac{b}{x} - \dfrac{x^2}{b^2}$	$\tau \geqslant \dfrac{3\,\pi}{16}$

19.

n	$\dfrac{u(0,\,y) - u_\infty}{u_\infty}$	Dicke h_m bzw. Bestimmungsgleichung für h_m	Dickenverhältnis
$\dfrac{1}{2}$	$\begin{cases} -\tau, & \lvert y\rvert < b \\ -\tau\left(1 - \dfrac{\lvert y\rvert}{\sqrt{y^2 - b^2}}\right), & \lvert y\rvert > b \end{cases}$	$h_m = \dfrac{b\,\tau}{\sqrt{2\,\tau - 1}}\,;\qquad \dfrac{u(0,\,h_m)}{u_\infty} = \dfrac{\tau}{\tau - 1}$	$\dfrac{\tau}{\tau - 1}$
1	$-\dfrac{4\,\tau}{\pi}\left(1 + \dfrac{y}{2\,b}\ln\left\lvert\dfrac{y - b}{y + b}\right\rvert\right)$	$\left(1 - \dfrac{2\,\tau}{\pi}\right)\dfrac{h_m}{b} = \dfrac{\tau}{\pi}\left[\left(\dfrac{h_m}{b}\right)^2 - 1\right]\ln\dfrac{h_m - b}{h_m + b}$	
$\dfrac{3}{2}$	$\begin{cases} -\dfrac{3}{2}\,\tau\left(1 - 2\dfrac{y^2}{b^2}\right), & \lvert y\rvert < b \\ -\dfrac{3}{2}\,\tau\left(1 - 2\dfrac{y^2}{b^2} + 2\left\lvert\dfrac{y}{b}\right\rvert\sqrt{\left(\dfrac{y}{b}\right)^2 - 1}\right), & \lvert y\rvert > b \end{cases}$	$\left(\dfrac{3\,\tau}{2} - 1\right)\dfrac{h_m}{b} = \tau\left\{\left(\dfrac{h_m}{b}\right)^3 - \left[\left(\dfrac{h_m}{b}\right)^2 - 1\right]^{3/2}\right\}$	
2	$-\dfrac{4\,\tau}{\pi}\left[\dfrac{4}{3} - 2\dfrac{y^2}{b^2} - \dfrac{y}{b}\left(\dfrac{y^2}{b^2} - 1\right)\ln\left\lvert\dfrac{y - b}{y + b}\right\rvert\right]$	$\left(\dfrac{10}{3} - \dfrac{\pi}{\tau}\right)\dfrac{h_m}{b} = \left[\left(\dfrac{h_m}{b}\right)^2 - 1\right]^2\ln\dfrac{h_m - b}{h_m + b} + 2\left(\dfrac{h_m}{b}\right)^3$	

20. Vertauscht man in den entstehenden Integralen x mit y und schreibt a statt b und als Integrationsveränderliche ζ statt η, so hat man genau die Integrale von Aufgabe 16 vor sich. Die Ergebnisse werden ($z = x + i\,y$):

$$-\frac{u-u_\infty}{\tau\,u_\infty}=$$

$$=1-\frac{b\,|x|\,\sqrt{\frac{1}{2}\,(|\bar z^2+b^2|+b^2-|\bar z|^2)}+(y^2-b\,y+x^2)\,\sqrt{\frac{1}{2}\,(|\bar z^2+b^2|-b^2+|\bar z|^2)}}{[(y-b)^2+x^2]\,\sqrt{(y+b)^2+x^2}}\,;$$

$$-\frac{v}{\tau\,u_\infty}=$$

$$=\frac{b\,x\,\sqrt{\frac{1}{2}\,(|\bar z^2+b^2|-b^2+|\bar z|^2)}-(y^2-b\,y+x^2)\,\mathrm{sgn}\,x\,\sqrt{\frac{1}{2}\,(|\bar z^2+b^2|+b^2-|\bar z|^2)}}{[(y-b)^2+x^2]\,\sqrt{(y+b)^2+x^2}}\,.$$

Durch Einsetzen der Ellipsenkontur

$$x=\frac{\tau-1}{\sqrt{2\,\tau-1}}\,b\cos\varphi,\qquad y=\frac{\tau}{\sqrt{2\,\tau-1}}\,b\sin\varphi$$

erhält man:

$$\frac{u}{u_\infty}=(2\,\tau-1)\,(\tau-1)\,\frac{\sin^2\varphi}{(\tau-1)^2\sin^2\varphi+\tau^2\cos^2\varphi}\,;$$

$$\frac{v}{u_\infty}=-\,\tau(2\,\tau-1)\,\frac{\sin\varphi\cos\varphi}{(\tau-1)^2\sin^2\varphi+\tau^2\cos^2\varphi}\,;$$

$$\frac{v}{u}=-\,\frac{\tau}{\tau-1}\,\cot\varphi=\frac{dy}{dx}\,,$$

also ist die angegebene Ellipse Stromlinie.

21. $$\frac{u-u_\infty}{u_\infty}=\frac{\sqrt{R/2}}{\pi}\int_0^\infty\frac{x-\xi}{\sqrt{\xi}\,[(x-\xi)^2+y^2]}\,d\xi=-\,\frac{\sqrt{R}}{2}\,\sqrt{\frac{\sqrt{x^2+y^2}-x}{x^2+y^2}}\,,$$

$$\frac{v}{u_\infty}=\frac{\sqrt{R/2}}{\pi}\cdot y\int_0^\infty\frac{d\xi}{\sqrt{\xi}\,[(x-\xi)^2+y^2]}=\frac{\sqrt{R}}{2}\,\sqrt{\frac{\sqrt{x^2+y^2}+x}{x^2+y^2}}\,.$$

Den Wert der Integrale findet man durch die Substitution $\xi=t^2$ und Anwendung des Residuensatzes oder direkt aus Tafeln[1].

Staupunkt: $u=v=0$ für $x=-R/2$, $y=0$.

Die angegebene Parabel $y^2=2\,R(x+R/2)$ erfüllt die Differentialgleichung der Stromlinien $dy/dx=v/u$.

22. Es handelt sich um die Approximation der Strömung gegen eine keilförmig angeschärfte Platte konstanter Dicke, die sich ins Unendliche erstreckt.

$$\frac{u-u_\infty}{u_\infty}=\frac{\tau}{\pi}\int_0^1\frac{x-\xi}{(x-\xi)^2+y^2}\,d\xi=\frac{\tau}{2\,\pi}\ln\frac{x^2+y^2}{(x-1)^2+y^2}\,;$$

---

[1] Zum Beispiel GRÖBNER, W., und N. HOFREITER: Integraltafel, 2. Teil: Bestimmte Integrale, 3. Aufl., 211.6 a. Wien: Springer. 1961.

$$\frac{v}{u_\infty} = \frac{\tau}{\pi} \int_0^1 \frac{y}{(x-\xi)^2 + y^2} d\xi = \frac{\tau}{\pi} \left(\operatorname{arc\,tan} \frac{1-x}{y} + \operatorname{arc\,tan} \frac{x}{y} \right);$$

$$\frac{\psi}{u_\infty} = y - \frac{\tau}{2} \operatorname{sgn} y +$$

$$+ \frac{\tau}{\pi} \left[(1-x) \operatorname{arc\,tan} \frac{1-x}{y} - x \operatorname{arc\,tan} \frac{x}{y} + \frac{y}{2} \ln \frac{x^2 + y^2}{(x-1)^2 + y^2} \right].$$

$$h(1) \approx \tau \left(1 - \frac{\tau}{\pi} + \frac{\tau}{\pi} \ln \tau \right) \quad \text{aus } \psi(1, h) = 0$$

oder aus der Kontinuitätsgleichung $\int_0^1 v(x, 0)\, dx = \int_0^h u(1, y)\, dy.$

$h(\infty) = \tau$ aus $\psi(\infty, h) = 0$ oder direkt aus der Kontinuitätsgleichung.

Um die Strömung gegen den endlichen Keil zu approximieren, bringt man in $x = 1$ eine Senke der Stärke $g = 2\,\tau\, u_\infty$ an.

Es kommt (Striche bezeichnen die Größen für den Keil):

$$\frac{u' - u_\infty}{u_\infty} = \frac{u - u_\infty}{u_\infty} - \frac{\tau}{\pi} \cdot \frac{x-1}{(x-1)^2 + y^2};$$

$$\frac{v'}{u_\infty} = \frac{v}{u_\infty} - \frac{\tau}{\pi} \cdot \frac{y}{(x-1)^2 + y^2}.$$

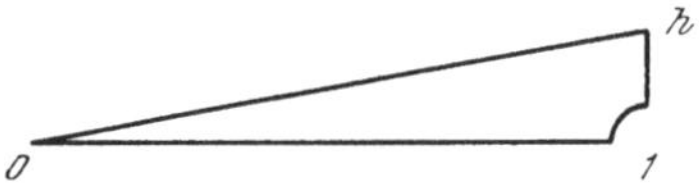

Abb. 32. Integrationsgebiet von Aufgabe 22

Hinterer Staupunkt ($u' = 0$):

$$x_{St} \approx 1 + \frac{\tau}{\pi} - \left(\frac{\tau}{\pi}\right)^2 \ln \left(1 + \frac{\pi}{\tau}\right).$$

Die Dicke bei $x = 1$ ergibt sich durch Anwendung der Kontinuitätsgleichung auf das Gebiet Abb. 32 zu

$$h \approx \frac{\tau}{2} \left(1 - \frac{\tau}{\pi} \left(1 - \ln \frac{\tau}{2} \right) \right).$$

23. Parabelgleichung: $h^2 = 2\,R(x + R/2)$.

a) $$\frac{dh}{dx} = \frac{R}{h} = \sqrt{R/(2\,x + R)}.$$

Demgegenüber:

$$\frac{v(x, 0)}{u_\infty} = \sqrt{R/(2\,x)}.$$

Approximation $v(x, 0) \approx u_\infty\, dh/dx$ also nur gut für $x \gg R$.

b) Aufgabe 21 liefert auf der Kontur:

$$\frac{u}{u_\infty} = 1 - \frac{R}{2(x+R)}, \quad \frac{v}{u_\infty} = \frac{y}{2(x+R)}, \quad \frac{1}{u_\infty} \sqrt{u^2 + v^2} = \sqrt{1 - R/(2x + 2R)}.$$

Dagegen ist $u(x, 0)/u_\infty = 1$, der Fehler also $\approx R/(4x + 4R)$, also um so kleiner, je größer x/R ist.

24. Exakte Randbedingung:

$$v(x, h) = h' \cdot u(x, h) = h'(u_\infty + u(x, h) - u_\infty).$$

Ansatz:

$$v(x, 0) = v_1(x, 0) + v_2(x, 0), \qquad v_1(x, 0) = h' \, u_\infty = O(\tau), \qquad v_2 = O(\tau^2);$$

$$u(x, 0) = u_1(x, 0) + u_2(x, 0), \qquad u_1(x, 0) - u_\infty = -\frac{1}{\pi} \oint_0^1 \frac{v_1(\xi, 0)}{\xi - x} \, d\xi = O(\tau),$$

$$u_2(x, 0) = O(\tau^2).$$

Die Randbedingung wird dann mit

$$v(x, h) = v(x, 0) + \frac{\partial v}{\partial y}(x, 0) \cdot h = v(x, 0) - \frac{\partial u}{\partial x}(x, 0) \cdot h$$

bis auf Glieder 2. Ordnung genau:

$$v_2(x, 0) = \frac{\partial}{\partial x} \left[h(u_1(x, 0) - u_\infty) \right].$$

Dazu kommt:

$$u_2(x, 0) = -\frac{1}{\pi} \oint_0^1 \frac{v_2(\xi, 0)}{\xi - x} \, d\xi.$$

Man findet:

$$\frac{u_1(x, 0) - u_\infty}{u_\infty} = \frac{2\tau}{\pi} \left[2 + (1 - 2x) \ln \frac{x}{1 - x} \right];$$

$$\frac{v_2(x, 0)}{u_\infty} = \frac{4\tau^2}{\pi} \left[3(1 - 2x) + (1 - 6x + 6x^2) \ln \frac{x}{1 - x} \right].$$

Mit Hilfe der über den Eulerschen Dilogarithmus folgenden Beziehung

$$\oint_0^1 \frac{\ln \dfrac{1 - \xi}{\xi}}{\xi - x} \, d\xi = -\frac{\pi^2}{2} + \frac{1}{2} \ln^2 \left| \frac{1 - x}{x} \right|$$

folgt:

$$\frac{u_2(x, 0)}{u_\infty} =$$

$$= -\frac{4\tau^2}{\pi^2} \left[3(1 - 2x) \ln \frac{1 - x}{x} - 3 + (1 - 6x + 6x^2) \left(\frac{\pi^2}{2} - \frac{1}{2} \ln^2 \frac{1 - x}{x} \right) \right].$$

Auf dem Profil hat man:

$$u(x, h) = u_1(x, 0) + \frac{\partial u_1}{\partial y}(x, 0) \cdot h + u_2(x, 0) =$$

$$= u_1(x, 0) + \frac{\partial v_1}{\partial x}(x, 0) \cdot h + u_2(x, 0).$$

Damit für $x = \tfrac{1}{2}$:

$$\frac{u(\tfrac{1}{2}, h_{\max}) - u_\infty}{u_\infty} = \frac{4\tau}{\pi} + \tau^2 \left(\frac{12}{\pi^2} - 1 \right).$$

25. α) Flache Ellipse (Aufgabe 16):

$$\frac{W^2}{u_\infty{}^2} = (1 + 2\tau)^2 \, \frac{\sin^2\varphi}{(1+\tau)^2 \sin^2\varphi + \tau^2 \cos^2\varphi} \; ; \qquad \tan\vartheta = - \frac{\tau}{1+\tau}\cot\varphi;$$

$$\cos^2\vartheta = \frac{(1+\tau)^2 \sin^2\varphi}{(1+\tau)^2 \sin^2\varphi + \tau^2 \cos^2\varphi} \; ;$$

$$\frac{W_{\max}{}^2}{u_\infty{}^2} = \frac{(1+2\tau)^2}{(1+\tau)^2} \; ; \qquad \frac{W_{\max}{}^2}{u_\infty{}^2} \cdot \cos^2\vartheta = \frac{(1+2\tau)^2 \sin^2\varphi}{(1+\tau)^2 \sin^2\varphi + \tau^2 \cos^2\varphi} = \frac{W^2}{u_\infty{}^2} \, .$$

β) Hochgestellte Ellipse (Aufgabe 20):

$$\frac{W^2}{u_\infty{}^2} = \frac{(2\tau - 1)^2 \sin^2\varphi}{(\tau - 1)^2 \sin^2\varphi + \tau^2 \cos^2\varphi} \; ; \qquad \tan\vartheta = - \frac{\tau}{\tau - 1}\cot\varphi;$$

$$\cos^2\vartheta = \frac{(\tau - 1)^2 \sin^2\varphi}{(\tau - 1)^2 \sin^2\varphi + \tau^2 \cos^2\varphi} \; ;$$

$$\frac{W_{\max}{}^2}{u_\infty{}^2} \cos^2\vartheta = \frac{(2\tau - 1)^2 \sin^2\varphi}{(\tau - 1)^2 \sin^2\varphi + \tau^2 \cos^2\varphi} = \frac{W^2}{u_\infty{}^2} \, .$$

γ) Parabel (Aufgabe 21):

$$\frac{W^2}{u_\infty{}^2} = \frac{2x + R}{2(x + R)} \; ; \qquad \tan\vartheta = \frac{R}{\sqrt{2Rx + R^2}} \; ; \qquad \cos^2\vartheta = \frac{2x + R}{2(x + R)} \; ;$$

$$\frac{W_{\max}{}^2}{u_\infty{}^2} = 1, \qquad \frac{W_{\max}{}^2}{u_\infty{}^2} \cdot \cos^2\vartheta = \frac{2x + R}{2(x + R)} = \frac{W^2}{u_\infty{}^2} \, .$$

26. Der mit der Distributionstheorie nicht vertraute Leser (diese erlaubt die formale Differentiation unter dem Integralzeichen und anschließende Umformung durch partielle Integration) muß hier auf die Definition des Cauchyschen Hauptwertes zurückgehen und geeignet durch partielle Integration umformen, um formal divergente Integrale zu vermeiden.

Man kann z. B. rechnen:

$$u - u_\infty = -\frac{1}{\pi} \oint_a^b \frac{v_0(\xi)}{\xi - x}\, d\xi = -\frac{1}{\pi} \ln|\xi - x| \cdot v_0(\xi) \Big|_a^b +$$

$$+ \frac{1}{\pi} \oint_a^b \ln|\xi - x| \, v_0{}'(\xi) \, d\xi;$$

$$\frac{\partial u}{\partial x} = \frac{1}{\pi} \frac{v_0(\xi)}{\xi - x} \Big|_a^b - \frac{1}{\tau} \oint_a^b \frac{v_0{}'(\xi)}{\xi - x}\, d\xi.$$

27. Mit u', v' als dimensionslosen Störkomponenten findet man aus

$$c_w \cdot f_p = 2 \int \int_{f_p} c_p \frac{dh}{dx}\, dx\, dz$$

(f_p Projektionsfläche):

$$c_w = 4 \int\limits_0^1 u'(x, 0)\, v'(x, 0)\, dx = -\frac{4}{\pi} \int\limits_0^1 \int\limits_0^1 v'(x, 0)\, v'(\xi, 0)\, \frac{d\xi\, dx}{\xi - x} =$$

$$= (\text{Vertauschen der Variablen}) = -\frac{4}{\pi} \int\limits_0^1 \int\limits_0^1 v'(\xi, 0)\, v'(x, 0)\, \frac{dx\, d\xi}{x - \xi} = -c_w,$$

also $c_w = 0$.

28.   a) $\dfrac{4\pi\varphi}{u_\infty} = -\int\limits_0^1 F'(x) \dfrac{d\xi}{\sqrt{(\xi - x)^2 + y^2}} - \int\limits_0^1 \dfrac{F'(\xi) - F'(x)}{\sqrt{(\xi - x)^2 + y^2}}\, d\xi =$

$$= 2 F'(x) \ln y - F'(x) \ln 4\, x(1 - x) - \int\limits_0^x \frac{F'(\xi) - F'(x)}{x - \xi}\, d\xi - \int\limits_x^1 \frac{F'(\xi) - F'(x)}{\xi - x}\, d\xi;$$

nach partieller Integration folgt die Behauptung.

b) $\dfrac{u - u_\infty}{u_\infty} = -\dfrac{1}{4\pi} \int\limits_0^1 F'(\xi)\, \dfrac{\xi - x}{\sqrt{(\xi - x)^2 + y^2}^{\,3}}\, d\xi =$

$$= -\frac{1}{4\pi} \int\limits_0^1 F''(\xi)\, \frac{d\xi}{\sqrt{(\xi - x)^2 + y^2}} =$$

$$= \frac{F''(x)}{2\pi} \ln y - \frac{F''(x)}{4\pi} \ln 4\, x(1 - x) - \frac{1}{4\pi} \int\limits_0^1 \frac{F''(\xi) - F''(x)}{|\xi - x|}\, d\xi =$$

$$= \frac{1}{2\pi} F''(x) \ln y - \frac{1}{4\pi} F''(0) \ln 2\, x - \frac{1}{4\pi} F''(1) \ln 2(1 - x) -$$

$$- \frac{1}{4\pi} \int\limits_0^x F'''(\xi) \ln 2(x - \xi)\, d\xi + \frac{1}{4\pi} \int\limits_x^1 F'''(\xi) \ln 2(\xi - x)\, d\xi.$$

c) Man findet:

$$\frac{W - u_\infty}{u_\infty} = \frac{u - u_\infty}{u_\infty} + \frac{1}{2}\left(\frac{v}{u_\infty}\right)^2 =$$

$$= 8\, h_m^2 \{(1 - 6\, x + 6\, x^2)\, [\ln (4\, h_m^2\, x(1 - x)) + 3] + (1 - 2\, x)^2\}.$$

Dies geht aus dem ohne Vernachlässigungen gewonnenen Ergebnis hervor, indem man dort $h_m^2 \ll 1$ streicht, und stimmt mit (7.13) überein.

$$c_p = -2\, \frac{W - u_\infty}{u_\infty}.$$

29. a) Der Impulssatz liefert für einen schmalen Zylinder vom Radius y:

$$\frac{1}{2}\,\varrho_\infty\,u_\infty{}^2\,F_m\,c_w = \lim_{y\to 0}\left(2\,\pi\,\varrho_\infty\int_0^1 u\cdot v\,y\,dx\right).$$

Mit (6.26): $v\,y = (u_\infty/2\,\pi)\,F'(x)$ erhält man durch partielle Integration:

$$\int_0^1 u\cdot v\,y\,dx = \frac{u_\infty}{2\,\pi}\left(\phi\cdot F'(x)\Big|_0^1 - \int_0^1 \phi\cdot F''(x)\,dx\right).$$

Laut Voraussetzung verschwindet der erste Term und mit dem Ergebnis der vorhergehenden Aufgabe kommt:

$$-2\,\pi\,F_m\,c_w = \lim_{y\to 0}\int_0^1\left[2\,F'(x)\ln y - \int_0^x F''(\xi)\ln 2(x-\xi)\,d\xi +\right.$$

$$\left. + \int_x^1 F''(\xi)\ln 2(\xi - x)\,d\xi\right]\cdot F''(x)\,dx = \lim_{y\to 0}\left[\ln y\cdot\int_0^1\frac{d}{dx}(F'(x))^2\,dx\right] -$$

$$-\int_{x=0}^1\int_{\xi=0}^x F''(\xi)\,F''(x)\ln 2(x-\xi)\,d\xi\,dx + \int_{x=0}^1\int_{\xi=x}^1 F''(\xi)\,F''(x)\ln 2\,(\xi - x)\,d\xi\,dx.$$

Das einfache Integral verschwindet, während die beiden Doppelintegrale gleich sind. Indem man beim zweiten Doppelintegral J_2 zuerst die Variablen und dann die Integrationsreihenfolge vertauscht, findet man nämlich:

$$J_2 = \int_{x=0}^1\int_{\xi=x}^1 F''(\xi)\,F''(x)\ln 2(\xi - x)\,d\xi\,dx =$$

$$= \int_{\xi=0}^1\int_{x=\xi}^1 F''(x)\,F''(\xi)\ln 2(x - \xi)\,dx\,d\xi =$$

$$= \int_{x=0}^1\int_{\xi=0}^x F''(\xi)\,F''(x)\ln 2(x - \xi)\,d\xi\,dx = J_1.$$

b) Durch Anschreiben des Druckintegrals über die Oberfläche findet man:

$$-F_m\cdot c_w = \int_0^1\left[2\left(\frac{u}{u_\infty}-1\right)+\left(\frac{v}{u_\infty}\right)^2\right]_{x,\,h}\cdot F'(x)\,dx.$$

Nun setzt man

$$\frac{v}{u_\infty} = \frac{F'(x)}{2\,\pi\,h}\,,\qquad \frac{u}{u_\infty}-1 = \frac{1}{2\,\pi}F''(x)\ln h$$

und erhält:

$$-F_m \cdot c_w = \int\limits_0^1 \left(\frac{1}{\pi} F'' \ln \sqrt{\frac{F}{\pi}} + \frac{1}{4\pi} \frac{F'^2}{F}\right) F' \, dx$$

$$= \int\limits_0^1 \frac{d}{dx}\left(\frac{F'^2}{4\pi} \ln \frac{F}{\pi}\right) dx = 0.$$

Es ist sehr bemerkenswert, daß das Druckintegral nur dann verschwindet, wenn der v^2-Term in c_p berücksichtigt wird. Für eine korrekte Theorie schlanker Rotationskörper kann die Geschwindigkeitsstörung nicht mit der u-Störung identifiziert werden!

30. a) Für die Maximalgeschwindigkeit am Parabelbogenzweieck gilt nach der linearen Theorie:

$$\frac{W - u_\infty}{u_\infty} = \frac{4}{\pi\,\beta} \cdot \tau$$

(vgl. Aufgabe VI, 19).

Für die kritische untere Machzahl ist $W = c^*$, also

$$\tau = \frac{\pi}{4} \cdot \beta \left(\frac{1}{M^*} - 1\right).$$

b) Entsprechend auf der Parabelbogenspindel:

$$\frac{W - u_\infty}{u_\infty} = \tau^2 \left(2 \ln \frac{4}{\beta^2 \tau^2} - 3\right),$$

(vgl. Aufgabe VI, 24), für die untere kritische Machzahl also

$$\beta^2 \left(\frac{1}{M^*} - 1\right) = \beta^2 \tau^2 \left(\ln \frac{4}{\beta^2 \tau^2} - 1\right).$$

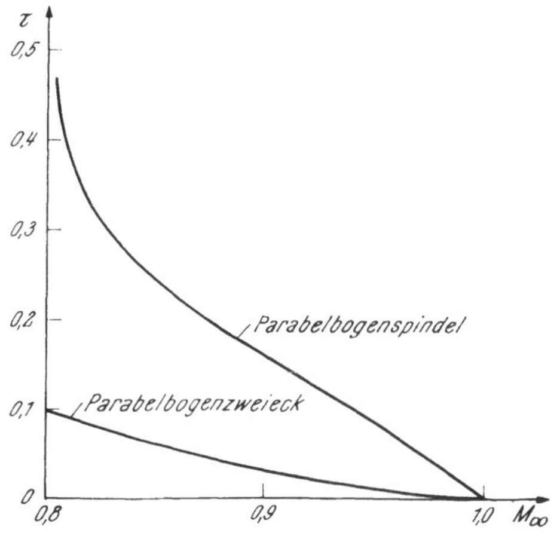

Abb. 33. Untere kritische Machzahlen für Parabelbogenzweieck und -spindel

Man verwendet zweckmäßig gasdynamische Tabellen[1] und stellt im Falle b) die linke Seite als Funktion von β, die rechte als Funktion von $\beta\,\tau$ graphisch dar. Hieraus gewinnt man $\tau = (\beta\,\tau/\beta)\,(M_\infty)$. Siehe Abb. 33.

VIII. Stationäre, reibungsfreie, ebene und achsensymmetrische Überschallströmung

1.
$$c_w = \frac{4\,\mathrm{tg}^2\,\vartheta}{\cot\alpha_\infty} = \frac{(2\,h_m)^2}{\cot\alpha_\infty},$$

das sind 3/16 des Wertes beim Parabelbogenzweieck, wobei der wesentliche Betrag des Bodensoges an der Keilbasis nicht mit einbezogen ist.

2. Nach der Ackeret-Formel (8.3) folgt für den Keil:

---

[1] Z. B. Tabelle 2 des Anhangs, S. 176.

$$(M_\infty{}^* - 1)\cot\alpha_\infty = \operatorname{tg}\vartheta_0 \qquad \left(\text{etwas besser als} \quad \left(1 - \frac{1}{M_\infty{}^*}\right)\cot\alpha_\infty = \operatorname{tg}\vartheta_0\right).$$

(8.10) mit dem ursprünglichen $\operatorname{tg}\vartheta_0$ statt ϑ_0 liefert für den Kegel:

$$\cot^2\alpha_\infty\left(1 - \frac{1}{M_\infty{}^*}\right) = (\operatorname{tg}\vartheta_0\cot\alpha_\infty)^2\left(\ln\frac{2}{\operatorname{tg}\vartheta_0\cot\alpha_\infty} - \frac{1}{2}\right).$$

	Keil	Kegel			
M_∞	$\operatorname{tg}\vartheta_0$	$\cot^2\alpha_\infty\left(1 - \dfrac{1}{M_\infty{}^*}\right)$	$\operatorname{tg}\vartheta_0\cot\alpha_\infty$	$\operatorname{tg}\vartheta_0$	$\dfrac{\pi}{2}\operatorname{tg}^2\vartheta_0$
1,40	0,294	0,222			
1,30	0,192	0,130	0,306	0,368	0,213
1,20	0,105	0,060	0,177	0,267	0,112
1,10	0,037	0,016	0,076	0,166	0,043
1,05	0,013	0,004	0,032	0,100	0,016

Die kritische Machzahl eines Kegels liegt viel näher an $M_\infty = 1$ als jene eines Keiles gleichen Öffnungswinkels ϑ_0. Vergleicht man jedoch Keil und Kegel gleicher Verdrängung, also gleichen halben Querschnittes (zweite und letzte Kolonne), dann erkennt man weitgehende Übereinstimmung.

3.
$$\frac{dy}{dx} = \operatorname{tg}(\alpha + \vartheta) = \operatorname{tg}\alpha_\infty\left[1 + \frac{1}{\sin\alpha_\infty\cos\alpha_\infty}(\alpha - \alpha_\infty + \vartheta)\right]$$

(abgebrochene Taylor-Entwicklung um α_∞).

Nun ist:

$$\alpha - \alpha_\infty = d\alpha = -\operatorname{tg}\alpha_\infty\,\frac{dM}{M} = -\operatorname{tg}\alpha_\infty\cdot\frac{\varkappa + 1}{2}\cdot\frac{M^2}{M^{*2}}\cdot\frac{dW}{W} =$$

$$= -\operatorname{tg}\alpha_\infty\cdot\frac{\varkappa + 1}{2}\cdot\frac{M^2}{M^{*2}}\left(\frac{u}{u_\infty} - 1\right) = \operatorname{tg}^2\alpha_\infty\,\frac{\varkappa + 1}{2}\,\frac{M^2}{M^{*2}}\cdot\frac{v}{u_\infty}$$

(da Strömung am Keil).

Wegen $\vartheta = v/u_\infty$ kommt:

$$\alpha - \alpha_\infty + \vartheta = \frac{v}{u_\infty}\left[1 + \frac{\varkappa + 1}{2}\,\frac{M^2}{M^{*2}}\operatorname{tg}^2\alpha_\infty\right].$$

Mit
$$\frac{M^2}{M^{*2}} = 1 + \frac{\varkappa - 1}{\varkappa + 1}\cot^2\alpha_\infty \quad\text{und}\quad \frac{v}{u_\infty} \approx \operatorname{tg}\vartheta$$

folgt schließlich:

$$\frac{dy}{dx} = \operatorname{tg}\alpha_\infty\left[1 + \frac{\varkappa + 1}{2}\,\frac{\operatorname{tg}\vartheta_0}{\sin\alpha_\infty\cos^3\alpha_\infty}\right].$$

Der zweite Summand in der eckigen Klammer, die Änderung der Machlinienneigung, muß klein gegen 1 sein, wenn die Linearisierung (konstante Neigung der Machlinien) gerechtfertigt sein soll. Es ergibt sich eine Grenze bei $\alpha_\infty \to \pi/2$, d. h. Schallnähe, wo $\operatorname{tg}\vartheta_0 \ll \sin^3(\pi/2 - \alpha_\infty)$

und eine zweite Grenze bei $\alpha_\infty \to 0$, d. h. Hyperschall, wo $\operatorname{tg} \vartheta_0 \ll \sin \alpha_\infty = \operatorname{tg} \alpha_\infty$ erforderlich ist. Die exakten Theorien zeigen allerdings, daß die Ungleichheit nicht sehr groß sein muß.

4. $\quad \dfrac{u - u_\infty}{u_\infty} - \vartheta_0{}^2 \ln y = - \vartheta_0{}^2 \ln (2\, x \operatorname{tg} \alpha_\infty); \qquad \dfrac{v}{u_\infty}\, y = \vartheta_0{}^2 \cdot x.$

5. Aus (8.9) folgt z. B. für $M_\infty = \sqrt{2}$:

$$\frac{v}{u_\infty} = - \frac{u - u_\infty}{u_\infty} = \operatorname{tg}^2 \vartheta_0 \sqrt{2 \frac{x - y}{y}}.$$

Bei Annäherung an den Machkegel auf $y = $ konst. verschwinden beide Komponenten mit der Wurzel aus dem Kopfwellenabstand. Bei ebener Strömung sind die Werte konstant und springen in der Kopfwelle.

6. Zur Erfüllung der exakten Randbedingung auf $y/x = \operatorname{tg} \vartheta_0$: $v/u = \operatorname{tg} \vartheta_0$ wird vom allgemeinen Ansatz (8.8) mit kegeliger Quellverteilung $q(\xi) = A\,\xi$ ausgegangen. Aus der Randbedingung folgt:

$$A = \frac{4\pi u_\infty \operatorname{tg}^2 \vartheta_0}{\sqrt{1 - \operatorname{tg}^2 \vartheta_0 \cot^2 \alpha} + \operatorname{tg}^2 \vartheta_0 [\ln (1 + \sqrt{1 - \operatorname{tg}^2 \vartheta_0 \cot^2 \alpha}) - \ln (\operatorname{tg} \vartheta_0 \cot \alpha)]};$$

$$\frac{u - u_\infty}{u} = - \frac{\operatorname{tg}^2 \vartheta_0 [\ln (1 + \sqrt{1 - \operatorname{tg}^2 \vartheta_0 \cot^2 \alpha}) - \ln (\operatorname{tg} \vartheta_0 \cot \alpha)]}{\sqrt{1 - \operatorname{tg}^2 \vartheta_0 \cot^2 \alpha} + \operatorname{tg}^2 \vartheta_0 [\ln (1 + \sqrt{1 - \operatorname{tg}^2 \vartheta_0 \cot^2 \alpha}) - \ln (\operatorname{tg} \vartheta_0 \cot \alpha)]}.$$

Im Nenner überwiegt der erste Summand; würde man sich auf diesen beschränken, so käme man zurück auf die exakte Behandlung der *vereinfachten* Randbedingung $v = u_\infty \operatorname{tg} \vartheta_0$.

An der Grenze des Anwendungsbereiches $(\operatorname{tg} \alpha = \operatorname{tg} \vartheta_0)$ erhält man:

$$\frac{u - u_\infty}{u_\infty} = - \frac{\operatorname{tg}^2 \vartheta_0}{1 + \operatorname{tg}^2 \vartheta_0} = - \sin^2 \vartheta_0,$$

gegenüber $u/u_\infty - 1 = 0$ bei (8.9) und $= - 0{,}693 \operatorname{tg}^2 \vartheta_0$ bei (8.10). Es zeigt sich, daß der erste Wert sehr nahe am Werte für $M_\infty \to \infty$ der exakten Kegeltheorie liegt.

7. Die exakte Randbedingung am angestellten Kegel ist $v + v_\varepsilon \cdot \varepsilon = (u + u_\varepsilon \cdot \varepsilon) \operatorname{tg} \vartheta_0$. Da die Strömung u, v für den nicht angestellten Kegel die Randbedingung für sich erfüllen muß, gilt also auf $r = x \operatorname{tg} \vartheta_0$: $v_\varepsilon = u_\varepsilon \operatorname{tg} \vartheta_0$.

Mit einem allgemeinen Ansatz $F'(\xi) = \pi B\,\xi$ im Integral (8.15) für φ_ε erhält man:

$$\frac{\varphi_\varepsilon}{u_\infty} = r - \frac{B}{2} \left[r \cot^2 \alpha \ln \frac{x + \sqrt{x^2 - r^2 \cot^2 \alpha}}{r \cot \alpha} - \frac{x}{r} \sqrt{x^2 - r^2 \cot^2 \alpha} \right].$$

Man bildet nun in der Ebene $z = 0$, $u_\varepsilon = \varphi_{\varepsilon x}$ und $v_\varepsilon = \varphi_{\varepsilon r}$ auf $r/x = \operatorname{tg} \vartheta_0$, z. B.

$$u_\varepsilon/u_\infty = B \cot \vartheta_0 \sqrt{1 - \operatorname{tg}^2 \vartheta_0 \cot^2 \alpha}$$

und gewinnt aus der Randbedingung:

$$\frac{2 \operatorname{tg}^2 \vartheta_0}{B} = \sqrt{1 - \operatorname{tg}^2 \vartheta_0 \cot^2 \alpha} + 2 \operatorname{tg}^2 \vartheta_0 \sqrt{1 - \operatorname{tg}^2 \vartheta_0 \cot^2 \alpha} +$$

$$+ \operatorname{tg}^2 \vartheta_0 \cot^2 \alpha [\ln (1 + \sqrt{1 - \operatorname{tg}^2 \vartheta_0 \cot^2 \alpha}) - \ln (\operatorname{tg} \vartheta_0 \cot \alpha)].$$

Wie in Aufgabe 6 ist wieder der erste Summand des Nenners ausschlaggebend. Bei Vernachlässigung $\mathrm{tg}^2\,\vartheta_0 \ll 1$ erhält man bis $\mathrm{tg}\,\alpha = \mathrm{tg}\,\vartheta_0$

$$\varphi_{\varepsilon x}/u_\infty = 2\,\mathrm{tg}\,\vartheta_0$$

in Übereinstimmung mit der vereinfachten Theorie (8.16).

8. Es ist

$$u_\varepsilon = \varphi_{\varepsilon x}\cos\chi, \qquad v_\varepsilon = \varphi_{\varepsilon r}\cos\chi.$$

Aus Aufgabe 7 folgt in Achsennähe $r \to 0$:

$$\varphi_\varepsilon/u_\infty = r + \frac{B}{2}\left[r\cot^2\alpha \ln\frac{r\cot\alpha}{2x} + \frac{x^2}{r} \right].$$

und

$$\varphi_{\varepsilon x}/u_\infty \approx B\cdot\frac{x}{r}, \qquad \varphi_{\varepsilon r}/u_\infty \approx \frac{B}{2}\left[-\frac{x^2}{r^2} + \cot^2\alpha\ln\frac{r\cot\alpha}{2x} \right].$$

Während sich $\varphi_{\varepsilon x}$ gleich verhält wie φ_r beim nicht angestellten Kegel, ist also $\varphi_{\varepsilon r}$ viel stärker singulär als $\varphi_{\varepsilon x}$.

9. Gemäß (8.12) bei $M_\infty = \sqrt{2}$:

$$2\pi\cdot\frac{v\,y}{u_\infty} = -A\int_0^{x-y} \frac{(\xi-x)\,d\xi}{\sqrt{\xi}\,\sqrt{(\xi-x)^2-y^2}} = \qquad \left(z^2 = \frac{\xi}{x-y}\right)$$

$$= -2A\sqrt{x+y}\int_0^1 \frac{\dfrac{y}{x+y} - \left(1-\dfrac{x-y}{x+y}z^2\right)}{\sqrt{(1-z^2)\left(1-\dfrac{x-y}{x+y}z^2\right)}}\,dz =$$

$$= 2A\sqrt{x+y}\left[E\left(\sqrt{\frac{x-y}{x+y}}\right) - \frac{y}{x+y}K\left(\sqrt{\frac{x-y}{x+y}}\right) \right].$$

Für $x \to y$:
$$\frac{v\,y}{u_\infty} = \frac{A\sqrt{2}}{4}\sqrt{y}.$$

Für $y \to 0$:
$$\frac{v\,y}{u_\infty} = \frac{A}{\pi}\sqrt{x} = \frac{1}{2\pi}F'(x).$$

Am Machkegel ($x = y$) befindet sich bei dieser Verteilung also ein Stromlinienknick!

10. Die Belegung hat an der Stelle $x = x_0 - h\cot\alpha$, $y = 0$ zu erfolgen. Bei ebener Strömung ist dort ein Sprung $\Delta v(x,0)/u_\infty = \mathrm{tg}\,\vartheta_0$ anzubringen. Bei Achsensymmetrie benutze das Ergebnis von Aufgabe 9 und bringe auf $y = 0$ die zusätzliche Belegung an[1]:

$$\frac{v\,y}{u_\infty} = \frac{4}{\pi\sqrt{2}}\,\mathrm{tg}\,\vartheta_0\sqrt{\frac{h(x-x_0)}{\cot\alpha}} \qquad \text{für} \qquad x \geqq x_0.$$

---

[1] SAUER, R.: Neue Ergebnisse und Entwicklungsmöglichkeiten in der theoretischen Gasdynamik. Jahrbuch 1955 der WGL, S. 27 ff. Braunschweig: Vieweg. 1956.

11. Beschränkt man sich auf die Oberseite, so folgt $F_2(\eta) \equiv 0$. Aus $u = v = 0$ auf $x < 0$ ergibt sich $F_1'(\xi) \equiv 0$ für $\xi < 0$; da die Wand eine stetige Tangente haben soll, folgt die Stetigkeit von v, d. h. $F_1'(\xi)$ in 0 und damit auch die Stetigkeit von u. Aus

$$\lim_{x \to +0} \frac{d^2 y}{dx^2} = - \frac{\cot \alpha}{u_\infty} F_1''$$

ersieht man, daß die Annahme $F_1(\xi) \sim \xi^2$ für $\xi > 0$ den gewünschten Krümmungssprung liefert. $F_1(\xi) = b/2 \operatorname{tg} \alpha \cdot \xi^2$ für $\xi > 0$ nimmt dann die oben angegebenen Randwerte an.

Beachte, daß sich der Krümmungssprung der Größe $- b/u_\infty$ im Punkte $x = y = 0$ längs $\xi = x - y \cot \alpha = 0$ fortpflanzt!

12. Man erhält durch partielle Integration von (8.11) nach entsprechenden Vernachlässigungen analog zu Aufgabe VII, 28:

$$\frac{\varphi}{u_\infty} = \frac{F_x(x)}{2\pi} \ln (y \cot \alpha_\infty) -$$

$$- \frac{1}{2\pi} \int_0^x F_{xx}(\xi) \ln 2(x - \xi) \, d\xi;$$

$$\frac{u}{u_\infty} - 1 = \frac{F_{xx}(x)}{2\pi} \ln (y \cot \alpha_\infty) -$$

$$- \frac{1}{2\pi} F_{xx}(0) \ln 2 x -$$

$$- \frac{1}{2\pi} \int_0^x F_{xxx}(\xi) \ln 2 (x - \xi) \, d\xi =$$

$$= 4\,\tau^2 [(1 - 6x + 6x^2) \ln (\tau(1 - x) \cot \alpha_\infty) - 6x + 9x^2].$$

M_∞ geht nur unter dem ln ein, in Übereinstimmung mit den Formeln für den Machzahleinfluß bei Rotationskörpern. (Siehe Abb. 34.)

Für $x \to 1$ wird die u-Störung mit $\ln y$ negativ unendlich im Gegensatz zu $x \to 0$. Am Spindelende gibt es also ein lokales Unterschallgebiet im Gegensatz zur ebenen Strömung.

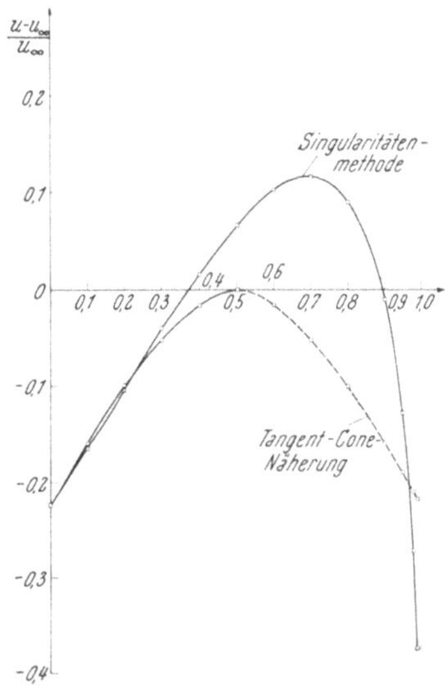

Abb. 34. Vergleich der Singularitätenmethode mit der Tangent-Cone-Näherung für eine Parabelbogenspindel $\tau = 1/6$, $M_\infty = 1{,}28$ in $0 \leqslant x \leqslant 1$

13. Nach (8.10) erhält man für die Spindel:

$$\frac{u}{u_\infty} - 1 = 4\,\tau^2(1 - 4x + 4x^2) \ln |\tau(1 - 2x) \cot \alpha_\infty|.$$

Für $M_\infty = 1{,}28$ und $\tau = 1/6$ vgl. Abb. 34. Die Näherung versagt völlig hinter dem Dickenmaximum.

14. Nach den Aufgaben VI, 14 und VIII, 12 ist[1]:

$$c_w \cdot F_m = 2 \lim_{y \to 0} \int_0^1 \left[\frac{F_x(x)}{2\pi} \ln (y \cot \alpha_\infty) - \frac{1}{2\pi} \int_0^x F_{xx}(\xi) \ln 2\,(x-\xi)\,d\xi \right] F_{xx}(x)\,dx =$$

$$= \text{(nach Aufgabe VII, 29)} =$$

$$= -\frac{1}{2\pi} \int_{x=0}^1 \int_{\xi=0}^1 F_{xx}(\xi)\,F_{xx}(x) \ln 2\,|x-\xi|\,d\xi\,dx =$$

$$= -\frac{1}{2\pi} \int_{x=0}^1 \int_{\xi=0}^1 F_{xx}(\xi)\,F_{xx}(x) \ln |x-\xi|\,d\xi\,dx =$$

$$= \frac{1}{2\pi} \int_{x=0}^1 \int_{\xi=0}^1 F_{xx}(x)\,F_x(\xi) \frac{d\xi}{\xi-x}\,dx.$$

Die Spindel $F = 16\,F_m\,x^2(1-x)^2$ ergibt:

$$c_w \cdot F_m = \frac{16^2}{6\pi} F_m{}^2;$$

davon entfällt etwas mehr als die Hälfte auf den Sog hinter dem Dickenmaximum, alles unabhängig von M_∞.

15. Aus (8.22) folgt durch Differentiation:

$$M^2 \sin^2 \gamma = \frac{1}{\varkappa} \left[\frac{\varkappa+1}{4} M^2 - 1 + \sqrt{\left(\frac{\varkappa+1}{4} M^2 - 1 \right)^2 + \varkappa \left(1 + \frac{\varkappa+1}{2} M^2 \right)} \right].$$

Für $M \to \infty$:

$$\sin^2 \gamma = \frac{\varkappa+1}{2\varkappa}\,; \qquad \operatorname{tg} \vartheta = \frac{\sin\gamma \cos\gamma}{\dfrac{\varkappa+1}{2} - \sin^2\gamma} = \frac{1}{\sqrt{\varkappa^2-1}}.$$

16. Beispielsweise:

$$\frac{\hat{p}-p}{p} = \frac{dp}{p} = \frac{2\varkappa}{\varkappa+1} \frac{\sin^2\gamma - \sin^2\alpha}{\sin^2\alpha} \approx \frac{4\varkappa}{\varkappa+1} \cot\alpha\,(\gamma-\alpha),$$

$$\operatorname{tg}\vartheta = \frac{2}{\varkappa+1} \cdot \frac{\cot\alpha}{M^2} (M^2 \sin\gamma - 1) \approx \frac{4}{\varkappa+1} \cos^2\alpha\,(\gamma-\alpha).$$

17. Widerstand D pro Breiten- und Längeneinheit:

$$D = 2\,dp\,\operatorname{tg}\vartheta = 2\,p_\infty \cdot \frac{4\varkappa}{\varkappa+1} \cot\alpha\,(\gamma-\alpha)\,\operatorname{tg}\vartheta = 2\,p_\infty \cdot \varkappa \cdot \frac{1}{\sin\alpha \cos\alpha}\,\operatorname{tg}^2\vartheta =$$

$$= 2\,\varrho_\infty\,u_\infty{}^2 \cdot \frac{1}{M_\infty{}^2} \cdot \frac{1}{\sin\alpha \cos\alpha}\,\operatorname{tg}^2\vartheta = \frac{\varrho_\infty\,u^2{}_\infty}{2} \cdot \frac{4\,\operatorname{tg}^2\vartheta}{\cot\alpha}.$$

---

[1] KÁRMÁN, TH. VON: The Problem of Resistance in Compressible Fluids. Volta-Kongreß 1935, 2. Auflage, S. 210—314. Rom: Reale Accademia d'Italia. 1940.

18.
$$\hat{v}^2 = \left(\hat{u} - \frac{\varkappa - 1}{\varkappa + 1} u_{\max}\right)(u_{\max} - \hat{u}).$$

Ein Kreis, der die u-Achse im Punkte der Maximalgeschwindigkeit und im Punkte des senkrechten Stoßes zur Maximalgeschwindigkeit schneidet.

19. Durch elementare Umformungen der Stoßpolarengleichung findet man:
$$\left(\frac{\hat{v}}{u}\right)^2 \left[\frac{2}{\varkappa + 1} \cdot \frac{1}{M^2} - \frac{\hat{u} - u}{u}\right] = \left(\frac{\hat{u} - u}{u}\right)^2 \left[\frac{\hat{u} - u}{u} + \frac{2}{\varkappa + 1}\left(1 - \frac{1}{M^2}\right)\right]$$

und daraus wegen der Annahme $1/M^2$, $(u - \hat{u})/u \ll 1$:
$$\left(\frac{\hat{v}}{u}\right)^2 = \frac{\left(\dfrac{u - \hat{u}}{u}\right)^2}{\dfrac{1}{M^2} + \dfrac{\varkappa + 1}{2}\dfrac{u - \hat{u}}{u}}.$$

Beide Summanden des Nenners sind hier klein; sie können aber dennoch sehr verschieden groß sein.

a) $\dfrac{\varkappa + 1}{2} \cdot \dfrac{u - \hat{u}}{u} \ll \dfrac{1}{M^2} \rightarrow \dfrac{\hat{v}}{u} \approx \pm M \dfrac{u - \hat{u}}{u};$ (ACKERET!)

b) $\dfrac{1}{M^2} \ll \dfrac{\varkappa + 1}{2} \cdot \dfrac{u - \hat{u}}{u} \rightarrow \left(\dfrac{\hat{v}}{u}\right)^2 \approx \dfrac{2}{\varkappa + 1} \dfrac{u - \hat{u}}{u}$ (vgl. Aufgabe 18).

20. Aus den geometrischen Beziehungen $W_n/W_t = \operatorname{tg}\gamma$, $\hat{W}_n/W_t = \operatorname{tg}(\gamma - \vartheta)$ und der Kontinuitätsbedingung $\varrho\, W_n = \hat{\varrho}\, \hat{W}_n$ erhält man:
$$\cot^2\gamma - \left(1 - \frac{\varrho}{\hat{\varrho}}\right)\cot\vartheta \cot\gamma + \frac{\varrho}{\hat{\varrho}} = 0.$$

Für $\vartheta \ll 1$ also $\cot\gamma = (1 - \varrho/\hat{\varrho})\cot\vartheta$, für $\vartheta_{\max}$ (durch Auflösen der quadratischen Gleichung für $\cot\gamma$):
$$\operatorname{tg}\vartheta = \frac{1}{2}\left(\sqrt{\frac{\hat{\varrho}}{\varrho}} - \sqrt{\frac{\varrho}{\hat{\varrho}}}\right); \qquad \operatorname{tg}\gamma = \sqrt{\frac{\hat{\varrho}}{\varrho}}.$$

Vergleiche mit den Hyperschallresultaten (8.35) bei $\varkappa = \text{konst.}!$

21. $M_n = 30;$ $\vartheta_{\max}:$ $M = M_n/\sin\gamma = M_n\sqrt{1 + \dfrac{\varrho}{\hat{\varrho}}} = 31;$
$$\vartheta = 10^0: \quad M = M_n(1 - \varrho/\hat{\varrho})/\sin\vartheta = 160.$$

Die Haupterwärmung findet in letzterem Falle in der Grenzschicht statt.

22.
$$\operatorname{tg}\gamma = \frac{\varkappa + 1}{2}\operatorname{tg}\vartheta;$$

$$c_w = c_p = \frac{\hat{p} - p}{p} \cdot \frac{2}{\varkappa M^2} = \frac{4}{\varkappa + 1}\sin^2\gamma = (\varkappa + 1)\operatorname{tg}^2\vartheta.$$

Linear:
$$c_p = -2\left(\frac{u}{u_\infty} - 1\right) = \frac{2\operatorname{tg}\vartheta}{\sqrt{M_\infty{}^2 - 1}}.$$

Das entspricht einer Linearisierung mit der Machzahl

$$M_\infty = \frac{2}{\varkappa + 1} \cdot \frac{1}{\mathrm{tg}\,\vartheta_0}.$$

23. Aus Tab. 3 erhält man

$$\frac{1}{M^2} = \frac{\varkappa + 1}{2} \frac{c^{*2}}{W^2} - \frac{\varkappa - 1}{2}$$

(vgl. Aufgabe II, 11) und damit durch zweimaliges Anschreiben und Subtrahieren für den ganzen Machzahlbereich:

$$\frac{\varkappa + 1}{2} \left(\frac{c^{*2}}{W_\infty{}^2} - \frac{c^{*2}}{W^2} \right) = \frac{1}{M_\infty{}^2} - \frac{1}{M^2} ;$$

daraus näherungsweise:

$$\frac{W}{W_\infty} - 1 = \frac{1}{\varkappa + 1} M^{*2} \left(\frac{1}{M_\infty{}^2} - \frac{1}{M^2} \right).$$

Für $M_\infty \to \infty$ wegen $\hat{M} = \dfrac{\varkappa + 1}{\sqrt{2\,\varkappa(\varkappa - 1)}} \cdot \dfrac{1}{\sin\gamma}, \qquad M^* \approx \sqrt{\dfrac{\varkappa + 1}{\varkappa - 1}} :$

$$\frac{W}{W_\infty} - 1 = - \frac{\varkappa}{2}\,\mathrm{tg}^2\,\vartheta_0.$$

Dies fälschlich in die vereinfachte Formel für den Druckkoeffizient eingesetzt, würde ergeben:

$$c_p = - 2 \left(\frac{W}{W_\infty} - 1 \right) = \varkappa\,\mathrm{tg}^2\,\vartheta_0$$

gegenüber dem richtigen Wert:

$$c_p = (\varkappa + 1)\,\mathrm{tg}^2\,\vartheta_0.$$

24. Mit

$$c_p = \frac{2}{\varkappa M^2} \cdot \frac{\hat{p} - p}{p}$$

folgt aus

$$\frac{\hat{p}}{p} = 1 + \frac{2\,\varkappa}{\varkappa + 1}\,(M^2 \sin^2\gamma - 1) \tag{8.18}$$

und

$$\cot\vartheta = \mathrm{tg}\,\gamma \left[\frac{\dfrac{\varkappa + 1}{2} M^2}{M^2 \sin^2\gamma - 1} - 1 \right] \quad (8.22):$$

$$c_p = \frac{2}{1 + \cot\vartheta \cot\gamma}.$$

$$\mathrm{tg}\,\vartheta\,\mathrm{tg}\,\gamma \ll 1 \to c_p = 2\,\mathrm{tg}\,\vartheta\,\mathrm{tg}\,\gamma.$$

In ACKERETS Näherung steht anstelle von $\mathrm{tg}\,\gamma$: $1/\sqrt{M_\infty{}^2 - 1} = \mathrm{tg}\,\alpha_\infty$. Man hätte also mit einer Machzahl zu linearisieren, für welche $\alpha = \gamma$ ist!

25. Aus (8.22) folgt:

$$\frac{d\vartheta}{d\gamma} = \frac{4}{\varkappa + 1}\cos^2(\gamma - \vartheta) - \frac{\sin 2\vartheta}{\sin 2\gamma} \, ;$$

a) $\qquad\qquad M \to \infty: \qquad \dfrac{d\vartheta}{d\gamma} = \dfrac{2\sin\vartheta\cos(2\gamma - \vartheta)}{\sin 2\gamma} \, ;$

b) $\qquad\qquad \vartheta \ll 1: \qquad \dfrac{d\vartheta}{d\gamma} = \dfrac{4}{\varkappa + 1} - \dfrac{\sin\vartheta}{\sin\gamma} \, .$

26. Aus (8.22) folgt für $M \to \infty$:

$$\sin^2\gamma = \tfrac{1}{2}[1 + \varkappa \sin^2\vartheta - \sqrt{1 - (\varkappa^2 + 1)\sin^2\vartheta + \varkappa^2 \sin^4\vartheta}]$$

und aus (8.18) für $M \to \infty$:

$$c_p - \frac{2}{\varkappa M^2}\frac{\hat{p} - p}{p} = \frac{4}{\varkappa + 1}\sin^2\gamma = (\varkappa + 1)\sin^2\vartheta \qquad \text{für} \qquad \sin^2\vartheta \ll 1,$$

$$\left(\frac{dc_n}{d\varepsilon}\right)_{\varepsilon \to 0} = 2\frac{dc_p}{d\vartheta} = 4(\varkappa + 1)\sin\vartheta\cos\vartheta \approx 4(\varkappa + 1)\operatorname{tg}\vartheta \approx 8\operatorname{tg}\gamma.$$

Im Gegensatz zu Aufgabe 24 erhält man hier den doppelten Wert der linearen Theorie, wenn in letzterer $1/\sqrt{M_\infty^2 - 1}$ durch $\operatorname{tg}\gamma$ ersetzt wird, bedingt durch die Änderung der Machzahl am Keil mit der Anstellung.

27. $\quad 1 - \left(\dfrac{W_2}{c_2}\right)^2 = 1 - \dfrac{\hat{W}_n^2}{\hat{c}^2} = 1 - \dfrac{W_n^2}{c^2}\cdot\dfrac{p}{\hat{p}}\cdot\dfrac{\varrho}{\hat{\varrho}} = \dfrac{M_\infty^2\sin^2\gamma - 1}{\dfrac{2\varkappa}{\varkappa + 1}M_\infty^2\sin^2\gamma - \dfrac{\varkappa - 1}{\varkappa + 1}} \, .$

Der Ausdruck schwankt also zwischen 0 bei sehr schwachen Störungen $(\gamma \to \alpha_\infty)$ und $(\varkappa + 1)/2\varkappa$ bei kräftigen Stößen $(M_\infty^2 \gg 1/\sin^2\gamma)$.

28. Bedeuten W_1 und W_2 die Radial- bzw. Winkelkomponente der Geschwindigkeit, β den Polarwinkel, γ den Stoßwinkel, ϑ den halben Kegelöffnungswinkel, R den Krümmungsradius des Hodographen der Stromlinie, so werden bei einem starken Stoß

	hinter der Stoßfront	am Kegel
W_2	$-\dfrac{\varkappa - 1}{\varkappa + 1} u_\infty \sin\gamma$	0
W_1	$u_\infty \cos\gamma$	W
β	γ	ϑ
R	$\dfrac{4\varkappa}{(\varkappa + 1)^2} u_\infty \cos\gamma$	W

Für die Berechnung des Krümmungsradius R des Hodographen ist hierin das Ergebnis von Aufgabe **27** verwendet worden.

Man schreibt nun die Differentialgleichungen der achsensymmetrisch-kegeligen Strömung[1]

$$W_{1\beta} = W_2, \tag{1}$$

$$W_{2\beta} = -W_1 - R \tag{2}$$

hinter dem Stoß als Differenzengleichungen:

$$\frac{u_\infty \cos\gamma - W}{\gamma - \vartheta} = -\frac{1}{2}\frac{\varkappa - 1}{\varkappa + 1} u_\infty \sin\gamma, \tag{1'}$$

$$-\frac{\dfrac{\varkappa - 1}{\varkappa + 1} u_\infty \sin\gamma}{\gamma - \vartheta} = -\frac{1}{2}\left[u_\infty \cos\gamma + \frac{4\varkappa}{(\varkappa + 1)^2} u_\infty \cos\gamma + 2W \right]. \tag{2'}$$

Da γ und ϑ beide klein sind (es ist ein kleiner Kegelöffnungswinkel vorausgesetzt), ersieht man aus (1'), daß

$$W \approx u_\infty \cos\gamma.$$

Dies in (2') eingesetzt und für kleine γ entwickelt, führt auf

$$\frac{\varkappa - 1}{\varkappa + 1}\gamma = \frac{1}{2}(\gamma - \vartheta)\left[3 + \frac{4\varkappa}{(\varkappa + 1)^2} \right]$$

oder mit $h = \tfrac{1}{2}(\varkappa - 1)/(\varkappa + 1)$:

$$\gamma(1 - h - h^2) = \vartheta(1 - h^2); \qquad \gamma \approx (1 + h)\vartheta.$$

Damit folgt wiederum aus (1'):

$$\frac{W}{u_\infty} - 1 \approx -\frac{(1 + h)^2}{2}\vartheta^2 = -\frac{(3\varkappa + 1)^2}{8(\varkappa + 1)^2}\vartheta^2,$$

während man zum Vergleich am Keil errechnet (Aufgabe 23):

$$\frac{W}{u_\infty} - 1 = -\frac{\varkappa}{2}\vartheta^2.$$

29. Für schwache Störungen im Hyperschall gilt $u \approx u_\infty$ und

$$\frac{1}{u}\frac{\partial u}{\partial x} \ll \frac{1}{\varrho}\frac{\partial\varrho}{\partial x}.$$

Damit lauten die Differentialgleichungen für ebene Strömung:

$$\frac{\partial\varrho}{\partial t} + u_\infty\frac{\partial\varrho}{\partial x} + \varrho\frac{\partial v}{\partial y} + v\frac{\partial\varrho}{\partial y} = 0; \qquad \text{Kontinuitätsgleichung}$$

$$\frac{\partial v}{\partial t} + u_\infty\frac{\partial v}{\partial x} + v\frac{\partial v}{\partial y} + \frac{1}{\varrho}\frac{\partial p}{\partial y} = 0; \qquad \text{2. Eulergleichung}$$

$$\frac{\partial s}{\partial t} + u_\infty\frac{\partial s}{\partial x} + v\frac{\partial s}{\partial y} = 0. \qquad \text{Energiegleichung}$$

Für das Koordinatensystem $t = t'$; $\quad x = x' + u_\infty t'$; $\quad y = y'$ gilt:

$$\frac{\partial}{\partial t'} = \frac{\partial}{\partial t} + u_\infty\frac{\partial}{\partial x},$$

so daß man für ϱ, p, s, v ein System in den Variablen t' und y' erhält. Dies entspricht genau dem instationären System für ϱ, p, s, W als Funktion von t und x:

---

[1] Vgl. „Gasdynamik", Kap. VI, Abschn. 12.

$$\frac{\partial \varrho}{\partial t} + \varrho\,\frac{\partial W}{\partial x} + W\,\frac{\partial \varrho}{\partial x} = 0;$$

$$\frac{\partial W}{\partial t} + W\,\frac{\partial W}{\partial x} + \frac{1}{\varrho}\,\frac{\partial p}{\partial x} = 0;$$

$$\frac{\partial s}{\partial t} + W\,\frac{\partial s}{\partial x} = 0.$$

30. Aus der Gleichung der Stoßpolaren mit $\hat{v}^2 + \hat{u}^2 = c^{*2}$ (8.21) und der Gleichung der Charakteristiken im Hodographen (8.26) ist ϑ als Funktion von M_∞ zu bestimmen und die beiden Kurven zum Schnitt zu bringen. Man erhält bei $\varkappa = 1{,}40$: $M_\infty \approx 1{,}40$, $\vartheta = 9°$. Vergleiche auch das Stoßpolaren- und Charakteristikendiagramm.

31. Die Dicke des Keiles kann gegenüber der gesuchten Höhe h bei kleinen Störungen vernachlässigt werden (Abb. 35). $h \cot \gamma = 1 + h \cot (\hat{\alpha} + \vartheta)$; wegen (8.30) gilt $\cot \alpha_\infty - \cot \gamma = \cot \gamma - \cot (\hat{\alpha} + \vartheta)$, also näherungsweise (siehe auch Aufgabe 16):

$$h(\cot \alpha_\infty - \cot \gamma) = 1 =$$
$$= h\,M_\infty{}^2(\gamma - \alpha_\infty) =$$
$$h \cdot \frac{\varkappa + 1}{4} \cdot \frac{\operatorname{tg}\vartheta}{\sin^2 \alpha_\infty \cos^2 \alpha_\infty}$$

h geht also mit $1/\operatorname{tg}\vartheta$ über alle Grenzen, wobei das Gebiet der Schallnähe ($\cos \alpha \to 0$) und des Hyperschalles ($\alpha \to \vartheta$) einer Sonderbehandlung bedürfen.

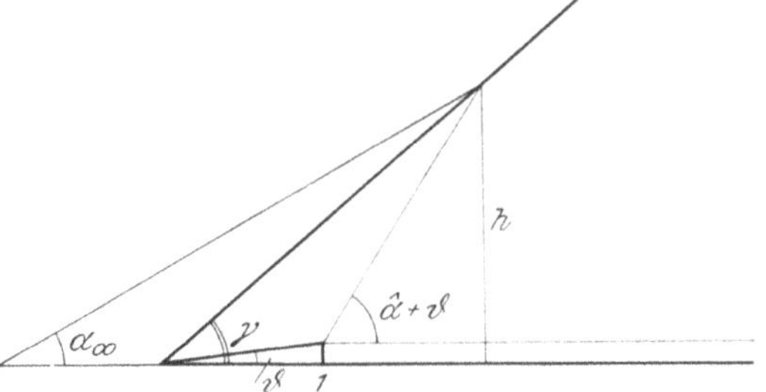

Abb. 35. Kopfwelle einer angeschärften Platte, Bezeichnungen

32. Für $y \leqslant h$ ergibt Aufgabe 31:

$$\cot \alpha_\infty - \cot \gamma_0 = \frac{\varkappa + 1}{4} \cdot \frac{\operatorname{tg}\vartheta}{\sin^2 \alpha_\infty \cos^2 \alpha_\infty}\,.$$

Für $y \geqslant h$ findet man aus der Näherung

$$\cot \alpha_\infty - \cot \gamma = \cot \gamma - \cot \alpha = \cot \gamma - \frac{x - 1}{y}$$

die Differentialgleichung

$$\frac{dx}{dy} = \frac{1}{2}\frac{x - 1}{y} + \frac{1}{2}\cot \alpha_\infty$$

mit der Lösung

$$x - 1 = y \cot \alpha_\infty - 2\sqrt{\frac{y}{h}}\,.$$

Dies ist eine Parabel mit der Richtung α_∞ als Achse, deren Brennpunkt annähernd in der Keilschulter liegt.

Benutzt man dagegen die Näherung $\gamma - \alpha_\infty = \alpha - \gamma$ (d. h. die gesuchte Stoßfront ist überall Winkelhalbierende des Parallelstrahlbüschels der Machlinien der Anströmung und der Machlinien der Prandtl-Meyer-Expansion), so folgt nach LIGHTHILL rein geometrisch, daß die Stoßfront ebenfalls einer Parabel mit der Achsrichtung α_∞ angehört, deren Brennpunkt aber genau in der Keilschulter liegt.

33. Gemäß (8.31) und (8.28) erhält man:

$$A_{01} = 0; \qquad A_{02} = 16\,\tau^2/3; \qquad A_{03} = 0;$$
$$B_{01} = -\,2\,\tau/3; \qquad B_{02} = 8\,\tau^2/3.$$
$$c_n = c_a = -\,16\,C_2\,\tau^2/3; \qquad c_w = c_t = 16\,C_1\,\tau^2/3;$$
$$c_m = 2\,C_1\,\tau/3 - 8\,C_2\,\tau^2/3.$$
$$C_1 = 2/\sqrt{M_\infty{}^2 - 1}, \qquad C_2 = [(M_\infty{}^2 - 2)^2 + \varkappa\,M_\infty{}^4]/[2\,(M_\infty{}^2 - 1)^2].$$

34. Die Antwort wird durch die zweite Formel (8.32) gegeben: Man erhält für $M_\infty \to \infty$, $\sin\gamma \ll 1$:

$$\left(\frac{dp}{d\gamma}\right)_{\mathrm{St}} = \frac{4\,\varkappa}{\varkappa + 1}\,M_\infty{}^2\,p_\infty \sin\gamma; \quad \frac{1}{\varrho_0\,W_0{}^2}\left(\frac{dp}{d\gamma}\right)_{\mathrm{St}} = \frac{4(\varkappa - 1)}{(\varkappa + 1)^2}\sin\gamma;$$

$$\left(\frac{d\vartheta}{dp}\right)_{\mathrm{St}} = \left(\frac{d\vartheta}{d\gamma}\right)_{\mathrm{St}} \times \left(\frac{d\gamma}{dp}\right)_{\mathrm{St}} = \frac{1}{2\,\varkappa\,M_\infty{}^2\,p_\infty \sin\gamma}; \quad \varrho_0\,W_0{}^2\left(\frac{d\vartheta}{dp}\right)_{\mathrm{St}} = \frac{\varkappa + 1}{2(\varkappa - 1)\sin\gamma};$$

$$M_0{}^2 = \frac{(\varkappa + 1)^2}{2\,\varkappa(\varkappa - 1)\sin^2\gamma}; \qquad \gamma - \vartheta = \frac{\varkappa - 1}{\varkappa + 1}\,\gamma,$$

also

$$K_{\mathrm{St}} = \frac{(\varkappa + 1)^2}{4(2\,\varkappa - 1)}\,K_p.$$

Bei $\varkappa = 1,40$ ist die Stoßkrümmung 4/5 der Profilkrümmung.

35. a) Exakt gemäß (8.32):

$$\frac{2}{\varrho_\infty\,u_\infty{}^2}\left(\frac{\partial p}{\partial x}\right)_0 = \left(\frac{\partial c_p}{\partial x}\right)_0 = -\,\frac{3\,\varkappa(\varkappa + 1)}{2\,\varkappa - 1}\,\mathrm{tg}\,\vartheta_0 \cdot K_p.$$

b) Für $M_\infty \to \infty$ ergibt sich der Druckkoeffizient zu

$$c_p = (\varkappa + 1)\,\mathrm{tg}^2\vartheta; \qquad \text{folglich}$$

$$\left(\frac{\partial c_p}{\partial x}\right)_0 \approx 2(\varkappa + 1)\,\mathrm{tg}\,\vartheta_0\left(\frac{\partial\vartheta}{\partial x}\right)_0 = -\,2(\varkappa + 1)\,\mathrm{tg}\,\vartheta_0\,K_p.$$

c) Hier hat man im Hodographen eine einzige Charakteristik, welche durch den Zustandspunkt hinter der Stoßfront geht. Mit (8.24) erhält man also einfach:

$$\left(\frac{\partial c_p}{\partial x}\right)_0 = \frac{2}{\varrho_\infty\,u_\infty{}^2}\left(\frac{\partial p}{\partial x}\right)_0 = \frac{2}{\varrho_\infty\,u_\infty{}^2}\,\frac{\varrho_0\,W_0{}^2}{\cot\alpha_\infty}\left(\frac{\partial\vartheta}{\partial x}\right)_0 = -\,(\varkappa + 1)\sqrt{\frac{2\,\varkappa}{\varkappa - 1}}\,\mathrm{tg}\,\vartheta_0\,K_p.$$

Die Koeffizienten haben für $\varkappa = 1,40$ der Reihe nach die Werte 5,6; 4,8; 6,35. Die Fehler der Näherung sind also auch in diesem Extremfall nicht sehr groß. Der exakte Wert liegt zwischen beiden Näherungen, entsprechend dem Umstand, daß in b) die Stoßkrümmung zu groß, in c) zu klein angenommen ist.

Für $\varkappa = 2{,}0$ stimmen alle drei Resultate überein; das heißt also in keinem Falle, der einem in der Natur vorkommenden Gase entspräche, aber auch nicht bei der Oberflächenwellen-Analogie, da sich diese nicht auf den Verdichtungsstoß erstrecken läßt.

36. x sei die Richtung längs der Oberfläche. Definitionsgemäß ist an der Spitze bei kleiner u-Störung:

$$\frac{\partial v}{\partial x} = - K_p \cdot u_\infty;$$

$$\frac{p_0}{c_p - c_v} \frac{ds}{d\psi} = \frac{p_0}{c_p - c_v} \cdot \frac{1}{\varrho_0 u_\infty} \frac{ds}{dy} = - \frac{p_0}{(c_p - c_v)\varrho_0 u_\infty} \cdot \frac{1}{\gamma - \vartheta} K_{\mathrm{St}} \left(\frac{ds}{d\gamma}\right)_{\mathrm{St}};$$

$$\left(\frac{ds}{d\gamma}\right)_{\mathrm{St}} = \frac{c_v}{p}\left(\frac{dp}{d\gamma}\right)_{\mathrm{St}} - \frac{c_p}{\varrho}\left(\frac{d\varrho}{d\gamma}\right)_{\mathrm{St}} = \frac{c_v}{p_0} \cdot \frac{4\,(\varkappa - 1)}{(\varkappa + 1)^2} \sin \gamma \cdot \varrho_0 u_\infty^2.$$

Damit:

$$\frac{p_0}{c_p - c_v} \frac{ds}{d\psi} = - \frac{\varkappa + 1}{(\varkappa - 1)\,(2\,\varkappa - 1)} u_\infty K_p.$$

Für $\varkappa = 1{,}40$ findet man also:

$$\frac{\partial v}{\partial x} : \left(- \frac{\partial u}{\partial y}\right) : \left(- \frac{p}{c_p - c_v} \frac{ds}{d\psi}\right) = 3 : 7 : - 10$$

Bei (angenäherter) Wirbelfreiheit müßte der Betrag des Entropieausdruckes klein im Verhältnis zu einem der anderen Beträge sein.

37. Man erhält:

$$c_p \frac{\sqrt{M_\infty^2 - 1}}{2\,\mathrm{tg}\,\vartheta} =$$

$$= 1 + \left(\underbrace{\frac{(\varkappa + 1)\,M_\infty^4/4}{\sqrt{M_\infty^2 - 1}^3}}_{(a)} - \underbrace{\frac{1}{2}\sqrt{M_\infty^2 - 1}}_{(b)} - \underbrace{\frac{1}{\sqrt{M_\infty^2 - 1}}}_{(c)} + \underbrace{\frac{1}{2}\sqrt{M_\infty^2 - 1}}_{(d)}\right) \mathrm{tg}\,\vartheta + \ldots$$

Die Krümmung der Charakteristik (a) spielt im ganzen Machzahlbereich eine wichtige Rolle. (b), (c) und (d) sind bei großem M_∞ wichtig, (b) und (d) heben sich gegenseitig auf. Man vergrößert also den Fehler unter Umständen, wenn man nur zum Teil linearisiert, gegenüber einer völligen Linearisierung. Der Neigungseffekt (c) verliert wegen der Abnahme der Geschwindigkeitsstörung mit wachsendem M_∞ an Bedeutung.

10% Fehler in c_p:

M_∞	1,3	1,5	2,0	3,0	4,0	6,0
$\mathrm{tg}\,\vartheta$	0,055	0,078	0,078	0,057	0,041	0,028

Das bedeutet eine sehr starke Beschränkung der linearen Überschallprofiltheorie!

38. Bei einer schrittweisen Integration vermindert man den Fehler in der Regel auf das Quadrat seiner ursprünglichen Größe, wenn man die

Neigung auf dem halben Schritt nimmt. Mit u_1 als Wert an der Wand und $v_\infty = 0$ ist also:

$$u_1 - u_\infty = - \frac{v_1}{\cot\left[(\alpha_1 + \alpha_\infty + \vartheta)/2\right]} = - \frac{v_1}{\cot \alpha_\infty}\left[1 + \frac{1}{\sin \alpha_\infty \cos \alpha_\infty}\left(\frac{\alpha_1 - \alpha_\infty}{2} + \frac{\vartheta_1}{2}\right)\right].$$

Bemerkenswert ist, daß nicht nur nach einer mittleren Machzahl, sondern auch nach einem mittleren Strömungswinkel zu linearisieren ist. Anders wird es, wenn man nach (8.25) mit W und ϑ arbeitet!

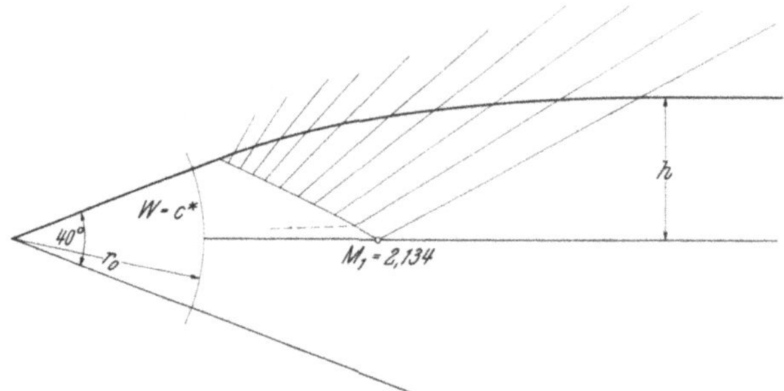

Abb. 36. Überführung eines Sektors einer ebenen Überschallquellströmung in einen Parallelstrahl

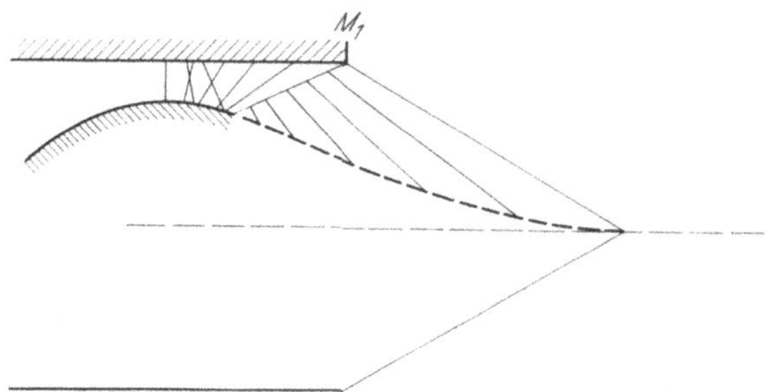

Abb. 37. Herstellen eines Parallelstrahls mittels eines Zentralkörpers

39. Von einem Punkt mit der Machzahl M_1 sind die Machlinien stromaufwärts bis zum Rand des Segmentes durchzuzeichnen. Von dieser Begrenzung der Quellströmung ist die andere Schar der Machlinien als Geradenbüschel zu zeichnen. Die Strömungsrichtung auf diesen Machgeraden ist überall gleich jener am Rand des Quellfeldes (Abb. 36).

Die Menge im Parallelstrom muß gleich sein der kritischen Stromdichte mal der Bogenlänge am Schallkreis.

40. Die Überschallströmung wird in der Lavaldüse zunächst so weit fortgesetzt, bis an der Außenwand M_1 erreicht wird. Dort wird die Außenwand abgebrochen und die stromaufwärts und -abwärts führende Machlinie gezeichnet. Das Zwischengebiet ist wie in Aufgabe **39** zu bestimmen. Gegenüber der letzten Aufgabe sind Achse und Außenwand einfach vertauscht. (Siehe Abb. **37.**)

41. Man wählt sich im Potentialwirbel den Kreis mit $M_1 = 1,604$ und zieht von einem Punkt des Kreises stromaufwärts die Machlinien. Die zwei Übergangsgebiete von Potentialwirbel zu Parallelströmung sind wieder durch eine Schar gerader Machlinien gekennzeichnet. Man zeichnet Stromlinien in die Übergangsgebiete ein. Die Möglichkeiten sind außen durch $M = 1$ und innen durch eine Enveloppe der Machlinien begrenzt. Im übrigen bilden aber alle Stromlinienpaare eine Lösung.

Es steht frei, die Umlenkung im Gitter in gewissen Grenzen beliebig vorzugeben. Das Beispiel hier zeigt bei $M_1 = 1{,}435$ eine Umlenkung von $146°$ [1]. Siehe Abb. 38 a und 38 b.

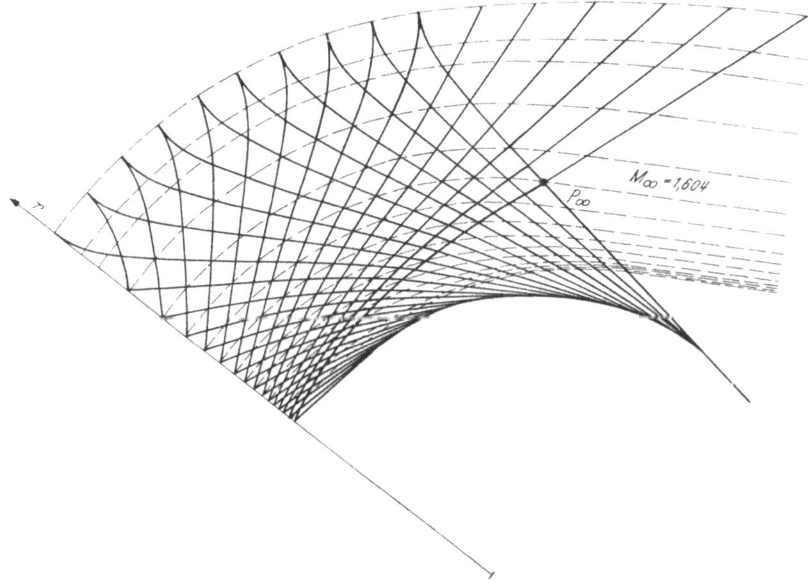

Abb. 38 a. Übergang von Potentialwirbelströmung zu Parallelströmung

42. Auf links- bzw. rechtsläufiger Machlinie: $u \mp v\,\mathrm{tg}\,\alpha_\infty = \text{konst.}$
u sei die Störung, also $u_0 = v_0 = 0$;

$u_1 - \mathrm{tg}\,\vartheta = 0$; $u_1 + \mathrm{tg}\,\vartheta = u_2 = 2\,\mathrm{tg}\,\vartheta$;

$u_3 - \mathrm{tg}\,\vartheta = u_2$; $u_3 = 3\,\mathrm{tg}\,\vartheta$ u.s.w.

Man wähle verschiedene Stellungen von Laufrad zu Leitrad und beachte, daß sich unter Umständen Teile der Strömung nicht berechnen lassen (siehe Abb. 39 a, b), eine Folge der Linearisierung[2]!

43. Man überzeugt sich von der Richtigkeit der angegebenen Beziehung z. B. durch Überführung in die bekanntere, aus (8.24) folgende Form:

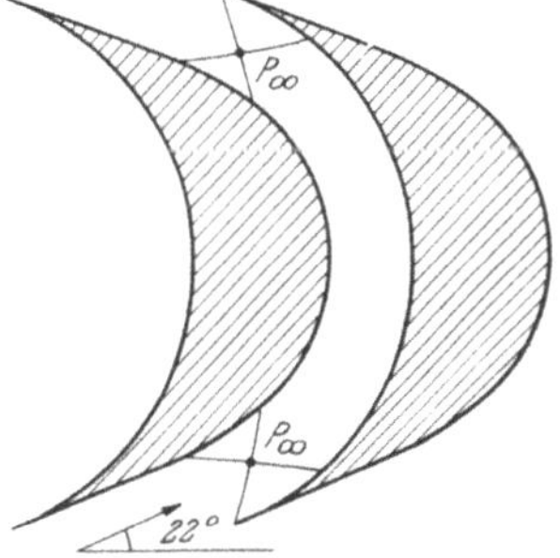

Abb. 38 b. Potentialwirbel — Gleichdruckgitter

$$\pm\, d\vartheta + \frac{\cot\alpha}{\varrho\,W^2}\,dp + \sin\alpha\,\sin\vartheta\,\frac{dl}{y} = 0,$$

worin l die Bogenlänge längs der benutzten Charakteristik bedeutet. Dies geschieht mit Hilfe von:

---

[1] OSWATITSCH, K.: Potentialwirbelgitter für Überschallgeschwindigkeiten. Z. Flugwissenschaften **4**, 53—57 (1956).
[2] RYHMING, I.: Axiale Rückwirkungen von Überschallschaufelgittern. Z. angew. Math. Mech. **37**, 370—385 (1957).

$$du = d(W \cos \vartheta) = \cos \vartheta \, dW - W \sin \vartheta \, d\vartheta,$$
$$dv = d(W \sin \vartheta) = \sin \vartheta \, dW + W \cos \vartheta \, d\vartheta$$

und den aus der Bernoullischen Gleichung folgenden Beziehungen:

$$\frac{dW}{W} = -\sin^2 \alpha \, \frac{d\varrho}{\varrho} = -\frac{1}{W^2} \frac{dp}{\varrho},$$

sowie von $dy = dl \sin(\vartheta + \alpha)$ längs der linksläufigen,

$$dy = dl \sin(\vartheta - \alpha) \text{ längs der rechtsläufigen Charakteristik}^{[1]}.$$

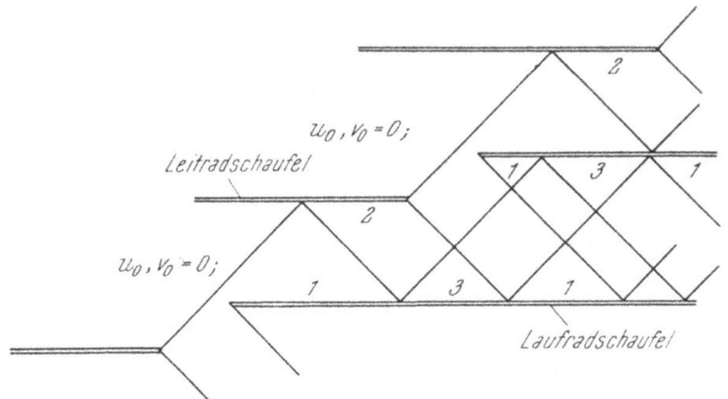

Abb. 39 a. Überschallgitter, Bezeichnungen

44. Mit l als jeweiliger Bogenlänge ist z. B.:

$$\sqrt{M^2 - 1} \, \frac{1}{\varrho W^2} \left(\frac{\partial p}{\partial l}\right)_\eta \pm$$
$$\pm \left(\frac{\partial \vartheta}{\partial l}\right)_\eta = \frac{1}{M} \frac{1}{c_p} \left(\frac{\partial s}{\partial l}\right)_\psi.$$
$$(1)$$

Das untere Vorzeichen gilt auf $\xi = \text{konst.}$

45. (8.14):
$$\beta^2 \varphi_{\varepsilon x x} - \varphi_{\varepsilon r r} -$$
$$- \frac{1}{r} \varphi_{\varepsilon r} + \frac{1}{r^2} \varphi_\varepsilon = 0,$$
$$(\beta = \cot \alpha_\infty)$$

wird bei Transformation auf die Charakteristiken
$$\xi = x - \beta \, r,$$
$$\eta = x + \beta \, r:$$

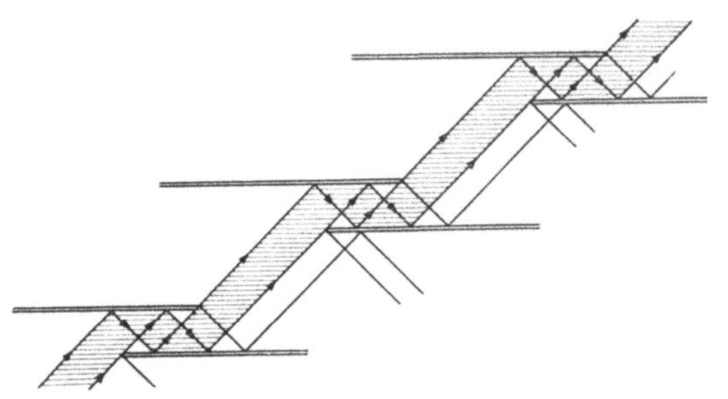

Abb. 39 b. Überschallgitter, mit linearisierter Theorie nicht berechenbarer Teil der Strömung (schraffiert)

$$4 \beta^2 \varphi_{\varepsilon \xi \eta} + \frac{\beta}{r} (\varphi_{\varepsilon \xi} - \varphi_{\varepsilon \eta}) + \frac{1}{r^2} \varphi_\varepsilon = 0.$$

Statt dessen läßt sich auch schreiben:

$$r \frac{\partial}{\partial \xi} \left(\varphi_{\varepsilon r} + \frac{\varphi_\varepsilon}{r}\right) + \beta \frac{\partial}{\partial \xi} (r \, \varphi_{\varepsilon x}) = 0,$$

$$r \frac{\partial}{\partial \eta} \left(\varphi_{\varepsilon r} + \frac{\varphi_\varepsilon}{r}\right) - \beta \frac{\partial}{\partial \eta} (r \, \varphi_{\varepsilon x}) = 0.$$

Das sind die behaupteten Verträglichkeitsbedingungen.
SAUER-HEINZ, (8.40):

$$y \cot \alpha_\infty \, du \pm d(v \, y) = 0.$$

---

[1] OSWATITSCH, K.: Die Berechnung wirbelfreier achsensymmetrischer Überschallfelder. Österr. Ing.-Arch. **10**, 359—382 (1956).

Es entsprechen sich also:

$$\varphi_{\varepsilon r} + \frac{1}{r}\, \varphi_\varepsilon \leftrightarrow u \cot \alpha_\infty,$$

$$\cot \alpha_\infty\, r\, \varphi_{\varepsilon \chi} \leftrightarrow v\, y.$$

Damit ist die Methode für die Strömung bei schwacher Anstellung im wesentlichen auf jene von SAUER-HEINZ zurückgeführt. Im Anströmgebiet ist $\varphi_\varepsilon = u_\infty\, r$, also $\varphi_\varepsilon/r + \varphi_{\varepsilon r} = 2\, u_\infty$.

46. $$\operatorname{tg} \vartheta = -\frac{\varepsilon\, \phi_{\varepsilon x}}{r\, u_\infty} = \frac{\varepsilon\, \varphi_\varepsilon \sin \chi}{r\, u_\infty} = \varepsilon \sin \chi$$

unter Verwendung von (7.15).

47. a) Die Symmetrieebene der Strömung mit unterschiedlichen Werten der Entropie an der Druck- und Saugseite.

b) Da die Stromlinien auf dem Kegel keine Strahlen sind, die ganze Kegeloberfläche, wobei die Schnittgeraden mit der Symmetrieebene singuläre Stellen für die Entropie darstellen.

48. Der Unterschied zum ebenen Fall liegt nur darin, daß das Übergangsgebiet, welches zwischen der von M_1 ausgehenden links- und rechtsläufigen Machlinie liegt, nun nicht mehr durch Scharen gerader Machlinien dargestellt wird. Ausgehend von den Randmachlinien des Übergangsgebietes muß dieses nun mit Hilfe der Charakteristikenverfahren für Achsensymmetrie auskonstruiert werden. Dann können die erforderlichen Stromlinien eingezeichnet werden.

Eine Schubdüse der Form nach Aufgabe 40 kann unter Umständen gegenüber der gewöhnlichen Form Vorteile haben.

49. Im allgemeinen Falle ist zu diesem Zwecke die Druckverteilung zwischen Kegel und Kopfwelle zu ermitteln oder einem Tabellenwerk zu entnehmen. Auf den vom Kegel überdeckten Flügelteil wirkt der Kegeldruck. Bei Hyperschall wirkt überall nahezu der gleiche Druck, ist aber auch der Widerstand entsprechend hoch.

IX. Stationäre, reibungsfreie, schallnahe Strömung

1. Das Koordinatensystem mit der x-Achse als Strömungsrichtung vor der Front sei nun mit einem Strich gekennzeichnet (Abb. 40). Es ist also $v' = 0$, und die Gleichung der Stoßpolaren in Schallnähe schreibt sich:

$$\frac{2}{\varkappa+1} \cdot \frac{\hat{v}'^2}{c^{*2}} = \left(\frac{u'}{c^*}-1\right)^3 - \left(\frac{u'}{c^*}-1\right)^2\left(\frac{\hat{u}'}{c^*}-1\right) - \left(\frac{u'}{c^*}-1\right)\left(\frac{\hat{u}'}{c^*}-1\right)^2 + \left(\frac{\hat{u}'}{c^*}-1\right)^3 + \ldots$$

$$(1)$$

Mit den bekannten Transformationsformeln für die Komponenten bei einer Koordinatendrehung und den Näherungen $\sin \beta = v/u$; $\cos \beta = 1$ erhält man die Approximationen für Schallnähe:

$$\frac{u'}{c^*} - 1 = \frac{u}{c^*} - 1 + \frac{1}{2}\frac{v^2}{c^{*2}} \; ; \qquad \frac{\hat{u}'}{c^*} - 1 = \frac{\hat{u}}{c^*} - 1 - \frac{1}{2}\frac{v^2}{c^{*2}} + \frac{\hat{v}\,v}{c^{*2}} \; ;$$

$$\frac{\hat{v}'}{c^*} = \frac{\hat{v}}{c^*} - \frac{v}{c^*} + \frac{v}{c^*}\cdot\frac{u - \hat{u}}{c^*} \, .$$

Dabei ist das jeweils erste Glied höherer Ordnung mitgenommen, das sich für $v \neq 0$ ergibt. In (1) eingesetzt führen alle diese Glieder bis auf den unterstrichenen Summanden zu Gliedern höherer Ordnung. Es folgt das Resultat in reduzierten Größen:

$$(\hat{\mathfrak{v}} - \mathfrak{v})^2 = (\mathfrak{u} - \hat{\mathfrak{u}})\left[\left(\mathfrak{u} + \frac{\mathfrak{u}^2}{2}\right) - \left(\hat{\mathfrak{u}} + \frac{\hat{\mathfrak{u}}^2}{2}\right)\right] .$$

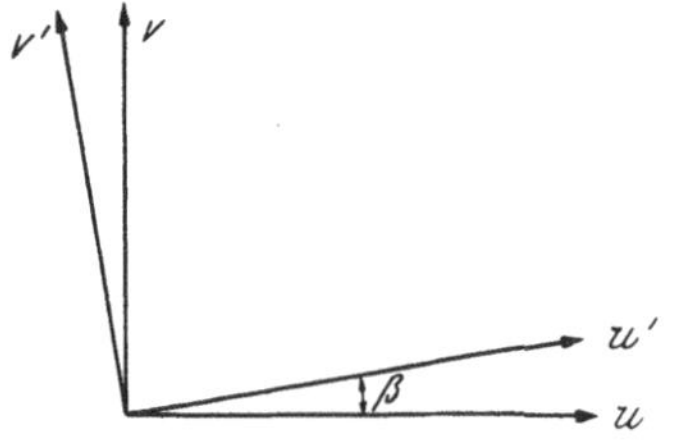

Abb. 40. Koordinatendrehung

2. Ganz allgemein kann angesetzt werden:

$$f(M_\infty)\cdot\mathfrak{u} = \frac{u}{u_\infty} - 1 \; ; \quad f(M_\infty)\cdot\mathfrak{v} = \frac{v}{u_\infty}\cdot\operatorname{tg}\alpha_\infty .$$

Nun ist der senkrechte Stoß ($u\cdot\hat{u} = c^{*2}$) bei $\mathfrak{u} = -2$, also

$$-2\,f(M_\infty) = \frac{c^{*2}}{u_\infty{}^2} - 1 \; ; \quad f(M_\infty) = \frac{1}{2}\left(1 - \frac{1}{M_\infty{}^{*2}}\right) .$$

3. Man findet aus $M = M^*\left[1 - ((\varkappa - 1)/2)\,(M^{*2} - 1)\right]^{-1/2}$ (Tab. 3):

$$M - 1 = \frac{\varkappa + 1}{2}\,(M^* - 1)\left[1 + \frac{3}{4}(\varkappa - 1)\,(M^* - 1) + \ldots\right] \qquad (1)$$

und durch Einführen von $\mathfrak{u} = (u - u_\infty)/(u_\infty - c^*)$ mit $u/c^* \approx M^*$:

$$M - 1 = \frac{\varkappa + 1}{2}\,(M_\infty^* - 1)\,(1 - \mathfrak{u})\left[1 + \frac{3}{4}\,(\varkappa - 1)\,(M_\infty^* - 1)\,(1 - \mathfrak{u}) + \ldots\right] .$$

Durch Umkehrung von (1) folgt:

$$M_\infty^* - 1 = \frac{2}{\varkappa + 1}\,(M_\infty - 1)\left[1 - \frac{3}{2}\frac{\varkappa - 1}{\varkappa + 1}\,(M_\infty - 1) + \ldots\right]$$

und schließlich:

$$M - 1 = (M_\infty - 1)\,(1 - \mathfrak{u})\left[1 - \frac{3}{2}\frac{\varkappa - 1}{\varkappa + 1}\,(M_\infty - 1)\,\mathfrak{u}\right] + \ldots .$$

4. $\quad \hat{\mathfrak{v}} = \frac{4}{9}\sqrt{3} = \operatorname{tg}\hat{\vartheta}\,\dfrac{\operatorname{tg}\alpha_\infty}{1 - 1/M_\infty^*} \; ; \qquad \operatorname{tg}\hat{\vartheta} = \frac{4}{9}\sqrt{3}\,\cot\alpha_\infty\left(1 - \frac{1}{M_\infty^*}\right) ;$

$$\frac{\hat{\mathfrak{u}}}{u_\infty} - 1 = -\frac{4}{3}\left(1 - \frac{1}{M_\infty^*}\right) .$$

Für $M_\infty = 1{,}20$ erhält man (z. B. mit Tab. 6):

$$\hat{\vartheta} = 4° \; ; \quad \frac{\hat{\mathfrak{u}}}{u_\infty} - 1 = -0{,}181 .$$

Man sieht, daß die Störung trotz des kleinen Winkels kaum mehr als „klein" gegen 1 bezeichnet werden kann!

5. Mittels (9.2) beispielsweise für Überschall:

$$\cot \alpha = \sqrt{2}\,\sqrt{M - 1};$$

$$1 - \frac{1}{M^*} = \frac{2}{\varkappa + 1}\,(M - 1); \quad \cot \alpha \left(1 - \frac{1}{M^*}\right) = \frac{2\sqrt{2}}{\varkappa + 1}\,(M - 1)^{3/2};$$

$$\cot^2 \alpha \left(1 - \frac{1}{M^*}\right) = \frac{4}{\varkappa + 1}\,(M - 1)^2.$$

Nach Aufgabe 4: $M_\infty = 1 + 3/8\,[2(\varkappa + 1)\,\mathrm{tg}\,\hat\vartheta]^{2/3}$.
Wieder mittels Aufgabe 4 sowie (9.2): $\hat M - 1 = -\tfrac{1}{3}(M_\infty - 1)$.

6.
$$\frac{d\mathfrak{y}}{dx} = \frac{\mathfrak{u} - \hat{\mathfrak{u}}}{\hat{\mathfrak{v}}} \qquad \text{für} \qquad \mathfrak{v} = 0,$$

$$= \frac{\mathfrak{u} - \hat{\mathfrak{u}}}{\hat{\mathfrak{v}} - \mathfrak{v}} \qquad \text{für} \qquad \mathfrak{v} \neq 0.$$

7.
$$\hat{\mathfrak{v}}^2 = \tfrac{1}{2}(\mathfrak{u} - \hat{\mathfrak{u}})\,(\mathfrak{u}^2 - \hat{\mathfrak{u}}^2) = \tfrac{1}{2}(\mathfrak{u} - \hat{\mathfrak{u}})^2\,(\mathfrak{u} + \hat{\mathfrak{u}});$$

$$\frac{d\mathfrak{y}}{dx} = \frac{\mathfrak{u} - \hat{\mathfrak{u}}}{\hat{\mathfrak{v}}} = \left(\frac{\mathfrak{u} + \hat{\mathfrak{u}}}{2}\right)^{-1/2} = \mathrm{tg}\,\gamma.$$

Die reduzierte Stoßneigung $\mathrm{tg}\,\gamma$ steht zu den reduzierten Machlinienneigungen $\mathrm{tg}\,\alpha$ und $\mathrm{tg}\,\hat\alpha$ vor und hinter der Front folglich in der für Schallnähe sehr genauen Beziehung:

$$\cot^2 \gamma = \tfrac{1}{2}\,[\cot^2 \alpha + \cot^2 \hat\alpha].$$

8. Eben:

$$\varphi = a\,\frac{x^2}{2} + a^2\,\frac{x\,y^2}{2} + a^3\,\frac{y^4}{24}$$

Achsensymmetrisch:

$$\varphi = a\,\frac{x^2}{2} + a^2\,\frac{x\,y^2}{4} + a^3\,\frac{y^4}{64}.$$

Strömung durch den Hals einer Lavaldüse mit a als willkürlichem Längenmaßstab[1].

9. Bei *Profilen und Flügeln* rechnen sich die Dickenverhältnisse um wie die v-Komponente. Das reduzierte Dickenverhältnis τ_{red} muß dasselbe sein:

$$\tau_{\mathrm{red}} = \frac{\tau_1}{(1/M_{\infty 1} - 1)\,\beta_1} = \frac{\tau_2}{(1/M_{\infty 2} - 1)\,\beta_2} = \frac{0{,}10}{0{,}127} = 0{,}788,$$

z. B. nach Tab. 6: $M_{\infty 2} = 0{,}87$.
Mit den Näherungen gemäß Aufgabe 5 erhält man:

$$(1 - M_{\infty 2}) = (1 - M_{\infty 1})\,(\tau_2/\tau_1)^{2/3}; \qquad \text{oder:} \qquad 1 - M_{\infty 2} = 0{,}126.$$

Für die Störgeschwindigkeiten erhält man (gleiches $\mathfrak{u}$!) mit den Vereinfachungen derselben Aufgabe:

$$\frac{u_2}{u_\infty} - 1 = \left(\frac{u_1}{u_\infty} - 1\right)\frac{1 - M_{\infty 2}}{1 - M_{\infty 1}} = \left(\frac{u_1}{u_\infty} - 1\right)\left(\frac{\tau_2}{\tau_1}\right)^{2/3} = 0{,}63\left(\frac{u_1}{u_\infty} - 1\right).$$

---

[1] Betreffs regulärer Lösungen siehe etwa PATZELT, G.: Beiträge zur Behandlung der ebenen, schallnahen Strömung. Dissertation TH Aachen, 1959.

10.
$$\tau_2 = \tau_1 \frac{\left(1 - \dfrac{1}{M_{\infty 2}{}^*}\right)\cot\alpha_{\infty 2}}{\left(1 - \dfrac{1}{M_{\infty 1}{}^*}\right)\cot\alpha_{\infty 1}} = 0,10 \cdot \frac{0,035}{0,090} = 0,039\,;$$

$$\frac{u_2}{u_\infty} - 1 = \left(\frac{u_1}{u_\infty} - 1\right)\frac{M_{\infty 2} - 1}{M_{\infty 1} - 1} = \left(\frac{1}{M_{\infty 1}{}^*} - 1\right)\frac{M_{\infty 2} - 1}{M_{\infty 1} - 1} = -\,0,068.$$

Dagegen ist nach Tab. 5: $1/M_{\infty 2}{}^* - 1 = -\,0,076$.

Bei der vereinfachten Umrechnung deckt sich die Grenze von hyperbolischem und elliptischem Gebiet nicht genau mit $M = 1$!

11.
$$\tau_{\text{red}} = \frac{\tau_1(\varkappa_1 + 1)}{2\sqrt{2}\,(M_{\infty 1} - 1)^{3/2}} = \frac{\tau_2(\varkappa_2 + 1)}{2\sqrt{2}\,(M_{\infty 2} - 1)^{3/2}}\,; \qquad \tau_2 = \tau_1\,;$$

$$M_{\infty 2} - 1 = (M_{\infty 1} - 1)\left(\frac{\varkappa_2 + 1}{\varkappa_1 + 1}\right)^{2/3} = 0,10 \cdot 0,80^{2/3} = 0,086\,;$$

$$c_{p_2} = c_{p_1}\frac{1 - 1/M_{\infty 2}{}^*}{1 - 1/M_{\infty 1}{}^*} = c_{p_1}\frac{(\varkappa_1 + 1)\,(M_{\infty 2} - 1)}{(\varkappa_2 + 1)\,(M_{\infty 1} - 1)} = c_{p_1} \cdot 1,08.$$

12. Mit C als für die Flügelform typischer Konstanten und s als halber Streckung ist das Volumen:

$$V = C \cdot \tau \cdot s = C \cdot \tau_{\text{red}}(1 - 1/M_\infty{}^*)\cot\alpha_\infty \cdot s_{\text{red}} \cdot \operatorname{tg}\alpha_\infty = C \cdot \tau_{\text{red}} \cdot s_{\text{red}} \cdot (1 - 1/M_\infty{}^*).$$

$$W\left/\frac{\varrho_\infty u_\infty{}^2}{2}\right. = f_p \cdot c_w = -\,4 \int\!\!\int \left(\frac{u}{u_\infty} - 1\right)\frac{v}{u_\infty}\,dx\,dz =$$

$$= -\,4\left(1 - \frac{1}{M_\infty{}^*}\right)^2 \int\!\!\int \mathfrak{u} \cdot \mathfrak{v}\,dx\,d\mathfrak{z}.$$

Das Volumen ist also proportional zu $1 - 1/M_\infty{}^*$, der Widerstand proportional zu $(1 - 1/M_\infty{}^*)^2$ oder zu V^2.

Anders ist es mit dem Widerstandsbeiwert, wobei noch zu beachten ist, ob er auf die Grundfläche oder Stirnfläche bezogen wird.

13. Die Prandtl-Regel würde liefern:

$$\frac{u}{u_\infty} - 1 \sim \frac{\tau}{\sqrt{1 - M_\infty{}^2}}\,.$$

Mit der Machzahl der Anströmung kann man in Schallnähe aber nicht linearisieren. Es ist jedoch anzunehmen, daß die Größenordnungen richtig getroffen werden, wenn man M_∞ der linearen Theorie durch eine mittlere Machzahl des Feldes ersetzt. $1 - M_\infty{}^2 = (\varkappa + 1)\,(1 - M_\infty{}^*)$ wird ersetzt durch

$$(\varkappa + 1)\left[1 - \frac{1}{2}(M_\infty{}^* + M^*)\right] = \frac{\varkappa + 1}{2}(1 - M^*) \qquad \text{bei} \qquad M_\infty = M_\infty{}^* = 1.$$

Die Prandtl-Regel liefert dann für den ausschlaggebenden Unterschallteil

$$\frac{u}{u_\infty} - 1 = \frac{u}{c^*} - 1 \sim \frac{\tau}{\sqrt{\dfrac{\varkappa + 1}{2}\,(1 - M^*)}}\,, \qquad \left(\frac{u}{c^*} - 1\right)^{3/2} \sim \sqrt{\frac{2}{\varkappa + 1}}\,\tau.$$

Diese Abschätzung erweist sich als etwa gleich gut wie die Ausgangs-abschätzung der Maximalstörung. Die Potenzen stimmen alle exakt einschließlich jener von $(\varkappa + 1)$.

14. Wie die u-Komponente, nämlich

$$\mathfrak{v}\,\mathfrak{y} = \frac{v\,y}{u_\infty - c^*}\,.$$

15. a)

$$\frac{W/u_\infty - 1}{1 - 1/M_\infty{}^*} = \frac{u/u_\infty - 1}{1 - 1/M_\infty{}^*} + \frac{1}{2}\,\psi = \chi + \psi \ln (\mathrm{tg}\,\vartheta \cot \alpha_\infty) + \frac{1}{2}\,\psi = -1{,}23$$

(ψ berechnen, χ aus Kurve $\psi(\chi)$ bestimmen).

$$W/u_\infty - 1 = 0{,}094.$$

b) Die Kurve $\psi(\chi)$ ergibt $\psi_{\max} = 0{,}73$; also

$$\mathrm{tg}\,\vartheta = 0{,}85\,\sqrt{1 - 1/M_\infty{}^*} = 0{,}235; \qquad \vartheta = 13°10'.$$

16. $\qquad u = c^*\colon\quad \chi = -1 - \psi \ln \left[\sqrt{\psi}\,\sqrt{1 - 1/M_\infty{}^*}\,\cot \alpha_\infty\right]$

oder:

$$\left(1 - \frac{1}{M_\infty{}^*}\right)\cot^2 \alpha_\infty = \frac{1}{\psi}\exp\left(-2\,\frac{1+\chi}{\psi}\right),$$

also:

ψ	χ	$(1 - 1/M_\infty{}^*)\cot^2 \alpha_\infty$	ϑ_0	M_∞
0,276	−0,236	0,014	7,7°	1,092
0,389	−0,371	0,102	14,3°	1,200

Sehr zum Unterschied zur ebenen Strömung wird $u = c^*$ am Körper nicht bei einem bestimmten Wert der reduzierten Variablen erreicht. Es kann also bei zwei ähnlichen achsensymmetrischen Strömungen bei einem Körper an der Oberfläche Überschall herrschen, während beim anderen bei gleichem x Unterschallströmung vorliegt. Oberflächen-Punkte von Rotationskörpern sind eben keine Bildpunkte der Transformation!

17. Bei Rotationskörpern ist τ proportional zur Wurzel aus dem Quer-schnitt, und dieser ist proportional zu $v\,y$, also mit (9.17):

$$\tau_{\mathrm{red}} = \frac{\tau}{\sqrt{|1 - 1/M_\infty{}^*|}}\,;\qquad \tau_2 = \tau_1\,\sqrt{\frac{1 - 1/M_{\infty 2}{}^*}{1 - 1/M_{\infty 1}{}^*}} = 0{,}134.$$

Nach den Vereinfachungen von Aufgabe 5 ergäbe sich dagegen $\tau_2 = \tau_1\,\sqrt{2} = 0{,}141$!

18. Für den Druckkoeffizienten errechnet man aus (9.14)[1] die Beziehung

$$\frac{1}{(2\,h_{m_1})^2}\,c_{p_1} + \frac{d^2}{dx^2}\left(\frac{h}{2\,h_m}\right)^2 \ln (2\,h_{m_1})^2 = \frac{1}{(2\,h_{m_2})^2}\,c_{p_2} + \frac{d^2}{dx^2}\left(\frac{h}{h_m}\right)^2 \ln (2\,h_{m_2})^2.$$

Das gibt beispielsweise für $x = 0{,}50$: $c_{p_2} = -0{,}16$.

---

[1] In der entsprechenden Gl. (IX,37) der deutschen und englischen Auflage der „Gasdynamik" ist wie in Gl. (IX,47) der deutschen Auflage ein Vorzeichenfehler bei $d^2/dx^2\,(h/2\,h_m)$, der sich acht Zeilen vorher bei F_2'' eingeschlichen hat.

19. a) Gemäß Aufgabe VI, 13

$$\frac{c_{w_1}}{F_{m_1}} = \int\limits_0^x \left[\frac{c_{p_2}}{F_{m_2}} + \frac{F_{xx}}{F_m}\ln\frac{F_{m_2}}{F_{m_1}}\right]\frac{F_x}{F_m}\,dx = \frac{c_{w_2}}{F_{m_2}} + \frac{1}{2}\left(\frac{F_x}{F_m}\right)^2\ln\frac{F_{m_2}}{F_{m_1}}$$

unter der Voraussetzung $F_x(0) = 0$, also Kegelspitze.

b) $c_{w_2} = \tfrac{1}{2}\,c_{w_1} + 0{,}036$.

20. Die Differentialgleichung der Grenzmachlinie, welche von der Wand kommend den Punkt $M = 1$ auf $y = 0$ erreicht, lautet:

$$\frac{dx}{dy} = \mp\sqrt{M^2 - 1} = \mp\sqrt{(\varkappa + 1)(M^* - 1)};$$

$$M^* - 1 = \frac{x}{h^*}\sqrt{\frac{1}{\varkappa + 1}\frac{h^*}{R^*}} + \frac{1}{2}\left(\frac{y^2}{h^{*2}} - \frac{1}{3}\right)\frac{h^*}{R^*}.$$

Mit den neuen Variablen

$$\frac{x}{h^*}\sqrt{\frac{R^*}{(\varkappa + 1)\,h^*}} = \bar{x}; \qquad \frac{y}{h^*} = \bar{y}$$

gilt

$$\frac{d\bar{x}}{d\bar{y}} = \mp\sqrt{\bar{x} + \frac{1}{2}\left(\bar{y}^2 - \frac{1}{3}\right)}. \qquad \text{Mit} \qquad t = \frac{1}{\bar{y}}\sqrt{\bar{x} + \frac{1}{2}\left(\bar{y}^2 - \frac{1}{3}\right)}$$

lassen sich die Variablen trennen und man erhält für die Grenzmachlinie die Beziehung $\bar{y}^2 = 4(1/6 - \bar{x})$, also an der Wand $\bar{y} = \pm 1$: $\bar{x} = -1/12$, während die Linie $M = 1$ (9.20) bei $\bar{x} = -1/3$ an der Wand endet.

Es ist sehr bemerkenswert, daß ähnlich wie bei dem Guderley-Profil der Einfluß auf das Unterschallgebiet erlischt, bevor die Wandneigung verschwindet, bevor also bei der Lavaldüse die engste Stelle erreicht wird.

Ergänzungen: Suche die Machlinie, welche das Fortsetzungsgebiet der Kurve $M = 1$ abgrenzt. Löse die Aufgabe für den Fall der Achsensymmetrie.

21. Man findet $\xi_y = -\sqrt{u}\,\xi_x$ für die linksläufigen,

$\eta_y = +\sqrt{u}\,\eta_x$ für die rechtsläufigen Charakteristiken.

Die Transformation der Differentialgleichungen auf die charakteristischen Richtungen ergibt die Verträglichkeitsbedingungen

$$dv \mp d\left(\frac{2}{3}\,u^{3/2}\right) = 0$$

auf den links- bzw. rechtsläufigen Machlinien.

22. Durch Transformation der Gleichungen

$$-\,\mathfrak{y}\,u\,\frac{\partial u}{\partial x} + \frac{\partial(v\,\mathfrak{y})}{\partial\mathfrak{y}} = 0,$$

$$-\,\mathfrak{y}\,\frac{\partial u}{\partial\mathfrak{y}} + \frac{\partial(v\,\mathfrak{y})}{\partial x} = 0$$

auf die neuen abhängigen Veränderlichen $\tfrac{2}{3}\,\mathfrak{u}^{3/2}$ und $\mathfrak{v}\,\mathfrak{y}$ erhält man:

$$- \mathfrak{y}\,\sqrt{\mathfrak{u}}\,\frac{\partial}{\partial x}\left(\frac{2}{3}\,\mathfrak{u}^{3/2}\right) + \frac{\partial(\mathfrak{v}\,\mathfrak{y})}{\partial \mathfrak{y}} = 0;$$

$$- \mathfrak{y}\,\frac{\partial}{\partial \mathfrak{y}}\left(\frac{2}{3}\,\mathfrak{u}^{3/2}\right) + \sqrt{\mathfrak{u}}\,\frac{\partial(\mathfrak{v}\,\mathfrak{y})}{\partial x} = 0.$$

Daraus folgt durch Transformation auf die charakteristischen Richtungen[1]

$$\xi_y = -\,\sqrt{\mathfrak{u}}\,\xi_x,$$
$$\eta_y = +\,\sqrt{\mathfrak{u}}\,\eta_x :$$

$$\left[\mathfrak{y}\,\frac{\partial}{\partial \xi}\left(\frac{2}{3}\,\mathfrak{u}^{3/2}\right) + \frac{\partial}{\partial \xi}\,(\mathfrak{v}\,\mathfrak{y})\right]\xi_x \pm \left[\mathfrak{y}\,\frac{\partial}{\partial \eta}\left(\frac{2}{3}\,\mathfrak{u}^{3/2}\right) - \frac{\partial}{\partial \eta}\,(\mathfrak{v}\,\mathfrak{y})\right]\eta_x = 0,$$

also $\quad d(\mathfrak{v}\,\mathfrak{y}) \mp \mathfrak{y}\,d(\tfrac{2}{3}\,\mathfrak{u}^{3/2}) = 0.$

23. Aus den Gleichungen

$$- \mathfrak{u}\,\frac{\partial \mathfrak{u}}{\partial x} + \frac{\partial \mathfrak{v}}{\partial \mathfrak{y}} = 0,$$

$$\frac{\partial \mathfrak{v}}{\partial x} - \frac{\partial \mathfrak{u}}{\partial \mathfrak{y}} = 0$$

folgt durch Einführung von Polarkoordinaten mit β als Polarwinkel gegen die x-Achse für die polaren Geschwindigkeitskomponenten $w_1,\,w_2$:

$$w_1 = \frac{1}{3}\cdot\frac{\cos^3\beta}{\sin^2\beta}\,,\qquad w_2 = -\,\frac{\cos^2\beta}{\sin\beta} - \frac{2}{3}\cdot\frac{\cos^4\beta}{\sin^3\beta}\,,$$

also

$$\mathfrak{u} = w_1\cos\beta - w_2\sin\beta = \cot^2\beta = \cot^2\alpha\,;$$

$$\mathfrak{v} = w_1\sin\beta + w_2\cos\beta = -\frac{2}{3}\cot^3\beta = -\frac{2}{3}\cot^3\alpha.$$

Für die rechtsläufigen Machlinien gilt:

$$\frac{d\mathfrak{y}}{dx} = -\,\eta_x/\eta_y = -\,\frac{1}{\sqrt{\mathfrak{u}}} = -\,\mathrm{tg}\,\beta = -\,\frac{\mathfrak{y}}{x}\,;$$

$$\frac{d\mathfrak{y}}{\mathfrak{y}} + \frac{dx}{x} = 0;$$

$x\,\mathfrak{y} = \text{konst.}$, also Hyperbeln.

24. Mit $D = \partial(\mathfrak{u},\,\mathfrak{v})/\partial(x,\,\mathfrak{y})$ gilt:

$$\frac{\partial \mathfrak{u}}{\partial x} = D\,\frac{\partial \mathfrak{y}}{\partial \mathfrak{v}}\,,\qquad \frac{\partial \mathfrak{v}}{\partial x} = -\,D\,\frac{\partial \mathfrak{y}}{\partial \mathfrak{u}}\,,$$

$$\frac{\partial \mathfrak{u}}{\partial \mathfrak{y}} = -\,D\,\frac{\partial x}{\partial \mathfrak{v}}\,,\qquad \frac{\partial \mathfrak{v}}{\partial \mathfrak{y}} = D\,\frac{\partial x}{\partial \mathfrak{u}}.$$

---

[1] Siehe Oswatitsch, K.: Die Berechnung wirbelfreier achsensymmetrischer Überschallfelder. Österr. Ing.-Arch. **10**, 362 f. (1956).

Man erhält:

$$- \mathfrak{u}\, \frac{\partial \mathfrak{y}}{\partial \mathfrak{v}} + \frac{\partial x}{\partial \mathfrak{u}} = 0;$$

$$- \frac{\partial \mathfrak{y}}{\partial \mathfrak{u}} + \frac{\partial x}{\partial \mathfrak{v}} = 0.$$

25. Nach den Formeln für die Funktionsumkehr bei zwei Funktionen zweier unabhängiger Veränderlichen $\mathfrak{u}(x, \mathfrak{y})$, $\mathfrak{v}(x, \mathfrak{y})$ gilt mit $\phi(\mathfrak{u}, \mathfrak{v})$ als Legendre-Potential ($x = \phi_{\mathfrak{u}}$, $\mathfrak{y} = \phi_{\mathfrak{v}}$):

$$\frac{\partial \mathfrak{u}}{\partial x} = \frac{\dfrac{\partial \mathfrak{y}}{\partial \mathfrak{v}}}{\dfrac{\partial x}{\partial \mathfrak{u}}\dfrac{\partial \mathfrak{y}}{\partial \mathfrak{v}} - \dfrac{\partial x}{\partial \mathfrak{v}}\dfrac{\partial \mathfrak{y}}{\partial \mathfrak{u}}} = \frac{\phi_{\mathfrak{v}\mathfrak{v}}}{\phi_{\mathfrak{u}\mathfrak{u}}\phi_{\mathfrak{v}\mathfrak{v}} - \phi_{\mathfrak{u}\mathfrak{v}}{}^2}.$$

Aus (9.26) folgt unter Verwendung der Differentialgleichung von $f_n(\zeta)$ und (9.25), daß für $\zeta = 0$, d. h. auf der x-Achse, für beliebige Kombinationen von Lösungen $f_{-1}(\zeta)$ und $f_2(\zeta)$ gilt:

$$\phi_{\mathfrak{v}\mathfrak{v}} = a\,\mathfrak{u}^{-4} + b\,\mathfrak{u}^{-1},$$

$$\phi_{\mathfrak{u}\mathfrak{u}}\phi_{\mathfrak{v}\mathfrak{v}} - \phi_{\mathfrak{u}\mathfrak{v}}{}^2 = c\,\mathfrak{u}^{-7} + d\,\mathfrak{u}^{-4} + e\,\mathfrak{u}^{-1}$$

(a, b, c, d, e eindeutig aus betrachteten Lösungen bestimmt), also

$$\frac{d\mathfrak{u}}{dx} = \mathfrak{u}^3\, \frac{a + b\,\mathfrak{u}^3}{c + d\,\mathfrak{u}^3 + e\,\mathfrak{u}^6}.$$

Für a, $c \neq 0$, was im allgemeinen der Fall ist, sobald $f_{-1}(\zeta)$ die für $\zeta = 0$ reguläre Lösung mit enthält, folgt asymptotisch

$$\frac{d\mathfrak{u}}{dx} \sim \mathfrak{u}^3; \quad \frac{1}{\mathfrak{u}^2} \sim -x, \quad \mathfrak{u} \sim \frac{1}{\sqrt{-x}}.$$

26. Aus $1 + \tfrac{1}{2}\mathfrak{u} = \cot^2 \gamma$ und der Stoßpolaren $\mathfrak{v}^2 = \mathfrak{u}^2 + \tfrac{1}{2}\mathfrak{u}^3$ findet man mit $\mathfrak{R}_{\mathrm{St}}$ als Krümmung der Stoßfront in der reduzierten Strömungsebene folgende Beziehungen für die Ableitungen:

$$\frac{\partial \mathfrak{u}}{\partial x}\cos\gamma + \frac{\partial \mathfrak{u}}{\partial \mathfrak{y}}\sin\gamma = 4\cot\gamma\, \frac{\mathfrak{R}_{\mathrm{St}}}{\sin^2\gamma};$$

$$\frac{\partial \mathfrak{v}}{\partial x}\cos\gamma + \frac{\partial \mathfrak{v}}{\partial \mathfrak{y}}\sin\gamma = -4\left(1 + \frac{3}{4}\mathfrak{u}\right)\frac{\mathfrak{R}_{\mathrm{St}}}{\sin^2\gamma}.$$

Zusammen mit den Differentialgleichungen der Bewegung ist dann:

$$\frac{\partial \mathfrak{u}}{\partial x} = -\frac{2\,\mathfrak{R}_{\mathrm{St}}}{\mathfrak{u}\sin^3\gamma}\,(8 + 5\,\mathfrak{u}); \quad \frac{\partial \mathfrak{v}}{\partial x} = \frac{2\,\mathfrak{R}_{\mathrm{St}}}{\mathfrak{u}\sin^3\gamma}\cot\gamma\,(8 + 7\,\mathfrak{u}).$$

Also $\mathfrak{u}_x = 0$: $\mathfrak{u} = -8/5$; Crocco-Punkt: $\mathfrak{u} = -8/7$. Stromlinienneigung an der Kopfwelle gemäß Aufgabe VI, 28:

$$-\frac{\psi_{\mathfrak{u}}}{\psi_{\mathfrak{v}}} = \frac{\mathfrak{u}_x}{\mathfrak{v}_x} = -\frac{8 + 7\,\mathfrak{u}}{8 + 5\,\mathfrak{u}}\sqrt{1 + \frac{1}{2}\,\mathfrak{u}}.$$

27. Siehe Abb. 41. Im Punkt 7—8 befindet sich eine kleine Expansion, welche den Übergang zur Stoßpolaren ∞_1 ermöglicht. Diese erreicht in einem Punkte 6 ihre größte Neigung, wird aber weiter an der Achse unter dem Einfluß des Gebietes ∞_2 nach vorne geschoben.

28. Siehe Abb. 42. Für $M_\infty \to 1$ rücken die Punkte ∞, 1 und 4 im Hodographen zusammen. Dadurch wird $\vartheta_5 = \tfrac{1}{2}\,\vartheta_0$.

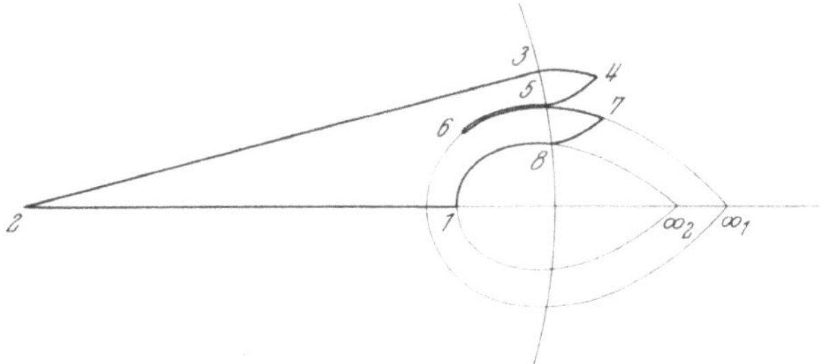

Abb. 41. Hodograph einer ungleichförmigen Überschall-Parallelströmung gegen eine Schneide

29. Die Parallelströmung sei gegeben durch $\mathfrak{u} = \mathfrak{u}_\infty$, $\mathfrak{v} = 0$. Für die Koordinaten der Machlinien gilt allgemein:

$$\sqrt{\mathfrak{u}}\,\mathfrak{v}_\eta - x_\eta = 0;$$
$$\sqrt{\mathfrak{u}}\,\mathfrak{v}_\xi + x_\xi = 0. \tag{1}$$

Für das Parallelfeld gilt also:

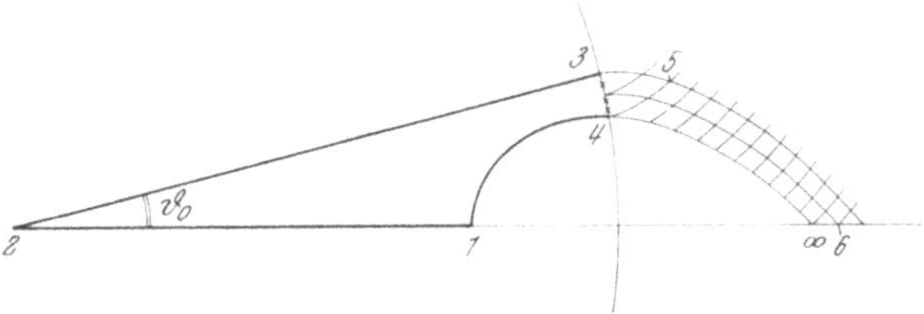

Abb. 42. Hodograph der Strömung gegen einen Keil

$$x - \mathfrak{y}\,\sqrt{\mathfrak{u}_\infty} = \xi; \qquad x = \tfrac{1}{2}(\xi + \eta);$$
$$x + \mathfrak{y}\,\sqrt{\mathfrak{u}_\infty} = \eta; \qquad \sqrt{\mathfrak{u}_\infty}\,\mathfrak{y} = \tfrac{1}{2}(-\xi + \eta), \tag{2}$$

wenn man auf $\mathfrak{y} = 0$ fordert $\xi = x$, $\eta = x$.

Das Parallelfeld reiche bis $\xi = 0$. Für $0 < \xi$ sei auf $\mathfrak{y} = 0$, $\mathfrak{v} = \mathfrak{v}_0(x)$ gegeben (Abb. 43).

Auf $\xi = 0$ ist wegen der Parallelströmung $\lambda = \tfrac{2}{3}\,\mathfrak{u}_\infty^{3/2} = \mu$.

Wegen $\lambda = \lambda(\eta)$ gilt dieser Randwert im ganzen Feld. Auf $\mathfrak{y} = 0$ ist damit

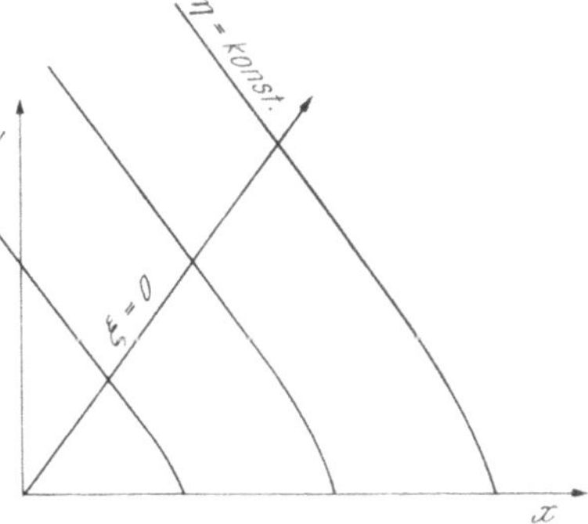

Abb. 43. Machlinienfeld, schematisch

$$\frac{2}{3}\,\mathfrak{u}_0^{3/2} = \frac{2}{3}\,\mathfrak{u}_\infty^{3/2} - \mathfrak{v}_0,$$

also auf $\mathfrak{y} = 0$:

$$\mu_0(x) = \frac{2}{3}\,\mathfrak{u}_\infty^{3/2} - 2\,\mathfrak{v}_0.$$

Aus

$$\mathfrak{u}^{3/2} = \frac{3}{4}(\lambda + \mu),$$

$$\mathfrak{v} = \frac{1}{2}(\lambda - \mu)$$

folgt:

$$u = u(\xi) = \left[\frac{3}{4}(\lambda_\infty + \mu)\right]^{2/3} = \left[u_\infty^{3/2} - \frac{3}{2}v_0(\xi)\right]^{2/3}. \tag{3}$$

Damit läßt sich mit (1) die eine Schar der Machlinien angeben. Es sind die Geraden

$$\sqrt{\overline{u}}\,\eta - x = f(\xi).$$

Die Funktion $f(\xi)$ hängt von der Numerierung der linksläufigen Machlinien ab. Ihre Wahl ist zunächst frei und soll mit Vorteil getroffen werden. Zusammen mit der zweiten Gl. (1) läßt sich x_ξ eliminieren und man erhält

$$2\,u^{1/2}\,\eta_\xi + \frac{1}{2}\,u^{-1/2}u_\xi\,\eta = f'(\xi).$$

Wählt man $f'(\xi) = 2Cu^{1/4}$, so kann man integrieren mit dem Resultat:

$$u^{1/4}\,\eta = C \cdot \xi + g(\eta).$$

Wir verlangen nun am Rande der Parallelströmung glatten Anschluß (was für die Numerierung der Machlinien keine notwendige Forderung darstellt); $\xi = 0$: $\sqrt{\overline{u_\infty}}\,\eta = \frac{1}{2}\,\eta$ (aus (2)), also $\dot{g}(\eta) = \eta/(2\,u_\infty^{1/4})$ und auf $\eta = 0$: $\xi = \eta$, also $C = -1/(2\,u_\infty^{1/4})$. Wegen $x = \eta\,\sqrt{\overline{u_\infty}}$ auf $\xi = 0$ ist $f(0) = 0$. Damit ist alles festgelegt und man erhält:

$$\eta = \frac{1}{2}(-\xi + \eta)(u \cdot u_\infty)^{-1/4};$$

$$x = \frac{1}{2}(-\xi + \eta)\left(\frac{u}{u_\infty}\right)^{1/4} + \int\limits_0^\xi \left(\frac{u}{u_\infty}\right)^{1/4} d\xi. \tag{4}$$

Dies kann als Parameterdarstellung beider Machlinienscharen angesehen werden. Da jedoch $v_0(x)$ und nicht $v_0(\xi)$ gegeben ist, muß $\xi(x)$ auf $\eta = 0$ noch berechnet werden. Man erhält für $\eta = 0$, also $\xi = \eta$:

$$x = \int\limits_0^\xi \left(\frac{u_0}{u_\infty}\right)^{1/4} d\xi,$$

worin mit $v_0(x)$ auch $u_0(x)$ bekannt ist. Man leitet nach x ab:

$$1 = \left(\frac{u_0}{u_\infty}\right)^{1/4} \frac{d\xi}{dx}$$

und bekommt

$$\xi = \int\limits_0^x \left(\frac{u_0}{u_\infty}\right)^{-1/4} dx. \tag{5}$$

Damit ist auch $u_0(\xi)$ bekannt.

30. Als erstes ist $\xi(x)$ zu ermitteln (Gl. (5) der Aufgabe 29):

$$\xi = \int\limits_0^x \left(\frac{u_0}{u_\infty}\right)^{-1/4} dx = \int\limits_0^x \left[1 - \frac{3}{2}\frac{v_0(x)}{u_\infty^{3/2}}\right]^{-1/6} dx = \int\limits_0^x \frac{dx}{\sqrt{1 - x/l}} = 2l - 2l\sqrt{1 - x/l},$$

also $u/u_\infty = (1 - \xi/(2\,l))^4$. Aus Gl. (4) folgt damit:

$$\sqrt{u_\infty}\,\mathfrak{y} = \frac{-\xi + \eta}{2 - \xi/l}\;; \qquad x = \frac{1}{2}(\xi + \eta) - \frac{\xi\eta}{4\,l}\,.$$

Die Machschen Linien $\xi = $ konst.:

$$\frac{x}{l} - \frac{\mathfrak{y}\sqrt{u_\infty}}{l}\left(1 - \frac{1}{2}\,\xi/l\right)^2 = \frac{\xi}{l} - \frac{1}{4}\left(\frac{\xi}{l}\right)^2$$

sind also ein Geradenbüschel mit dem gemeinsamen Punkt $x = \mathfrak{y}\sqrt{u_\infty} = 1$. Das ist das Zentrum einer Prandtl-Meyer-Kompression (Abb. 44).

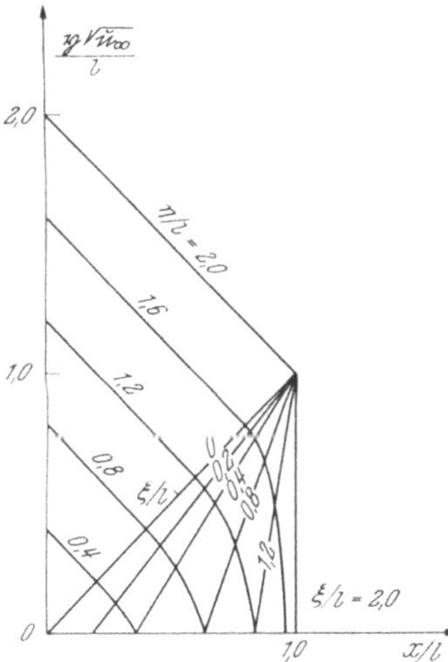

Abb. 44. Machlinienfeld zu Aufgabe 30

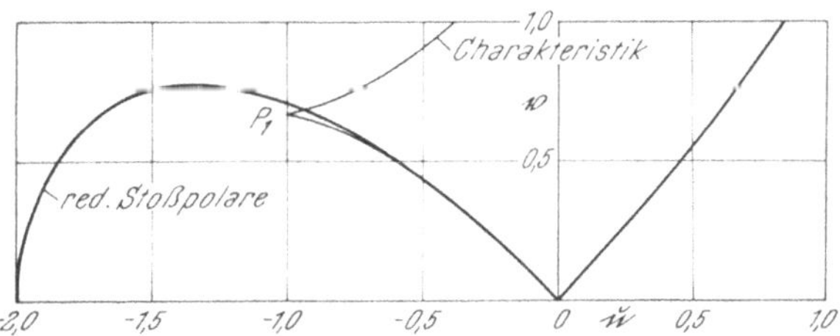

Abb. 45. Reduzierte Stoßpolare im schallnahen Hodographen

Für die Linien $\eta = $ konst. ergeben sich gleichseitige Hyperbeln

$$(1 - x/l)(1 - \mathfrak{y}\sqrt{u_\infty}/l) = (1 - \eta/(2\,l))^2$$

mit den Asymptoten $x = 1$ und $\mathfrak{y}\sqrt{u_\infty} = 1$. Dieses analytische Resultat gilt nur für $0 < \xi$ und $\eta \leqslant 2\,l$, da sich die Machlinien für $2\,l < \eta$ überschneiden und daher einen Stoß bedingen!

31. In der Approximation für Schallnähe bedeutet gleicher Druck auch gleiche Geschwindigkeit. Man kann also im Hodographen Abb. 45 verbleiben. Es seien die Variablen (9.6) gewählt.

Vom Zentrum der Prandtl-Meyer-Kompression geht eine Prandtl-Meyer-Expansion aus (Abb. 46). Sie ist durch die Charakteristik:

$$\mathfrak{v} = \frac{2}{3} + \frac{2}{3}(1 + \mathfrak{u})^{3/2}$$

gegeben. Der Schnitt dieser Kurve mit der Stoßpolaren:

$$\mathfrak{v}^2 = \mathfrak{u}^2\left(1 + \frac{1}{2}\,\mathfrak{u}\right) = \frac{1}{2}\left[1 - (1 + \mathfrak{u}) - (1 + \mathfrak{u})^2 + (1 + \mathfrak{u})^3\right]$$

gibt den Zustand im Punkte $P_1(\mathfrak{u}_1, \mathfrak{v}_1)$ hinter dem Stoß und der Prandtl-Meyer-Expansion. Man erhält für $\mathfrak{u}_1$ die Gleichung

$$1 - 9(1 + \mathfrak{u}_1) - 16(1 + \mathfrak{u}_1^{3/2}) - 9(1 + \mathfrak{u}_1)^2 + (1 + \mathfrak{u}_1)^3 = 0,$$

oder

$$(1 + \sqrt{1 + \mathfrak{u}_1})^4\,(1 + \mathfrak{u}_1 - 4\sqrt{1 + \mathfrak{u}_1} + 1) = 0$$

mit der Lösung für den Punkt P_1: $\mathfrak{u}_1 = 2(3-2\sqrt{3})$, $\mathfrak{v}_1 = 2(9-5\sqrt{3})$. Für die Neigung des Stoßes erhält man:

$$\frac{d\mathfrak{y}}{dx} = \left(1 + \frac{1}{2}\mathfrak{u}_1\right)^{-1/2} = \frac{1}{2}(1+\sqrt{3}),$$

für die Machlinien in $\mathfrak{u}_1$:

$$\frac{d\mathfrak{y}}{dx} = \pm(1+\mathfrak{u}_1)^{-1/2} = \pm(2+\sqrt{3}).$$

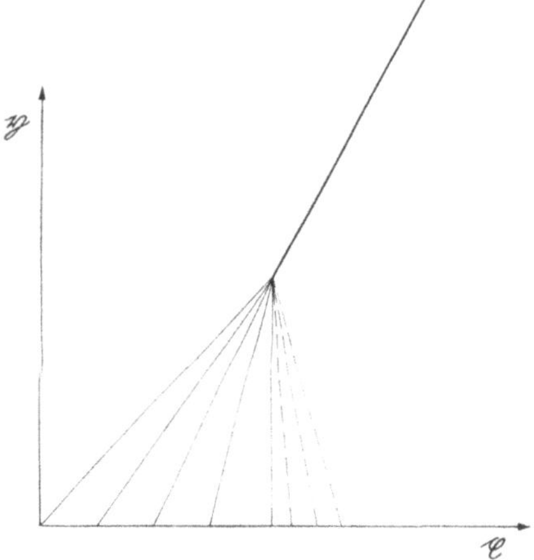

Abb. 46. Stoß (stark ausgezogen) und Expansionslinien (gestrichelt) im Zentrum einer Prandtl-Meyer-Kompression in Schallnähe

Bemerkenswert ist, daß sich im vorliegenden Fall die Prandtl-Meyer-Expansion unmittelbar an die Kompression anschließt und mit dieser die Machlinie $\mathfrak{u} = -1$, $d\mathfrak{y}/dx = \infty$ gemeinsam hat. Wie aus Abb. 45 hervorgeht, wird die Strömung kontinuierlich nach aufwärts gebogen. Machzahl 1 macht sich in der Stromlinie nur dadurch geltend, daß dort die Stromlinienkrümmung, ja sogar noch deren Ableitung verschwindet!

Im Rahmen schallnaher Ähnlichkeitstheorie ist die Neigung der Stromlinie nämlich

$$\frac{d\mathfrak{y}}{dx} \sim \mathfrak{v}; \qquad \frac{d^2\mathfrak{y}}{dx^2} \sim \frac{\partial\mathfrak{v}}{\partial x} + \frac{\partial\mathfrak{v}}{\partial\mathfrak{y}}\frac{d\mathfrak{y}}{dx} \quad \text{usw.}$$

Aus Aufgabe 29 findet man

$$\left(1 - \frac{\xi}{2\,l}\right)^2 = \frac{1 - x/l}{1 - \mathfrak{y}/l},$$

also

$$\mathfrak{v} = \frac{2}{3}\,\mathfrak{u}_\infty{}^{3/2}\left[1 - \left(\frac{1 - x/l}{1 - \mathfrak{y}/l}\right)^3\right],$$

woraus sich das Verschwinden der Krümmung bei $x = 1$ zeigen läßt.

Die Stromlinie selbst läßt sich in das reduzierte Diagramm nicht einzeichnen, das ist nur bei der Stromlinienanalogie möglich. Man findet für die Stromlinienneigung:

$$\frac{d\mathfrak{y}}{dx} = (1 - 1/M_\infty{}^*)\cot^2\alpha_\infty\,\mathfrak{v},$$

bei ähnlichen Strömungen also Abhängigkeit von M_∞.

32. $\qquad J = \frac{1}{2\pi}\int\!\!\int \ldots d\xi\,d\eta = \frac{b^2}{2\pi}\left(\frac{\pi}{2} + \operatorname{arc\,tg}\frac{x}{b}\right);$

$x = 0$ ist keine Sprungstelle von $J(x, 0)$.

X. Spezielle stationäre und instationäre räumliche Strömungen

1. Radialkomponente W_1 in Richtung β (siehe Abb. 47):

$$W_1 = u \sin \beta + w \cos \beta;$$
$$W_{1\varepsilon} = u_\varepsilon \sin \beta + w_\varepsilon \cos \beta.$$

a) $M_\infty < 1$, Theorie kleiner Streckung nach R. T. Jones[1].

$$W_{1\varepsilon} = \frac{\cot^2 \Lambda}{\sqrt{\cot^2 \Lambda - \cot^2 \beta}} \sin \beta - \frac{\cot \beta}{\sqrt{\cot^2 \Lambda - \cot^2 \beta}} \cos \beta = \sin \beta \sqrt{\cot^2 \Lambda - \cot^2 \beta}.$$

b) Dreiecksflügel bei $M_\infty > 1$ mit Unterschallvorderkante[2].

$$W_{1\varepsilon} = \frac{1}{E'(\cot \Lambda \cot \alpha)\sqrt{\cot^2 \Lambda - \cot^2 \beta}} (\cot^2 \Lambda \sin \beta - \cot \beta \cos \beta) =$$

$$= \frac{\sin \beta}{E'(\cot \Lambda \cot \alpha)} \sqrt{\cot^2 \Lambda - \cot^2 \beta}.$$

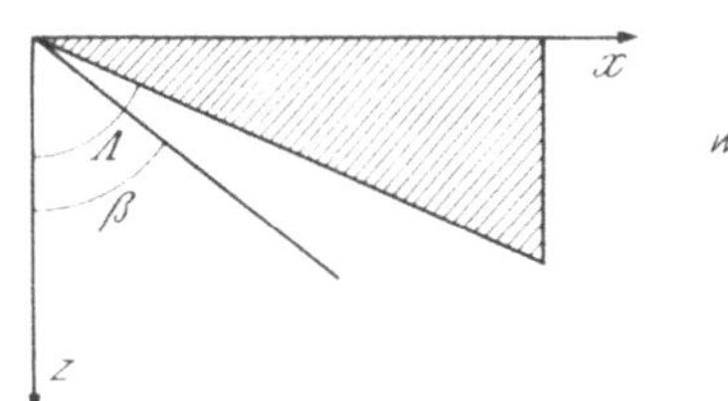

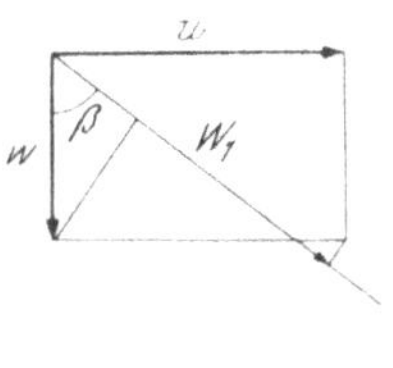

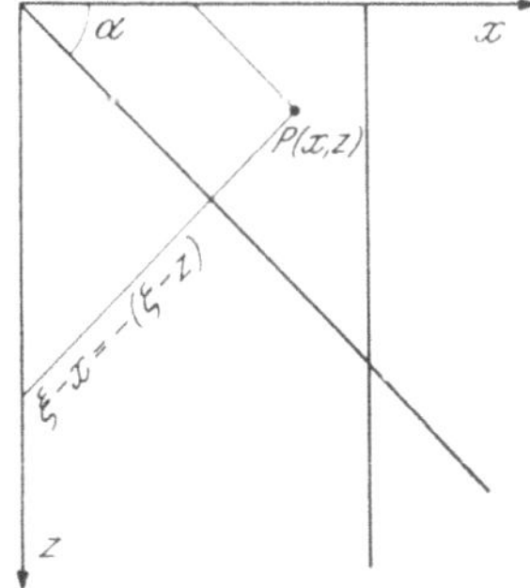

<table>
<tr><td>Abb. 47. Dreiecksflügel, Bezeichnungen</td><td>Abb. 48. Einflußbereich der
Seitenkante, Bezeichnungen</td></tr>
</table>

An der Vorderkante ($\beta = \Lambda$) ist in beiden Fällen $W_{1\varepsilon} = 0$! Beachte, daß bei w_ε stets das umgekehrte Vorzeichen der Wurzel zu nehmen ist wie bei u_ε.

2. Gemäß (6.31) gilt für den Widerstand des Einflußbereichs der Seitenkante bei der Flügeltiefe 1 ($\alpha = 45°$, siehe Abb. 48):

$$c_t f_p = -4 \int\limits_{x=0}^{1} \int\limits_{z=0}^{x} \left(\frac{u}{u_\infty} - 1 \right) h_x(x)\, dz\, dx.$$

Gemäß (10.9) unter derselben Voraussetzung:

$$\varphi = -\frac{u_\infty}{\pi} \left[\int\limits_{\xi=0}^{x-z} \int\limits_{0}^{\zeta = z + x - \xi} \frac{h_x(\xi)\, d\zeta}{\sqrt{(x-\xi)^2 - (z-\zeta)^2}}\, d\xi + \right.$$

$$+ \left. \int\limits_{\xi=x-z}^{x} \int\limits_{\zeta = z - x + \xi}^{\zeta = z + x - \xi} \frac{h_x(\xi)\, d\zeta}{\sqrt{(x-\xi)^2 - (z-\zeta)^2}}\, d\xi \right] =$$

$$= -\frac{u_\infty}{\pi} \left[\int\limits_{0}^{x-z} \left(\frac{\pi}{2} + \arcsin \frac{z}{x-\xi} \right) h_x\, d\xi + \int\limits_{x-z}^{x} \pi\, h_x\, d\xi \right];$$

---

[1] Vgl. „Gasdynamik", S. 378, $s = 2\,x \cot \Lambda$.
[2] Vgl. „Gasdynamik", S. 398.

$$\varphi_x = -\,u_\infty\,h_x(x) + \frac{u_\infty}{\pi}\,z \int\limits_0^{x-z} \frac{h_x(\xi)\,d\xi}{(x-\xi)\,\sqrt{(x-\xi)^2 - z^2}} = u - u_\infty.$$

Der erste Teil entspricht der ebenen Theorie (ACKERET), der zweite Summand gibt die Abweichung und ist allein verantwortlich für die Abweichungen im Widerstand:

$$c_t'\,f_p = -\,\frac{4}{\pi} \int\limits_{x=0}^{1} h_x(x) \int\limits_{z=0}^{x} z \int\limits_{\xi=0}^{x-z} \frac{h_x(\xi)\,d\xi\,dz\,dx}{(x-\xi)\,\sqrt{(x-\xi)^2 - z^2}} =$$

$$= -\,\frac{4}{\pi} \int\limits_{x=0}^{1} h_x(x) \int\limits_{\xi=0}^{x} \frac{h_x(\xi)}{x-\xi} \int\limits_{z=0}^{x-\xi} \frac{z\,dz\,d\xi}{\sqrt{(x-\xi)^2 - z^2}}\,dx =$$

$$= -\,\frac{4}{\pi} \int\limits_{x=0}^{1} h_x(x) \int\limits_{\xi=0}^{x} h_x(\xi)\,d\xi\,dx$$

$$= (\text{wegen } h(0) = 0)$$

$$= -\,\frac{4}{\pi} \int\limits_{x=0}^{1} h_x(x)\,h(x)\,dx = -\,\frac{2}{\pi}\,h^2(1).$$

Für ein Flügelprofil verschwindender Dicke am Ende ($h(1) = 0$) ergibt das Abschneiden des Flügels keinen Einfluß auf den Widerstandsbeiwert!

Abb. 49. Rechteckflügel der Tiefe 1

3. Nach (10.3) gilt für $x = z = 0$:

$$-\,2\pi\left(\frac{u}{u_\infty} - 1\right) = \iint\limits_{F} \frac{h_x(\xi,\zeta)\cdot\xi\,d\xi\,d\zeta}{(\xi^2 + \beta^2\,\zeta^2)^{3/2}}$$

mit $h_x(\xi,\zeta) = -\,2\,\tau\,\xi/a$, $\beta = \sqrt{1 - M_\infty^2}$.

Resultat:

$$a \leqq \beta\,b: \quad \frac{u}{u_\infty} - 1 = \frac{4\,\tau}{\pi\,\beta}\,B(k); \qquad k = \sqrt{1 - (a/(\beta\,b))^2};$$

$$\beta\,b \leqq a: \quad \frac{u}{u_\infty} - 1 = \frac{4\,\tau}{\pi}\,\frac{b}{a}\,D(k); \qquad k = \sqrt{1 - (\beta\,b/a)^2}.$$

Dabei sind $B(k)$ und $D(k)$ vollständige elliptische Integrale nach der gebräuchlichen Definition[1].

4. Siehe Abb. 49.

$$-\,2\pi\left(\frac{u}{u_\infty} - 1\right) = \int\limits_{\xi=0}^{1} \int\limits_{\zeta=0}^{\infty} \frac{h_x(\xi)\,(\xi - x)\,d\zeta\,d\xi}{[(\xi-x)^2 + \beta^2\,\zeta^2]^{3/2}} = \frac{1}{\beta} \int\limits_{\xi=0}^{1} \frac{h_x(\xi)}{\xi - x}\,d\xi.$$

Ein Vergleich mit (7.7) für $y = 0$ zeigt, daß an der Seitenkante gerade die *halbe* Störung der ebenen Strömung auftritt!

[1] Vgl. JAHNKE-EMDE-LÖSCH: Tafeln höherer Funktionen, 6. Auflage, S. **43** und 67. Stuttgart: B. G. Teubner. 1960.

5. Nach Gl. (10.9) erhält man für $y = z = 0$:

$$\varphi = -\frac{u_\infty}{2\cot\alpha} \int_0^x h_x(\xi)\,d\xi, \qquad \text{also} \qquad \frac{u}{u_\infty} - 1 = -\frac{h_x(x)}{2\cot\alpha},$$

d. h. wieder den halben Wert der ebenen Theorie!

6. $\quad \beta b \gg a: \quad B = 1 - \frac{1}{2}\left(\ln\frac{4\beta b}{a} - \frac{1}{2}\right)\left(\frac{a}{\beta b}\right)^2 + \cdots$

$$\frac{u}{u_\infty} - 1 = \frac{4\tau}{\pi\beta}\left[1 - \frac{1}{2}\left(\ln\frac{4\beta b}{a} - \frac{1}{2}\right)\left(\frac{a}{\beta b}\right)^2 + \cdots\right].$$

Das strebt wie erforderlich für $a/b \to 0$ gegen den Wert für ebene Strömung.

$$a \ll \beta b: \quad D = \ln\frac{4a}{\beta b} - 1 + \frac{3}{4}\left(\ln\frac{4a}{\beta b} - \frac{4}{3}\right)\left(\frac{\beta b}{a}\right)^2 + \cdots$$

$$\frac{u}{u_\infty} - 1 = \frac{4\tau}{\pi}\frac{b}{a}\left[\ln\frac{4a}{\beta b} - 1 + \cdots\right].$$

Der logarithmische, die Streckung und den Prandtlfaktor β enthaltende Ausdruck ist typisch für die Theorie kleiner Streckung.

7. Hier gezeigt mit $\operatorname{tg}\alpha = 1$:

$$\pi\frac{\varphi_\varepsilon}{u_\infty} = \int_t^s \sqrt{\frac{t+\sigma}{s-\sigma}}\,d\sigma = J,$$

$$s_2(t) = t; \qquad s = x + z;$$
$$t_1(s) = -s; \qquad t = x - z.$$

(Bezeichnungen siehe Abb. 8 bei der Angabe, S. 30.)

$$J = \left[-\sqrt{(s-\sigma)(t+\sigma)} - \frac{1}{2}(t+s)\arcsin\frac{s-t-2\sigma}{t+s}\right]_t^s =$$

$$= \frac{1}{2}(t+s)\left[\frac{\pi}{2} + \arcsin\frac{s-3t}{s+t}\right] + \sqrt{2t(s-t)} =$$

$$= x\arccos\left(1 - 2\frac{z}{x}\right) + 2\sqrt{z(x-z)}.$$

Bei Differentiation nach x erhält man (mit Rücksicht auf die unterschiedliche Lage des Flügels ($+z$ anstatt $-z$)) Übereinstimmung mit (10.10) für $\cot\alpha = 1$, $n_1 = 0$.

Das Störpotential für $z \geqslant x$ und $0 \leqslant x \leqslant 1$ ist nach der ebenen Theorie auf der Oberseite $\varphi_\varepsilon = u_\infty x$. Man beachte die Übereinstimmung mit dem obigen Resultat auf $z = x$. Der Unterschied $\Delta\varphi_\varepsilon$ zur ebenen Theorie ist an der Oberseite für $x = 1$:

$$\Delta\varphi_\varepsilon = \frac{u_\infty}{\pi}\left[-\arccos(2z - 1) + 2\sqrt{z(1-z)}\right].$$

Daraus folgt für den Defekt $\Delta c_{a\varepsilon}$ an Auftrieb:

$$\Delta c_{a\varepsilon} = \frac{4}{u_\infty} \int_0^1 \Delta\varphi_\varepsilon \, dz = \frac{4}{\pi} \int_0^1 \left[-\arccos(2z-1) + 2\sqrt{z(1-z)} \right] dz = -1.$$

Der Auftriebsbeiwert bei ebener Überschallströmung ist $c_{a\varepsilon} = 2$. Also trägt der Flügel im Einbruchsgebiet des Machkegels nur mit dem halben Wert der ebenen Strömung. Das Resultat ergibt sich sofort aus der Geschwindigkeitsverteilung[1].

8. Man geht für $\cot\alpha = 1$ beispielsweise aus von Gl. (X, 46) der „Gasdynamik", wobei nur das zweite Integral übrig bleibt. Jedoch ist zu beachten:

$$\cot\Lambda \leqslant \frac{z}{x} \leqslant 1: \quad A(m) = \int_0^{\cot\Lambda} \frac{v_0(t)\,dt}{(1-t^2)^{3/2}} = A(\cot\Lambda),$$

also:

$$\frac{\pi}{\sqrt{x^2 - z^2}}(u - u_\infty) = \int_{-\cot\Lambda}^{\cot\Lambda} \left[\frac{v_0(m)\,m}{1-m^2} - \frac{A(m)}{\sqrt{1-m^2}} \right] \frac{dm}{m\,x - z} +$$

$$- A(-\cot\Lambda) \int_{-1}^{-\cot\Lambda} \frac{dm}{\sqrt{1-m^2}(m\,x-z)} - A(\cot\Lambda) \int_{\cot\Lambda}^{+1} \frac{dm}{\sqrt{1-m^2}(m\,x-z)} =$$

$$= \int_{-\cot\Lambda}^{\cot\Lambda} K(m) \frac{dm}{m\,x-z} - \frac{A(\cot\Lambda)}{\sqrt{x^2-z^2}} \cdot \ln B;$$

$$B = \frac{\left[1 + \dfrac{z}{x}\cot\Lambda + \sqrt{\left(1 - \dfrac{z^2}{x^2}\right)(1-\cot^2\Lambda)} \right] \cdot \left[1 - \dfrac{z}{x}\cot\Lambda + \sqrt{\left(1 - \dfrac{x^2}{z^2}\right)(1-\cot^2\Lambda)} \right]}{\cot^2\Lambda - z^2/x^2};$$

dabei ist:

$$K(m) = \frac{1}{\sqrt{1-m^2}} \int_0^m \frac{dv_0}{dt} \frac{t\,dt}{\sqrt{1-t^2}}.$$

Für den Rhombus-Kegel ist wegen $v_0 = u_\infty \operatorname{tg} \vartheta_0$ $K(m) = 0$ und man erhält:

$$\frac{u}{u_\infty} - 1 =$$

$$= -\frac{\operatorname{tg}\vartheta_0}{\pi} \cos\Lambda \ln \frac{(x\sin\Lambda + z\cos\Lambda + \sqrt{x^2-z^2}) \cdot (x\sin\Lambda - z\cos\Lambda + \sqrt{x^2-z^2})}{x^2\cos^2\Lambda - z^2\sin^2\Lambda}.$$

Verallgemeinere dieses Resultat mittels der Prandtl-Regel für $M_\infty \neq \sqrt{2}$!

[1] Vgl. „Gasdynamik", Abb. 270.

Es lassen sich durch geeignete Wahl von $v_0(m)$ einfache Funktionen $K(m)$ bilden, welche eine leichte Integration des Poissonschen Integrals erlauben. Solche Körper wurden von F. Hjelte angegeben und berechnet[1].

9. Man erhält denselben Ausdruck wie in (6.41). Er läßt sich umformen in:

$$\frac{W}{u_\infty} - 1 = \left(\frac{W}{u_\infty} - 1\right)_{\Lambda = 0} \frac{1}{\sqrt{1 - \operatorname{tg}^2 \Lambda \operatorname{tg}^2 \alpha}} \, .$$

Mit Rücksicht auf $W/u_\infty - 1 = u/u_\infty - 1$, die Ackeret-Formel

$$\left(\frac{W}{u_\infty} - 1\right)_{\Lambda = 0} = - v_0' \operatorname{tg} \alpha$$

und $n_2 = \operatorname{tg} \Lambda$ gelangt man zur berichtigten[2] Gl. (X, 49) der „Gasdynamik":

$$- \frac{u - u_\infty}{v_0} \cot \alpha = \frac{1}{\sqrt{1 - n_2{}^2 \operatorname{tg}^2 \alpha}} \, .$$

Beachte ferner, daß Gl. (X, 48) für $n_1 = n_2$ übergeht in die Pfeilformel.

10[3]. Formel (10.3) liefert:

$$\frac{\pi}{h_0}\left(\frac{u}{u_\infty} - 1\right) = \int\limits_{-1}^{+1} \int\limits_{-s}^{+s} \frac{\xi(\xi - x)}{[(\xi - x)^2 + (\zeta - z)^2]^{3/2}} \, d\zeta \, d\xi =$$

$$= (s + z) \ln \frac{(1 - x + \sqrt{(1 - x)^2 + (s + z)^2})\,(1 + x + \sqrt{(1 + x)^2 + (s + z)^2})}{(s + z)^2} +$$

$$+ (s - z) \ln \frac{(1 - x + \sqrt{(1 - x)^2 + (s - z)^2})\,(1 + x + \sqrt{(1 + x)^2 + (s - z)^2})}{(s - z)^2}$$

$$- x \ln \frac{(s + z + \sqrt{(1 - x)^2 + (s + z)^2})\,(s - z + \sqrt{(1 - x)^2 + (s - z)^2})}{(1 - x)^2} +$$

$$+ x \ln \frac{(s + z + \sqrt{(1 + x)^2 + (s + z)^2})\,(s - z + \sqrt{(1 + x)^2 + (s - z)^2})}{(1 + x)^2} \, ;$$

$$\frac{\pi}{h_0}\left(\frac{u(0, 0, 0)}{u_\infty} - 1\right) = 4\,s \ln \left[\frac{1}{s}\left(1 + \sqrt{1 + s^2}\right)\right] = f(s) \, ;$$

$$\lim_{s \to 0} f(s) = 0 \, ; \qquad f(s) \approx 4\left(1 - \frac{1}{6\,s^2}\right) , \qquad s \gg 1 \, ;$$

$$\lim_{x \to \pm 1} \frac{\pi}{h_0}\left(\frac{u}{u_\infty} - 1\right) = \infty \qquad \text{(logarithmisch)} \, ;$$

---

[1] Hjelte, F.: Velocity Distribution on a Family of Thin Conical Bodies with Zero Incidence According to Linearized Supersonic Flow Theory. Kungl. Tekniska Högskolan, Stockholm, AERO Technical Note 22 (1952).

[2] Beim Übergang zu den Gl. (48) und (49) der „Gasdynamik" hat sich bei der Anwendung der Prandtl-Regel ein Fehler eingeschlichen. Es ist überall $n \cot \alpha$ zu ersetzen durch $n \operatorname{tg} \alpha$.

[3] Entnommen aus Holme, D., und F. Hjelte: On the Calculation of the Pressure Distribution on Three-Dimensional Wings at Zero Incidence in Incompressible Flow. Kungl. Tekniska Högskolan, Stockholm, AERO Technical Note 23 (1953).

$$\lim_{z \to \pm s} \frac{\pi}{h_0}\left(\frac{u}{u_\infty} - 1\right) =$$

$$= 2\,s \ln \frac{(1 - x + \sqrt{(1 - x)^2 + 4\,s^2})\,(1 + x + \sqrt{(1 + x)^2 + 4\,s^2})}{4\,s^2} +$$

$$+ x \ln \frac{(2\,s + \sqrt{(1 + x)^2 + 4\,s^2})\,(1 - x)}{(2\,s + \sqrt{(1 - x)^2 + 4\,s^2})\,(1 + x)} \approx \frac{1}{2}\,f(s) \qquad \text{für} \qquad x = 0.$$

Prandtl-Regel:

$$f_M(s) = \frac{1}{\beta}\,f(s), \qquad \beta = \sqrt{1 - M^2}.$$

11. Gemäß (10.13) gehen die Flügelkanten $z/x = 0$ und ∞ über in $z'/x' = -\sigma$ und $-1/\sigma$ (siehe Abb. 50).

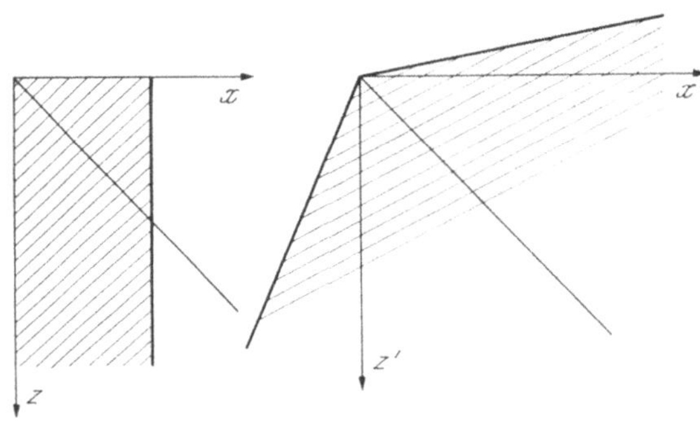

Abb. 50. Rechteckflügel und durch Transformation daraus hervorgehender Flügel mit geneigten Kanten

Die Tangential- und Normalkomponente $W_{\varepsilon t}$ und $W_{\varepsilon n}$ zur umströmten Kante $z'/x' = -\sigma$ sind dann

$$W_{\varepsilon t} = u_\varepsilon' \frac{1}{\sqrt{1 + \sigma^2}} - w_\varepsilon' \frac{\sigma}{\sqrt{1 + \sigma^2}};$$

$$W_{\varepsilon n} = u_\varepsilon' \frac{\sigma}{\sqrt{1 + \sigma^2}} + w_\varepsilon' \frac{1}{\sqrt{1 + \sigma^2}}.$$

Die gestrichenen Komponenten u', w' mittels der ungestrichenen für den Rechteckflügel

$$u_\varepsilon = \frac{u_\infty}{\pi} \arccos\left(1 - \frac{2\,z}{x}\right); \qquad w_\varepsilon = \frac{2\,u_\infty}{\pi} \sqrt{\frac{x}{z} - 1}$$

ausgedrückt und in diesen z/x mittels (10.13) durch z'/x' ersetzt führt zu:

$$W_{\varepsilon t} = \frac{u_\infty}{\pi} \sqrt{\frac{1 - \sigma^2}{1 + \sigma^2}} \arccos \frac{1 - 2\,\sigma + (\sigma - 2)\,z'/x'}{1 + \sigma\,z'/x'};$$

$$W_{\varepsilon n} = \frac{u_\infty}{\pi} \left[\frac{2\,\sigma}{\sqrt{1 - \sigma^4}} \arccos \frac{1 - 2\,\sigma + (\sigma - 2)\,z'/x'}{1 + \sigma\,z'/x'} + 2\sqrt{\frac{1 + \sigma^2}{1 + \sigma}} \sqrt{\frac{1 - z'/x'}{\sigma + z'/x'}} \right].$$

Für die Kante $z'/x' \to -\sigma$ ist daher:

$$W_{\varepsilon t} = 0; \qquad W_{\varepsilon n} = \frac{2\sqrt{1 + \sigma^2}}{\sqrt{\sigma + z'/x'}} \cdot \frac{u_\infty}{\pi}.$$

Wie in Aufgabe 1 verschwindet die Tangentialkomponente und wächst die Normalkomponente mit $1/\sqrt{\text{Abstand}}$ über alle Grenzen!

12[1]. Vorderkante: $z/x = 1/n_1 \to z'/x' = \cot \Lambda$;
Seitenkante: $z/x = 0 \to z'/x' = -\operatorname{tg} \Lambda$;
Aus (10.13) folgt: $\sigma = \operatorname{tg} \Lambda$; $n_1 = \sin 2\,\Lambda$.

13. Folgende Felder sind zu unterscheiden (siehe Abb. 51):

Für die kegelige Strömung um den Punkt $P_1(n\,b,\,b)$ ist nach (10.10) ($\cot \alpha = 1$)

in I:

$$u_\varepsilon = 0;$$

in II, III:

$$u_\varepsilon = \frac{u_\infty}{\sqrt{1-n^2}};$$

in IV, V, VI:

$$u_\varepsilon = \frac{u_\infty}{\pi\sqrt{1-n^2}} \arccos \cdot \frac{x - n\,b + (2+n)\,(z-b)}{x - n\,z}.$$

$$\tag{1}$$

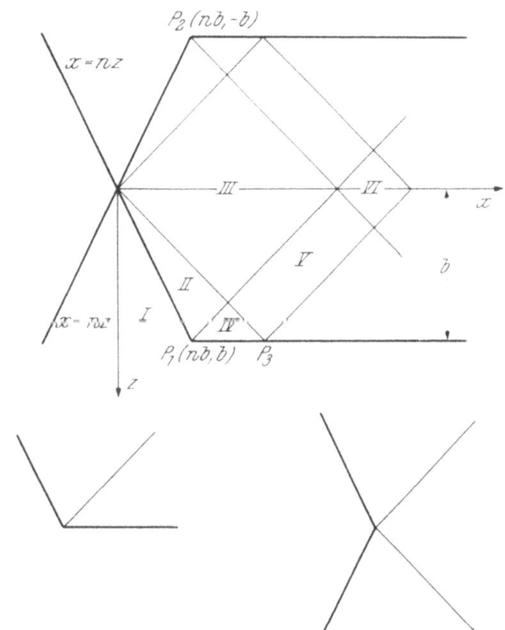

Abb. 51. Zusammengesetzter Flügel, Elemente und Feldereinteilung

Für die Strömung um den vorwärts gepfeilten Dreiecksflügel ist nach „Gasdynamik", Gl. (X,48)

in I, II, IV:

$$u_\varepsilon = \frac{u_\infty}{\sqrt{1-n^2}};$$

in III, V, VI:

$$u_\varepsilon = \frac{u_\infty}{\sqrt{1-n^2}}\left[1 + \frac{1}{\pi}\arccos\frac{(1-n^2)\,x^2 - n^2\,(x^2 - z^2)}{x^2 - n^2\,z^2}\right].$$

$$\tag{2}$$

Für die kegelige Strömung durch $P_2(n\,b,\,-b)$ ist
in I, II, III, IV, V:

$$u_\varepsilon = \frac{u_\infty}{\sqrt{1-n^2}};$$

in VI:

$$u_\varepsilon = \frac{u_\infty}{\pi\sqrt{1-n^2}}\arccos\frac{x - n\,b - (2+n)\,(z+b)}{x + n\,z}.$$

$$\tag{3}$$

Weiter stromabwärts läßt sich die Strömung nicht mehr aus der einfachen Superposition dieser drei Grundströmungen errechnen, weil im Einflußgebiet des Punktes P_3 die Bedingung $u_\varepsilon = 0$ im Umströmungsgebiet nicht mehr erfüllt ist.

---

[1] Druckfehler in „Gasdynamik", Gl. (X,65): Die zweite Zeile muß richtig lauten $-\operatorname{tg}\alpha \leqslant z/x \leqslant 1/n_1$.

Im Felde V erhält man beispielsweise aus der Superposition (1) + (3) —
— (2):

$$u_\varepsilon = \frac{u_\infty}{\pi\sqrt{1-n^2}}\left[\arccos\frac{x-nb+(2+n)(z-b)}{x-nz} - \right.$$

$$\left. - \arccos\frac{(1-n^2)x^2-n^2(x^2-z^2)}{x^2-n^2z^2}\right].$$

14. Für alle ebenen unendlich dünnen Dreiecksflügel mit Überschallvorderkanten ist die Tangentialkraft c_t bei allen Anstellwinkeln 0. Mit
Gl. (6.33) gilt demnach

$$\frac{d^2c_w}{d\varepsilon^2} = 2\frac{dc_a}{d\varepsilon} \qquad \text{oder} \qquad \frac{c_a}{c_w} = \frac{1}{\varepsilon}.$$

Die Gleitzahl ist dieselbe wie beim Streckenprofil in ebener Überschallströmung. Das gilt auch allgemein für alle unendlich dünnen ebenen
Flügel, die nur im Einflußgebiet ihrer Überschallvorderkanten liegen.
Auch in Anströmrichtung liegende Unterschallseitenkanten sind noch
zulässig, weil der Sog dort nicht in Tangentialrichtung angreifen kann.

Bei Deltaflügeln mit Unterschallvorderkanten müßte der Widerstand
mit (10.6) berechnet werden, was einige Mühe erfordert. Die Theorie
kleiner Streckung zeigt, daß der Nasensog wesentlich ist und gemäß (10.7)
die Gleitzahl bei kleiner Streckung verdoppelt. Alle Dreiecksflügel in
Überschallströmung haben den Druckpunkt bei 2/3 der Tiefe, weil der
Auftrieb eines Querstreifens der lokalen Breite proportional ist.

15. Die Lage der Stoßfrontfläche sei durch die Richtung ihrer Flächen-
normalen $\mathfrak{n}(\cos(n,x), \cos(n,y), \cos(n,z))$ gegeben. Im Gegensatz zum
ebenen Fall gibt es jedoch zwei Tangentialrichtungen. Die eine sei in
Richtung maximaler Tangentialkomponente der Geschwindigkeit W_t ver-
legt: $\mathfrak{t}(\cos(t,x), \cos(t,y), \cos(t,z))$, die andere senkrecht dazu in Richtung
verschwindender Tangentialkomponente $\mathfrak{s}(\cos(s,x), \cos(s,y), \cos(s,z))$.

Die Tangentialkomponenten der Geschwindigkeit dürfen in der Stoßfront nicht springen. Daraus ergeben sich die Komponenten ihrer Einheits-
vektoren:

$$\cos(s,x) = 0; \qquad \cos(s,y) = -\frac{\hat{w}}{\sqrt{\hat{v}^2+\hat{w}^2}}; \qquad \cos(s,z) = \frac{\hat{v}}{\sqrt{\hat{v}^2+\hat{w}^2}};$$

$$\cos(t,x) = \sqrt{\frac{\hat{v}^2+\hat{w}^2}{(u-\hat{u})^2+\hat{v}^2+\hat{w}^2}};$$

$$\cos(t,y) = \frac{\hat{v}(u-\hat{u})}{\sqrt{(\hat{v}^2+\hat{w}^2)[(u-\hat{u})^2+\hat{v}^2+\hat{w}^2]}};$$

$$\cos(t,z) = \frac{\hat{w}(u-\hat{u})}{\sqrt{(\hat{v}^2+\hat{w}^2)[(u-\hat{u})^2+\hat{v}^2+\hat{w}^2]}}.$$

$\mathfrak{n}$ muß auf $\mathfrak{t}$ und $\mathfrak{s}$ senkrecht stehen:

$$\cos(\mathfrak{n}, x) = \frac{u - \hat{u}}{\sqrt{(u - \hat{u})^2 + \hat{v}^2 + \hat{w}^2}} \;; \qquad \cos(\mathfrak{n}, y) = -\frac{\hat{v}}{\sqrt{(u - \hat{u})^2 + \hat{v}^2 + \hat{w}^2}} \;;$$

$$\cos(\mathfrak{n}, z) = -\frac{\hat{w}}{\sqrt{(u - \hat{u})^2 + \hat{v}^2 + \hat{w}^2}} \;.$$

Die Tangential- und Normalkomponenten der Geschwindigkeit vor und hinter der Front lassen sich nun leicht als inneres Produkt der Geschwindigkeiten und Richtungen darstellen. In Gl. (8.19), die auch allgemein im Raume gilt, eingesetzt, folgt daraus für die Stoßpolare:

$$(\hat{v}^2 + \hat{w}^2)\left[c^{*2} + \frac{2}{\varkappa - 1}\, u^2 - u\,\hat{u} \right] = (u - \hat{u})^2\,(u\,\hat{u} - c^{*2}).$$

Man kann jetzt also zwei Komponenten hinter der Stoßfront oder zwei Richtungen frei wählen, gewinnt aus der Stoßpolare $\hat{u}$ und damit die Komponenten von $\mathfrak{n}$.

16. $c_0 = c_\infty$, denn die Schallgeschwindigkeit ändert sich durch die Transformation nicht.

$$\phi_{\bar{x}\bar{x}} + \phi_{\bar{y}\bar{y}} - \frac{1}{c_\infty{}^2}\phi_{\bar{t}\bar{t}} = 0;$$

$$\bar{x} + u_\infty \bar{t} = x; \qquad \bar{y} = y; \qquad \bar{t} = t.$$

Das Potential wird zum Störpotential:

$$\phi_{\bar{x}\bar{x}} = \phi_{xx}; \qquad \phi_{\bar{y}\bar{y}} = \phi_{yy}; \qquad \phi_{\bar{t}\bar{t}} = \phi_{tt} + 2\,\phi_{tx}\,u_\infty + \phi_{xx}\,u_\infty{}^2;$$

$$(1 - M_\infty{}^2)\,\phi_{xx} + \phi_{yy} - 2\,\frac{M_\infty}{c_\infty}\,\phi_{xt} - \frac{1}{c_\infty{}^2}\,\phi_{tt} = 0.$$

Die v-Komponente ändert sich durch die Transformation nicht. Damit gewinnt man für das Störpotential aus (10.17):

$$\phi = -\frac{c_\infty}{\pi} \int\!\!\int \frac{v_0(\tau, \xi)\, d\xi\, d\tau}{\sqrt{(c_\infty{}^2 - u_\infty{}^2)\,(t - \tau)^2 + 2\,u_\infty\,(t - \tau)\,(x - \xi) - (x - \xi)^2 - y^2}} \;.$$

Dies gilt für $c_\infty \gtreqless u_\infty$. Im Argument von $v_0(\tau, \xi)$ ist die Transformation nicht durchgeführt, weil darunter zu verstehen ist, daß v_0 physikalisch von t und x abhängt. Es ist aber nicht gemeint, daß die Funktion v_0 dieselbe mathematische Gestalt besitzt wie in (10.17).

17. Für $M_\infty < 1$:

$$\bar{t} = t\,\sqrt{1 - M_\infty{}^2} + \frac{x}{c_\infty}\,\frac{M_\infty}{\sqrt{1 - M_\infty{}^2}} \;;$$

$$\bar{x} = x / \sqrt{1 - M_\infty{}^2}.$$

18. Die Ableitung ϕ_t des *Stör*potentials ist in erster Näherung gegeben durch:

$$-\phi_t = \frac{W^2}{2} - \frac{u_\infty{}^2}{2} + \frac{1}{\varkappa - 1}\,(c^2 - c_\infty{}^2) = u_\infty\,(u - u_\infty) + \frac{2}{\varkappa - 1}\,c_\infty\,(c - c_\infty);$$

$$\frac{p - p_\infty}{p_\infty} = \frac{2\,\varkappa}{\varkappa - 1} \cdot \frac{c - c_\infty}{c_\infty} = -\frac{\varkappa}{c_\infty{}^2}\,\phi_t - \frac{\varkappa\,u_\infty}{c_\infty{}^2}\,\phi_x$$

oder:

$$c_p = \frac{2}{\varkappa M_\infty{}^2} \cdot \frac{p - p_\infty}{p_\infty} = - \frac{2}{u_\infty{}^2}\,\phi_t - \frac{2}{u_\infty}\,\phi_x.$$

In der ersten Form erkennt man für ruhendes Medium ($u_\infty = 0$) die in der Akustik (siehe Aufgabe III, 17) geltende Beziehung, in der zweiten Form für stationäre Strömung ($\phi_t = 0$) die linearisierte Bernoulli-Gleichung.

19. Man geht aus vom Störpotential der Aufgabe 16. Das Integrationsgebiet ist einerseits dadurch gegeben, daß es nur für $0 < \xi$, $0 < \tau$ Quellen v_0 gibt, andererseits, daß nur über Punkte der ξ, τ-Ebene zu integrieren ist, in deren Einflußgebiet der Punkt x, t liegt.

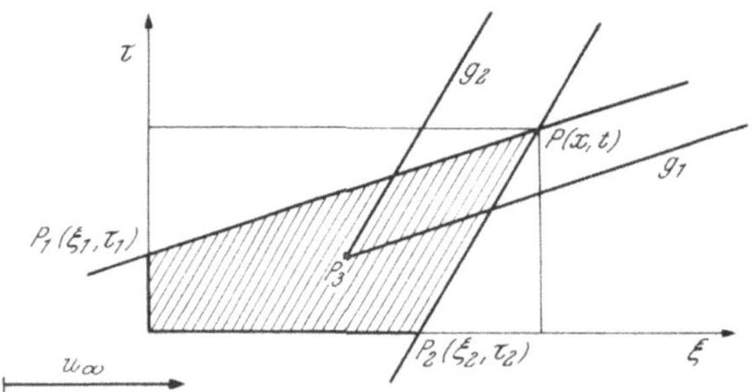

Abb. 52. Integrationsgebiet der Aufgabe 19

Das Einflußgebiet eines Punktes $P_3(\xi_3, \tau_3)$ ist gegeben durch die beiden Geraden (siehe Abb. 52)

$$g_1: \quad \xi - \xi_3 = (u_\infty + c_\infty)\,(\tau - \tau_3),$$

$$g_2: \quad \xi - \xi_3 = (u_\infty - c_\infty)\,(\tau - \tau_3),$$

welche den von P_3 ausgehenden, mit und gegen den Strom laufenden Schallwellen entsprechen. Nur aus dem schraffierten Gebiet kann also ein Einfluß nach $P(x, t)$ gelangen. Insbesondere ist:

$$\xi_1 = 0; \quad \tau_1 = t - x/(u_\infty + c_\infty); \quad \xi_2 = x - (u_\infty - c_\infty)\,t; \quad \tau_2 = 0.$$

Die durch $P(x, t)$ gehenden Geraden g_1, g_2 sind die beiden Nullstellen der Wurzel im Nenner. Es sind noch zwei andere Lagen des Punktes $P(x, t)$ denkbar. Für größeres t kann P_2 auf der t-Achse, für kleineres t kann P_1 auf der x-Achse liegen. Hier wurde der komplizierteste Fall gewählt. Er ist durch die Grenzlagen $\tau_1 = (u_\infty + c_\infty)\,t - x = 0$ und $\xi_2 = x - (u_\infty - c_\infty)\,t = 0$ mit den genannten Sonderfällen stetig verknüpft. Man erhält:

$$-\pi\,\phi/v_0 =$$

$$= \int_{\tau=0}^{\tau_1} \int_{\xi=0}^{x - (u_\infty - c_\infty)(t-\tau)} \frac{c_\infty\,d\xi\,d\tau}{\sqrt{-(u_\infty{}^2 - c_\infty{}^2)\,(t-\tau)^2 + 2\,u_\infty\,(t-\tau)\,(x-\xi) - (x-\xi)^2}} +$$

$$+ \int_{\tau=\tau_1}^{t} \int_{\xi = x - (u_\infty + c_\infty)(t-\tau)}^{x - (u_\infty - c_\infty)(t-\tau)} \frac{c_\infty\,d\xi\,d\tau}{\sqrt{-(u_\infty{}^2 - c_\infty{}^2)\,(t-\tau)^2 + 2\,u_\infty\,(t-\tau)\,(x-\xi) - (x-\xi)^2}} =$$

$$= c_\infty \int_{\tau=0}^{\tau_1} \left[\frac{\pi}{2} + \arcsin \frac{x - u_\infty\,(t-\tau)}{c_\infty\,(t-\tau)}\right] d\tau + c_\infty \int_{\tau_1}^{t} \pi\,d\tau.$$

Wie schon früher im Hyperbolischen bildet man ϕ_x am zweckmäßigsten nach der ersten Integration:

$$-\pi \phi_x / v_0 = \int\limits_{\tau=0}^{\tau_1} \frac{c_\infty \, d\tau}{\sqrt{-(u_\infty{}^2 - c_\infty{}^2)(t-\tau)^2 + 2 u_\infty x (t-\tau) - x^2}} =$$

$$= \frac{1}{\sqrt{M_\infty{}^2 - 1}} \arccos \frac{x M_\infty - (M_\infty{}^2 - 1) c_\infty t}{x}.$$

Im Grenzfall $\xi_2 = 0$ ist die arc cos-Funktion gleich π. Man erhält die Ackeret-Strömung, nachdem sich der Anlauf an der Plattenvorderkante ausgebildet hat. Im Falle $\tau_1 = 0$ verschwindet die arc cos-Funktion. Bevor nämlich die Störung von der Spitze einwirkt, ist die Strömung an der Platte gegeben durch eine Wellenbewegung in y-Richtung aus einem in $-x$-Richtung bewegten Bezugssystem betrachtet. Bezüglich der Lösung in der x, y-Ebene siehe I. Ryhming[1].

Nach Aufgabe 18 braucht man für die Drucke die Ableitung ϕ_t:

$$-\pi \phi_t / v_0 = c_\infty \pi - c_\infty \int\limits_{\tau=0}^{\tau_1} \frac{x \, d\tau}{(t-\tau) \sqrt{-(u_\infty{}^2 - c_\infty{}^2)(t-\tau)^2 + 2 x u_\infty (t-\tau) - x^2}} =$$

$$= c_\infty \arccos \frac{u_\infty t - x}{c_\infty t}.$$

Zusammen mit ϕ_x ergibt sich dann aus den Gleichungen von Aufgabe 18 c_p. Insbesondere erhält man in den beiden Grenzfällen

$$\xi_2 = 0: \quad \phi_t = 0;$$

$$\tau_1 = 0: \quad \phi_t = -v_0 c_\infty$$

und wegen $\phi_x = 0$:

$$\frac{2}{\varkappa - 1}(c - c_\infty) = \frac{1}{\varkappa} c_\infty \frac{p - p_\infty}{p_\infty} = v_0.$$

Im ersten Grenzfall ist die Strömung bereits stationär; in Übereinstimmung damit, daß am Plattenanfang Ackeret-Strömung herrscht, hängt ϕ nicht mehr von t ab. Der zweite Grenzfall ist jener einer mit der Geschwindigkeit v_0 in y-Richtung vorgeschobenen Platte aus einem in x-Richtung bewegten System betrachtet. Die Störung ergibt sich dort mit Hilfe der in y-Richtung eindimensionalen instationären Theorie, etwa Gl. (3.25) oder mit der Theorie ebener isentroper Wellen beliebiger Amplitude.

20. Da die Randbedingung nun für alle Zeiten gilt, ist das Integrationsgebiet durch Abb. **53** gegeben. Gemäß der Lösung von Aufgabe 16 gilt:

---

[1] Ryhming, I.: Die instationäre zweidimensionale Überschallströmung um eine plötzlich angestellte dünne Platte. DVL-Bericht Nr. **35**. Köln und Opladen: Westdeutscher Verlag. 1957.

$$-\pi\,\phi(x,0,t)/v_0 =$$

$$= \int_{\tau_2}^{\tau_1} \int_{\xi=0}^{x-(u_\infty-c_\infty)(t-\tau)} \frac{c_\infty \cos(\omega\,\tau)\,d\xi\,d\tau}{\sqrt{(c_\infty{}^2 - u_\infty{}^2)(t-\tau)^2 + 2\,u_\infty(x-\xi)(t-\tau) - (x-\xi)^2}} +$$

$$+ \int_{\tau_1}^{t} \int_{\xi=x-(u_\infty+c_\infty)(t-\tau)}^{x-(u_\infty-c_\infty)(t-\tau)} \frac{c_\infty \cos(\omega\,\tau)\,d\xi\,d\tau}{\sqrt{(c_\infty{}^2 - u_\infty{}^2)(t-\tau)^2 + 2\,u_\infty(x-\xi)(t-\tau) - (x-\xi)^2}} =$$

$$= c_\infty \int_{\tau_2}^{\tau_1} \cos\omega\,\tau \left[\frac{\pi}{2} + \arcsin\frac{x - u_\infty(t-\tau)}{c_\infty(t-\tau)}\right] d\tau + c_\infty \int_{\tau_1}^{t} \cos(\omega\,\tau)\cdot\pi\cdot d\tau.$$

(Der Unterschied zum entsprechenden Integral in Aufgabe 19 liegt nur in den Zeitgrenzen und im Integranden, der um den Faktor $\cos(\omega\,\tau)$ vermehrt ist.)

$$-\pi\,\phi_t/v_0 = c_\infty\,\pi \cos\omega\,t - \int_{\tau_2}^{\tau_1} \frac{x\,c_\infty \cos(\omega\,\tau)\,d\tau}{(t-\tau)\sqrt{-(u_\infty{}^2 - c_\infty{}^2)(t-\tau)^2 + 2\,u_\infty\,x(t-\tau) - x^2}}.$$

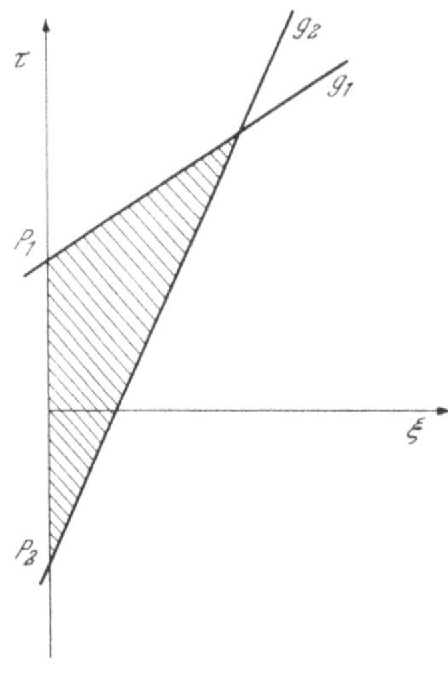

Abb. 53. Integrationsgebiet der Aufgabe 20

Die weitere Integration ist nicht mehr einfach. Sie ist Gegenstand einer bekannten Arbeit von Garrick und Rubinow[1].

Für sehr hohe Frequenzen ω (genauer: große $\omega\,x/u_\infty$) schwankt der Integrand dauernd zwischen positiven und negativen Werten, so daß das Integral nahezu verschwindet. Damit wird der Summand $c_\infty\,\pi \cos(\omega\,t)$ ausschlaggebend und man erhält das Resultat der Kolbenaufgabe III, 17 (Piston-Approximation).

XI. Strömungen mit Reibung

1. Aus

$$\frac{\partial T}{\partial x} = \frac{\lambda}{c_p\,\varrho\,u}\,\frac{\partial^2 T}{\partial x^2}$$

mit der Randbedingung $x = -\infty$: $T = T_\infty$; $x = 0$: $T = \hat{T}_\infty$ folgt:

$$T = T_\infty + (\hat{T}_\infty - T_\infty)\exp(c_p\,\varrho\,u_\infty\,x/\lambda).$$

Für die Tiefe d, definiert durch den Temperaturgradient bei $x = 0$, erhält man dann:

$$d = (\hat{T}_\infty - T_\infty)\Big/\left(\frac{\partial T}{\partial x}\right)_0 = \frac{\lambda}{c_p\,\varrho\,u} = l/M,$$

was den wirklichen Verhältnissen recht nahe kommt.

---

[1] Garrick, I. E., und S. J. Rubinow: Flutter and Oscillation Air-Force Calculations for an Airfoil in Two-Dimensional Supersonic Flow. NACA Report 846 (1946) und NACA TN 1158 (1946).

2. Nach Abb. 11 ist der Beiwert des Reibungswiderstandes $c_r = 1{,}30/\sqrt{\text{Re}} = 0{,}0024$; (8.4) ergibt für c_D auf die Projektionsfläche bezogen: $c_D = 0{,}0284 \ (= 0{,}0071)$. Bei sehr schnittigen Profilen wird der Reibungswiderstand demnach von Bedeutung, insbesondere, wenn die Schicht bei höheren Re-Zahlen turbulent ist.

3. Wegen

$$T_0 = \left(1 + \frac{\varkappa - 1}{2} M^2\right) T_\infty$$

(vgl. Aufgabe II, 4) und

$$\frac{T_1}{T_\infty} - 1 = \left(\frac{T_0}{T_\infty} - 1\right)\sqrt[3]{\sigma} \tag{11.7}$$

erhält man bei stationärem Flug:

M_∞	$T_0 - 273°$	$T_1 - 273°$
1	$-9°$	$-17°$
3	$343°$	$282°$
5	$1037°$	$865°$

Dieser stationäre Zustand wird jedoch im Staupunkt, wo der Wärmeübergang wegen der Ruhe sehr klein ist, nur sehr langsam erreicht. Deshalb sind stumpfe Körper meist weniger gefährdet als schlanke.

4. Mit

$$C = u_\infty \frac{d}{dx}\left(\varrho_\infty \frac{\delta^{**2}}{\mu_1}\right)$$

für den Profilparameter $\lambda = 0$ erhält man aus der Kármánschen Impulsgleichung (11.8)

$$c_r \sqrt{R_\infty} = 2 \sqrt{C\,(T_1/T_\infty)^\omega}.$$

Der Wert der rechten Seite muß nach Abb. 11 nahe an 1,30 liegen. Aus dem Diagramm zum verallgemeinerten Pohlhausen-Verfahren („Gasdynamik", Abb. 279, die Beschriftung der Ordinate muß dort richtig 1,0 statt 0,10 usw. heißen) liest man die Werte C ab und erhält folgende Tabelle:

M_∞	C	T_1/T_∞	$c_r\sqrt{\text{Re}_\infty}$	
			$\omega = 1$	$\omega = 0{,}75$
0	0,44	1,00	1,33	1,33
1	0,39	1,20	1,37	1,34
2	0,30	1,80	1,47	1,36

Die Werte liegen also bei Überschall etwas zu hoch.

5. Mit (11.11) errechnet sich der auf die Querschnittsfläche bezogene Reibungswiderstandsbeiwert

$$c_r \sqrt{R_e} = \frac{2}{3} \sqrt{3} \frac{1{,}30}{\sin \vartheta} \,,$$

also $c_r = 0{,}016$. Der Mantelwiderstandsbeiwert ist identisch mit c_p, also nach (8.10) oder Abb. 170 der „Gasdynamik" $c_D = 0{,}12$. Für $\vartheta < 10°$ bekommt also der Reibungswiderstand Bedeutung. Sehr wichtig ist freilich der Bodensog!

XII. Versuchstechnik

1. Man findet als zulässige Verengung

$$\frac{f_3}{f_2} = \frac{p_{20}}{\hat{p}_{20}} \cdot \frac{\varrho_2 \, W_2}{\varrho^* \, W^*} = \frac{0{,}236}{0{,}328} = 0{,}72.$$

Machzahl in der Verengung:

$$\frac{\varrho_3 \, W_3}{\varrho^* \, W^*} = \frac{0{,}236}{0{,}72} = 0{,}328 \rightarrow M = 2{,}65.$$

Bei

$$M = 2{,}65: \qquad \frac{\hat{p}_0}{p_0} = 0{,}442;$$

$$M = 3{,}00: \qquad \frac{\hat{p}_0}{p_0} = 0{,}328.$$

Die Verengung bringt also einen wesentlichen Druckrückgewinn.

2. Die isotherme Kompressionsarbeit von p_0, V_0 auf p beträgt $p_0 V_0 \ln (p/p_0)$, der Verlust bei obigem Vorgehen also $p_0 V_0 \ln (p_1/p_2)$. Bei den gewählten Daten muß gerade die doppelte Arbeit verrichtet werden.

3. Nach der Kontinuitätsgleichung gilt:

$$f \varrho \, W = f^* \varrho^* \, W^*,$$

also

$$\frac{f^*}{f} = \frac{\varrho \, W}{\varrho^* \, W^*} = 0{,}236 \ \text{für} \ M = 3 \ \text{nach Tab. 2,}$$

also $f^* = 23{,}6 \ \text{cm}^2$.

Wegen $G/(\varrho_0 \, f^*) = 19{,}7 \ \text{l s}^{-1} \text{cm}^{-2}$ strömen sekundlich 465 l Luft unter Normalbedingungen in den Kessel, in 20 s also 9300 l. Soll die Überschallströmung nicht zusammenbrechen, so beträgt der höchstzulässige Gegendruck $\hat{p}_0 = 0{,}328 \, p_0$ (vgl. einschlägige Tafelwerke).

Infolge der Addition der Partialdrucke müssen obige 9300 l auf einen Druck $p = \hat{p}_0 - 0{,}1 \, p_0 = 0{,}288 \, p_0$ entspannt werden. Ihr Volumen beträgt dann

$$\frac{G}{\varrho} = \frac{9.300}{0{,}228} \, 1 = 40\,800 \ \text{l.}$$

Man benötigt einen Kessel von 40,8 m³ Inhalt.

4. a) Man findet mit Hilfe von Tafelwerken[1].

M	f/f^*	p [atm]	T [°K]	Pitotdruck	f^* [cm²]	Blaszeit [s]
1	1,0000	0,528	227	1,0000	100	45,7
2	1,6875	0,128	153	0,7209	59,3	53,1
3	4,2346	0,027	97	0,3283	23,7	49,0
4	10,7188	0,0065	65	0,1388	9,33	21,1
5	25,0000	0,0019	46	0,0617	4,00	—

$M = 5$ ist nicht mehr möglich, da der Kesseldruck anfangs bereits größer als der Pitotdruck ist. Die Blaszeit ergibt sich aus dem den kritischen Querschnitt f^* bis zum Auffüllen des Kessels auf den Pitotdruck durchströmenden Normalvolumen ($19,7\,\mathrm{l\,s^{-1}\,cm^{-2}}$).

b)

M	Verengung $\dfrac{f_3}{f^*} = \dfrac{p_{20}}{\hat{p}_{20}}$	zugehöriges M	Druckrückgewinn $\dfrac{\hat{p}_0}{p_0}$	Blaszeit
1	1,0000	1,0000	1,0000	45,7
2	1,3872	1,75	0,8343	62,7
3	3,0456	2,65	0,4403	73,0
4	7,2067	3,56	0,2015	55,2
5	16,202	4,47	0,0936	—

c) Blaszeiten 38,3; 41,0; 47,0; 21,1.

Der Schnittpunkt der Expansionskurve zu den gegebenen Anfangsbedingungen mit der Sättigungskurve von O_2 liegt bei $M = 4,3$, also außerhalb des Betriebsbereichs des gegebenen Kanals. Aufheizen ist also nicht notwendig.

5. Nach Abb. 36 der „Gasdynamik" liegt beim gegebenen Ausgangsdruckverhältnis der Stoß für $\varkappa = 1,40$ bei $x/(c_0\,t) = 1,9$, die Mediengrenze bei $x/(c_0\,t) = 1,45$. Die an der Stelle x bei offenem Rohr zur Verfügung stehende Meßzeit beträgt also

$$t_2 - t_1 = \frac{x}{1,45\,c_0} - \frac{x}{1,9\,c_0} = 0,16\,\frac{x}{c_0}.$$

Mißt man am Rohrende, also $x = 100$ m und nimmt man für $c_0 = 340$ m/s an, so kommt

$$t_2 - t_1 = 0,047\ \mathrm{s}.$$

---

[1] Zum Beispiel ROSENHEAD, L., u. a.: A Selection of Tables for Use in Calculations of Compressible Airflow. Oxford: Clarendon Press. 1952.

6. Abb. 60 der „Gasdynamik" entspricht diesem Fall annähernd (dort $p_1/p_0 = 1{,}1^{2\varkappa/(\varkappa-1)} = 1{,}1^7 = 1{,}95$). Der Anströmzustand in der Nähe des offenen Rohrendes ist konstant, bis die erste reflektierte Machwelle (6) dort wieder eintrifft. Nach der erwähnten Abbildung ist dies bei $c_0\,t/a = 1{,}7$ der Fall. Mit $c_0 = 340$ m/s, $a = 100$ m folgt $t = 0{,}5$ s.

Anhang I

Formelsammlung

I. Thermodynamik

Bezeichnungen:

p = Druck; ϱ = Dichte; V = Volumen; T = absolute Temperatur in °K (Kelvingrad); R = absolute Gaskonstante (= 1,986 cal g^{-1} Grad^{-1}); m = Molekulargewicht; q = der Masseneinheit zugeführte Wärmemenge; e = innere Energie der Masseneinheit; i = Enthalpie der Masseneinheit; c_v = spezifische Wärme der Masseneinheit bei konstantem Volumen; c_p = spezifische Wärme der Masseneinheit bei konstantem Druck; $\varkappa = c_p/c_v$; η_c = Carnotscher Wirkungsgrad; T_z, T_a = Temperatur bei Wärmezufuhr- bzw. abfuhr; s = Entropie der Masseneinheit.

Zustandsgleichung des idealen Gases:

$$p = \frac{R}{m} \varrho\, T. \tag{1.1}$$

Erster Hauptsatz der Wärmelehre bei quasistatischen Vorgängen:

$$dq = de + p\, d\left(\frac{1}{\varrho}\right). \tag{1.2}$$

Wärmeinhalt, Enthalpie:

$$i = e + \frac{p}{\varrho}. \tag{1.3}$$

Spezifische Wärmen, allgemein:

$$c_v = \left(\frac{\partial q}{\partial T}\right)_v = \left(\frac{\partial e}{\partial T}\right)_v, \tag{1.4}$$

$$c_p = \left(\frac{\partial q}{\partial T}\right)_p = \left(\frac{\partial i}{\partial T}\right)_p. \tag{1.5}$$

Ideale Gase:

$$de = c_v\, dT, \tag{1.6}$$

$$di = c_p\, dT, \tag{1.7}$$

$$c_p - c_v = \frac{R}{m}. \tag{1.8}$$

Ideale Gase konstanter spezifischer Wärme:

$$e = c_v\, T + \text{konst.}, \tag{1.9}$$

$$i = c_p\, T + \text{konst.} \tag{1.10}$$

Isentrope Zustandsänderung eines idealen Gases:

$$\frac{\varrho_2}{\varrho_1} = \left(\frac{T_2}{T_1}\right)^{1/(\varkappa-1)}; \qquad \frac{p_2}{p_1} = \left(\frac{T_2}{T_1}\right)^{\varkappa/(\varkappa-1)} = \left(\frac{\varrho_2}{\varrho_1}\right)^{\varkappa}. \tag{1.11}$$

Arbeitsleistung eines Gases:

$$A = \int p\, dV. \tag{1.12}$$

Carnotscher Wirkungsgrad für ideales Arbeitsgas:

$$\eta_c = \frac{T_z - T_a}{T_z}, \tag{1.13}$$

(T_z, T_a Temperatur bei Wärmezu- und abfuhr).
Entropie:

$$\int_1^2 \frac{de + p\,d\left(\frac{1}{\varrho}\right)}{T} = s_2 - s_1, \tag{1.14}$$

(1 Anfangs-, 2 Endzustand);
für ein ideales Gas:

$$s_2 - s_1 = c_v \ln \frac{T_2}{T_1} - (c_p - c_v) \ln \frac{\varrho_2}{\varrho_1} = c_p \ln \frac{T_2}{T_1} - (c_p - c_v) \ln \frac{p_2}{p_1} =$$

$$= c_v \ln \frac{p_2}{p_1} - c_p \ln \frac{\varrho_2}{\varrho_1}. \tag{1.15}$$

Mit der Entropie zusammenhängende Ableitungen:

$$\left(\frac{\partial s}{\partial i}\right)_p = \frac{1}{T}; \qquad \left(\frac{\partial s}{\partial p}\right)_i = -\frac{1}{\varrho T}; \qquad \left(\frac{\partial i}{\partial p}\right)_s = \frac{1}{\varrho};$$

$$\left(\frac{\partial i}{\partial s}\right)_p = T; \qquad \left(\frac{\partial p}{\partial s}\right)_i = -\varrho T; \qquad \left(\frac{\partial p}{\partial i}\right)_s = \varrho. \tag{1.16}$$

II. Stationäre Fadenströmung

Bezeichnungen:
f = Stromröhrenquerschnitt; W = Geschwindigkeitsbetrag; ϑ = Winkel der Geschwindigkeit mit der Kraftrichtung; G = Durchflußmenge / Zeiteinheit; K = äußere Kraft; g = Schwerebeschleunigung; z = vertikale Koordinate, ↑↓ g; ^ bezeichnet Größen hinter dem Stoß, z. B. $\hat{W}$, $\hat{p}$, $\hat{T}$; $M = W/c$ Machsche Zahl der Strömung; c = örtliche Schallgeschwindigkeit; $c^* $ = kritische Schallgeschwindigkeit, $W^* = c^*$; $M^* = W/c^*$; f^* = kritischer (engster) Querschnitt; R^* = Krümmungsradius im kritischen Querschnitt; Indizes beziehen sich auf Strömungszustände an fester Stelle.
Kontinuitätsbedingung:

$$f_1 \varrho_1 W_1 = f \varrho W = G. \tag{2.1}$$

Sogenannter Impulssatz
(genauer: Impulsstromsatz):

$$K + (p_1 + \varrho_1 W_1{}^2) f_1 \cos \vartheta_1 = (p + \varrho W^2) f \cos \vartheta. \tag{2.2}$$

Energiesatz (ohne Massenzufuhr):

$$q + g z_1 + \frac{W_1{}^2}{2} + i_1 = g z + \frac{W^2}{2} + i; \tag{2.3}$$

desgleichen ohne Wärmezufuhr und ohne äußere Kräfte:

$$\frac{W_1{}^2}{2} + i_1 = \frac{W^2}{2} + i = i_0; \tag{2.4}$$

beim idealen Gas konstanter spezifischer Wärme:

$$\frac{W^2}{2} + c_p\, T = c_p\, T_0; \tag{2.5}$$

Maximalgeschwindigkeit:

$$W_{\max} = \sqrt{2\, c_p\, T_0}. \tag{2.6}$$

Grundgleichungen für den senkrechten Stoß:

$$\left.\begin{aligned}
\hat{W}\,\hat{\varrho} &= W\,\varrho, && \text{Kontinuitätsbedingung,} \\
\hat{W}^2\,\hat{\varrho} + \hat{p} &= W^2\,\varrho + p, && \text{Impulssatz,} \\
\frac{\hat{W}^2}{2} + \hat{\imath} &= \frac{W^2}{2} + i, && \text{Energiesatz.}
\end{aligned}\right\} \tag{2.7}$$

Daraus folgen die Stoßgleichungen (ideales Gas konstanter spezifischer Wärme):

$$\frac{\hat{W}}{W} = \frac{\varrho}{\hat{\varrho}} = 1 - \frac{2}{\varkappa + 1}\left(1 - \frac{\varkappa\, p}{\varrho\, W^2}\right) = 1 - \frac{2}{\varkappa + 1}\left(1 - \frac{1}{M^2}\right);$$

$$\frac{\hat{p}}{p} = 1 + \frac{2\varkappa}{\varkappa + 1}\left(\frac{W^2\,\varrho}{\varkappa\, p} - 1\right) = 1 + \frac{2\varkappa}{\varkappa + 1}\,(M^2 - 1). \tag{2.8}$$

Impulssatz für beliebiges Medium:

$$\frac{\hat{W}^2}{2} - \frac{W^2}{2} + \frac{1}{2}\left(\frac{1}{\hat{\varrho}} + \frac{1}{\varrho}\right)(\hat{p} - p) = 0. \tag{2.9}$$

Rankine-Hugoniot-Kurve, dynamische Adiabate:

$$\hat{\imath} - i = \frac{1}{2}\left(\frac{1}{\hat{\varrho}} + \frac{1}{\varrho}\right)(\hat{p} - p). \tag{2.10}$$

Dynamische Adiabate des idealen Gases konstanter spezifischer Wärme (von Kármán):

$$\frac{\hat{p} - p}{\hat{\varrho} - \varrho} = \varkappa\,\frac{\hat{p} + p}{\hat{\varrho} + \varrho}. \tag{2.11}$$

Entropieanstieg der Rankine-Hugoniot-Kurve:

$$T(\hat{s} - s) = \frac{1}{12}\left(\frac{\partial^2}{\partial p^2}\frac{1}{\varrho}\right)_s (\hat{p} - p)^3. \tag{2.12}$$

Laufgeschwindigkeit eines konstanten, in ruhendes Medium vordringenden Stoßes:

$$|U| = \sqrt{\frac{\hat{\varrho}}{\varrho}\,\frac{\hat{p} - p}{\hat{\varrho} - \varrho}}. \tag{2.13}$$

Relativgeschwindigkeit $\varDelta W$ der Gasmasse hinter dem Stoß zu derjenigen vor dem Stoß:

$$\varDelta W = \hat{W} - W = -\sqrt{\frac{1}{\varrho\,\hat{\varrho}}\,(\hat{p} - p)\,(\hat{\varrho} - \varrho)}. \tag{2.14}$$

Laufgeschwindigkeit des Stoßes im idealen Gas konstanter spezifischer Wärme als Funktion des Drucksprunges:

$$U = c\,\sqrt{1 + \frac{\varkappa + 1}{2\varkappa}\cdot\frac{\hat{p} - p}{p}}. \tag{2.15}$$

Schallgeschwindigkeit:

$$c = \sqrt{\left(\frac{\partial p}{\partial \varrho}\right)_s} \; ; \tag{2.16}$$

des idealen Gases:

$$c = \sqrt{\varkappa \cdot \frac{p}{\varrho}} = \sqrt{c_p(\varkappa - 1)\, T}. \tag{2.17}$$

Zustandsänderung im senkrechten Stoß (ideales Gas konstanter spezifischer Wärme):

$$\left.\begin{aligned}
\frac{\hat{W}}{W} &= \frac{\varrho}{\hat{\varrho}} = 1 - \frac{2}{\varkappa + 1}\left(1 - \frac{1}{M^2}\right); \\[2mm]
\frac{\hat{p}}{p} &= 1 + \frac{2\varkappa}{\varkappa + 1}(M^2 - 1); \\[2mm]
\frac{\hat{T}}{T} &= \frac{\hat{c}^2}{c^2} = \frac{1}{M^2}\left[1 + \frac{2\varkappa}{\varkappa + 1}(M^2 - 1)\right]\left[1 + \frac{\varkappa - 1}{\varkappa + 1}(M^2 - 1)\right]; \\[2mm]
\hat{M}^2 &= \left[1 + \frac{\varkappa - 1}{\varkappa + 1}(M^2 - 1)\right]\bigg/\left[1 + \frac{2\varkappa}{\varkappa + 1}(M^2 - 1)\right].
\end{aligned}\right\} \tag{2.18}$$

Prandtlsche Beziehung:

$$W\,\hat{W} = c^{*2} \tag{2.19}$$

oder

$$M^* \hat{M}^* = 1.$$

Entropieanstieg:
schwache Stöße:

$$\frac{\hat{s} - s}{c_v} = \frac{\varkappa^2 - 1}{12\,\varkappa^2}\left(\frac{\hat{p}}{p} - 1\right)^3 + \ldots = \frac{2}{3}\,\frac{\varkappa(\varkappa - 1)}{(\varkappa + 1)^2}(M^2 - 1)^3 + \ldots \tag{2.20}$$

$$= \frac{2}{3}\,\varkappa(\varkappa^2 - 1)\,(M^* - 1)^3 + \ldots ; \tag{2.21}$$

beliebig starke Stöße:

$$\frac{\hat{s} - s}{c_v} = \ln\left[1 + \frac{2\varkappa}{\varkappa + 1}(M^2 - 1)\right] + \varkappa \ln\left[1 - \frac{2\varkappa}{\varkappa + 1}\left(1 - \frac{1}{M^2}\right)\right]. \tag{2.22}$$

Ruhedruckverhältnis, Drosselfaktor:

$$\frac{\hat{p}_0}{p_0} = \frac{\hat{\varrho}_0}{\varrho_0} = \left[1 + \frac{2\varkappa}{\varkappa + 1}(M^2 - 1)\right]^{-1/(\varkappa - 1)} \cdot \left[1 - \frac{2}{\varkappa + 1}\left(1 - \frac{1}{M^2}\right)\right]^{-\varkappa/(\varkappa - 1)} \tag{2.23}$$

Beziehungen bei stetiger Strömung ohne äußere Einwirkungen:

Änderung des Stromfadenquerschnitts f mit der Geschwindigkeit:

$$(1 - M^2)\,\frac{dW}{W} = -\,\frac{df}{f}. \tag{2.24}$$

Kritische Werte von Druck und Dichte:

$$\frac{p^*}{p_0} = \left(\frac{2}{\varkappa + 1}\right)^{\varkappa/(\varkappa - 1)}; \qquad \frac{\varrho^*}{\varrho_0} = \left(\frac{2}{\varkappa + 1}\right)^{1/(\varkappa - 1)}. \tag{2.25}$$

Bernoullische Gleichung:

$$W \, dW + \frac{dp}{\varrho} = 0;$$

$$\frac{W^2}{2} + \int_{p_\bullet}^{p} \frac{dp}{\varrho} = 0. \tag{2.26}$$

$$\frac{W - W_\infty}{W_\infty} = -\frac{1}{2} c_p - \frac{1}{8}(1 - M_\infty^2) c_p^2 + \ldots,$$

$$c_p = (p - p_\infty) \left/ \frac{\varrho_\infty W_\infty^2}{2} \right. ; \tag{2.27}$$

$$c_p = -2 \frac{W - W_\infty}{W_\infty} - (1 - M_\infty^2) \left(\frac{W - W_\infty}{W_\infty} \right)^2 + \ldots . \tag{2.28}$$

$$\frac{\varrho \, W}{\varrho^* W^*} = M \left[1 + \frac{\varkappa - 1}{\varkappa + 1} (M^2 - 1) \right]^{-\varkappa + 1/2(\varkappa - 1)} \tag{2.29}$$

$$\frac{\varrho \, W}{\varrho_\infty \, W_\infty} - 1 =$$

$$(1 - M_\infty^2) \left(\frac{W}{W_\infty} - 1 \right) - \frac{1}{2} M_\infty^2 [3 - (2 - \varkappa) M_\infty^2] \left(\frac{W}{W_\infty} - 1 \right)^2 + \ldots \tag{2.30}$$

„Staudruck":

$$\frac{\varrho \, W^2}{2} = \frac{\varkappa}{2} p \, M^2. \tag{2.31}$$

Verhältnis des wirklichen zu obigem (definierten) Staudruck:

$$\frac{p_0 - p}{\varrho \, W^2/2} = \left(\frac{p_0}{p} - 1 \right) \frac{2}{\varkappa M^2} = 1 + \frac{1}{4} M^2 + \frac{2 - \varkappa}{24} M^4 + \ldots . \tag{2.32}$$

$$\frac{\varrho}{\varrho_0} - 1 - \frac{1}{2} M^2 + \frac{\varkappa}{8} M^4 + \ldots . \tag{2.33}$$

Durchflußmenge G durch Mündung vom Querschnitt f^* bei überkritischem Druckverhältnis:

$$\frac{G}{f^*} = \varrho^* W^* =$$

$$= \left(\frac{2}{\varkappa + 1} \right)^{(\varkappa + 1)/(2\varkappa - 2)} c_0 \, \varrho_0. \tag{2.34}$$

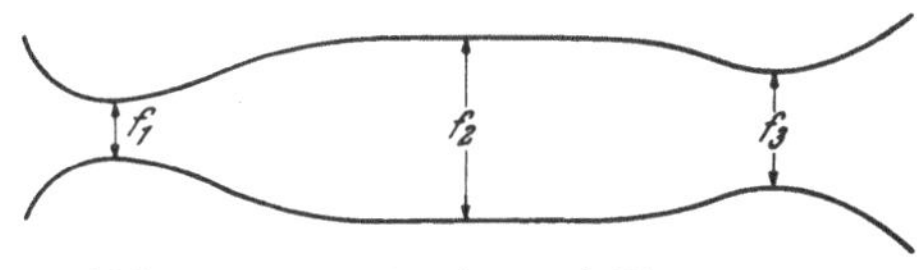

Abb. 54. Kanal mit zwei Verengungen, Bezeichnungen

Geschwindigkeitsgradient im kritischen Düsenquerschnitt:

$$\frac{f^*}{c^*} \frac{dW}{dx} = \sqrt{\frac{1}{\varkappa + 1} \frac{f^*}{R^*}}. \tag{2.35}$$

Zulässige 2. Einschnürung f_3 im Kanal mit zwei Verengungen (Abb. 54):

$$\frac{f_3}{f_2} = \frac{p_{20}}{\hat{p}_{20}} \frac{\varrho_2}{\varrho^*} \frac{W_2}{W^*}, \tag{2.36}$$

$\hat{p}_{20}/p_{20}$ Ruhedruckverhältnis eines etwaigen senkrechten Stoßes in f_2.

Fanno-Kurven:

$$\frac{s-s_1}{c_v} = \ln\frac{i}{i_0}\left(1-\frac{i}{i_0}\right)^{(\varkappa-1)/2} - \ln\frac{2}{\varkappa+1}\left(\frac{\varkappa-1}{\varkappa+1}\right)^{(\varkappa-1)/2} - (\varkappa-1)\ln\frac{W\,\varrho}{W^*\,\varrho^*}\,.$$

$$(2.37)$$

Rohrströmung mit Energiezufuhr q:

$$\left.\begin{aligned}\frac{\hat{W}}{W} &= \frac{\varrho}{\hat{\varrho}} = 1 - \frac{1}{\varkappa+1}\left[\left(1-\frac{1}{M^2}\right) \pm \sqrt{\left(1-\frac{1}{M^2}\right)^2 - 2\,(\varkappa^2-1)\,\frac{q}{W^2}}\right];\\[2mm] \frac{\hat{p}}{p} &= 1 + \frac{\varkappa\,M^2}{\varkappa+1}\left[\left(1-\frac{1}{M^2}\right) \pm \sqrt{\left(1-\frac{1}{M^2}\right)^2 - 2\,(\varkappa^2-1)\,\frac{q}{W^2}}\right].\end{aligned}\right\}$$

$$(2.38)$$

Ruhetemperaturen:

$$c_p\,\hat{T}_0 = c_p\,T_0 + q.$$

$$(2.39)$$

Höchstzulässige Energiezufuhr (bei stationärer Strömung):

$$\frac{q}{c_p\,T} = \frac{1}{2\,(\varkappa+1)} \cdot \frac{(M^2-1)^2}{M^2}\,.$$

$$(2.40)$$

Laufgeschwindigkeit eines Detonationsstoßes:

$$U = \pm\,\hat{c}\,\frac{\hat{\varrho}}{\varrho}\,;$$

$$(2.41)$$

Nachlaufgeschwindigkeit:

$$\Delta W = (\pm)\,\hat{c}\left(\frac{\hat{\varrho}}{\varrho}\mp 1\right) = U \mp \hat{c}.$$

$$(2.42)$$

Gleichdruckverbrennung:

$$\frac{\hat{i}}{i} - 1 = \frac{\hat{T}}{T} - 1 = \frac{q}{c_p\,T}\,;$$

$$\frac{\hat{f}}{f} = \frac{\varrho}{\hat{\varrho}} = \frac{\hat{T}}{T} = 1 + \frac{q}{c_p\,T}\,.$$

$$(2.43)$$

Entropieanstieg bei Gleichdruckverbrennung (ideales Gas konstanter spezifischer Wärme):

$$\hat{s} - s = c_p\ln\frac{\hat{T}}{T} = c_p\ln\left(1 + \frac{q}{c_p\,T}\right).$$

$$(2.44)$$

Ruhedruckabfall bei Gleichdruckverbrennung:

$$\ln\frac{\hat{p}_0}{p_0} = \frac{\varkappa}{\varkappa-1}\ln\frac{\hat{T}_0}{T_0} - \frac{\hat{s}-s}{c_p-c_v}$$

$$= \frac{\varkappa}{\varkappa-1}\left[\ln\left(1 + \frac{q}{c_p\,T_0}\right) - \ln\left(1 + \frac{q}{c_p\,T}\right)\right].$$

$$(2.45)$$

Joule-Thomson-Effekt:

$$\frac{\hat{T}_0 - T_0}{\hat{p}_0 - p_0} = -\,\frac{1}{c_p} \cdot \left(\frac{\partial i}{\partial p}\right)_T\,.$$

$$(2.46)$$

III. Instationäre Fadenströmung

Bezeichnungen:

x = Koordinate längs Stromfaden; t = Zeit; L = von außen zugeführte Leistung; a = Lagrangesche Teilchenkoordinate; X = Massenkraft in x-Richtung; g = Funktionssymbol; M = Masse; ψ = Stromfunktion, ψ = Störstromfunktion; ϕ = Potentialfunktion; U = Stoßgeschwindigkeit relativ zum anströmenden Medium. ΔW = Relativgeschwindigkeit des Mediums hinter dem Stoß gegenüber vorher; ξ, η = charakteristische Koordinaten (Machsche Linien).

Integralsätze in Eulerscher Darstellung:

$$\frac{\partial}{\partial t} \int_{x_1}^{x_2} \varrho\, f\, dx = f_1 \varrho_1 W_1 - f_2 \varrho_2 W_2, \qquad \text{(Kontinuität bedingung)}; \qquad (3.1)$$

$$\frac{\partial}{\partial t} \int_{x_1}^{x_2} \varrho\, W \cos\vartheta\, f\, dx = K + (p_1 + \varrho_1 W_1{}^2) f_1 \cos\vartheta_1 - (p_2 + \varrho_2 W_2{}^2) f_2 \cos\vartheta_2, \quad \text{(Impulssatz)};$$
$$(3.2)$$

$$\frac{\partial}{\partial t} \int_{x_1}^{x_2} \varrho \left(\frac{W^2}{2} + i\right) f\, dx = L + f_1 \varrho_1 W_1 \left(\frac{W_1{}^2}{2} + i_1\right) - f_2 \varrho_2 W_2 \left(\frac{W_2{}^2}{2} + i_2\right), \quad \text{(Energiesatz)}.$$
$$(3.3)$$

Integralsätze in Lagrangescher Darstellung:

$$\int_{x_1(t)}^{x_2(t)} \varrho\, f\, dx = \int_{a_1}^{a_2} \varrho_0 f_0\, da = \text{konst.}, \qquad \text{(Kontinuitätsbedingung)}; \qquad (3.4)$$

$$\int_{a_1}^{a_2} [W(a,t) \cos\vartheta(a,t) - W(a,0) \cos\vartheta(a,0)]\, \varrho_0 f_0\, da =$$

$$= \int_0^t K\, dt + \int_0^t (p_1 f_1 \cos\vartheta_1 - p_2 f_2 \cos\vartheta_2)\, dt, \qquad \text{(Impulssatz)}; \qquad (3.5)$$

$$\int_{a_1}^{a_2} \left[\frac{W^2(a,t)}{2} + e(a,t) - \frac{W^2(a,0)}{2} - e(a,0)\right] \varrho_0 f_0\, da =$$

$$= \int_0^t L\, dt + \int_0^t (p_1 W_1 f_1 - p_2 W_2 f_2)\, dt, \qquad \text{(Energiesatz)}. \qquad (3.6)$$

Differentialgleichungen in Eulerscher Darstellung:

$$\frac{1}{\varrho} \frac{\partial\varrho}{\partial t} + \frac{W}{\varrho} \frac{\partial\varrho}{\partial x} + \frac{\partial W}{\partial x} = -\frac{W}{f} \frac{\partial f}{\partial x} - \frac{1}{f} \frac{\partial f}{\partial t}. \qquad \text{(Kontinuitätsgleichung)}; \qquad (3.7)$$

$$\frac{\partial W}{\partial t} + W \frac{\partial W}{\partial x} = -\frac{1}{\varrho} \frac{\partial p}{\partial x} + X, \qquad \text{(Bewegungsgleichung)}; \qquad (3.8)$$

$$\frac{d}{dt}\left(\frac{W^2}{2}+e\right)-\frac{p}{\varrho^2}\frac{d\varrho}{dt}+\frac{W}{\varrho}\frac{\partial p}{\partial x}=\frac{dq}{dt}+X\,W, \quad \text{(Energiegleichung)} \qquad (3.9)$$

oder

$$\frac{dq}{dt}=\frac{\partial e}{\partial t}+W\frac{\partial e}{\partial x}+p\,\frac{\partial}{\partial t}\frac{1}{\varrho}+p\,W\,\frac{\partial}{\partial x}\frac{1}{\varrho}, \quad \text{(1. Hauptsatz).} \qquad (3.10)$$

Differentialgleichungen in Lagrangescher Darstellung:

Kettenregel der Differentiation:

$$\left(\frac{\partial g}{\partial a}\right)_t=\frac{\varrho_0\,f_0}{\varrho\,f}\left(\frac{\partial g}{\partial x}\right)_t. \qquad (3.11)$$

$$\frac{\varrho_0\,f_0}{\varrho\,f}=\frac{\partial x}{\partial a}, \quad \text{(Kontinuitätsgleichung)}; \qquad (3.12)$$

$$\frac{\partial W}{\partial t}=\frac{\partial^2 x}{\partial t^2}=-\frac{f}{f_0}\cdot\frac{1}{\varrho_0}\cdot\frac{\partial p}{\partial a}+X, \quad \text{(Bewegungsgleichung)}; \qquad (3.13)$$

$$\frac{\partial q}{\partial t}=\frac{\partial e}{\partial t}+p\,\frac{\partial}{\partial t}\frac{1}{\varrho}=T\,\frac{\partial s}{\partial t}, \quad \text{(1. Hauptsatz).} \qquad (3.14)$$

Innenballistischer Impulssatz:

$$W_G\left(M_G+\frac{1}{2}M_L\right)=-W_R\left(M_R+\frac{1}{2}M_L\right), \qquad (3.15)$$

Indizes: $G=$ Geschoß, $R=$ Rohr, $L=$ Ladung.

Angenäherter Energiesatz für kleine W_R:

$$\frac{W_G^2}{2}\left(\frac{M_G}{M_L}+\frac{1}{3}\right)=e(0)-e(t)-\frac{Q}{M_L}; \qquad (3.16)$$

(Q nach außen abgegebene Wärmemenge).

Wellenausbreitung im idealen Gas konstanter spezifischer Wärme:

$$\left.\begin{aligned}
&\frac{2}{\varkappa-1}\frac{\partial c}{\partial t}+\frac{2}{\varkappa-1}\,W\,\frac{\partial c}{\partial x}+c\,\frac{\partial W}{\partial x}=-c\,\frac{W}{f}\frac{df}{dx};\\[2mm]
&\frac{\partial W}{\partial t}+W\,\frac{\partial W}{\partial x}+\frac{2}{\varkappa-1}\,c\,\frac{\partial c}{\partial x}=\frac{c^2}{\varkappa-1}\frac{\partial}{\partial x}\left(\frac{s}{c_p}\right);\\[2mm]
&\frac{\partial}{\partial t}\left(\frac{s}{c_p}\right)+W\,\frac{\partial}{\partial x}\left(\frac{s}{c_p}\right)=0.
\end{aligned}\right\} \qquad (3.17)$$

Instationäre Stromfunktion:

$$\psi_t=f\,\varrho\,W; \qquad \psi_x=-f\,\varrho; \qquad (3.18)$$

$$\psi_{tt}+2\,W\,\psi_{xt}+(W^2-c^2)\,\psi_{xx}=-\psi_x\frac{c^2}{f}\frac{\partial f}{\partial x}+f\left(\frac{\partial p}{\partial s}\right)_\varrho\frac{ds}{d\psi}\cdot\psi_x. \qquad (3.19)$$

Potentialfunktion bei isentropen Vorgängen:

$$\varphi_x=W; \qquad -\varphi_t=\frac{W^2}{2}+\int_{p_1}^{p}\frac{dp}{\varrho}=\frac{W^2}{2}+\int_{\varrho_1}^{\varrho}\frac{c^2}{\varrho}\,d\varrho; \qquad (3.20)$$

$$\varphi_{tt}+2\,W\,\varphi_{xt}+(W^2-c^2)\,\varphi_{xx}=\frac{c^2}{f}\frac{\partial f}{\partial t}+\varphi_x\frac{c^2}{f}\frac{\partial f}{\partial x}. \qquad (3.21)$$

Kleine Störungen im ruhenden Medium, ideales Gas konstanter spezifischer Wärme:

$$\varphi_{tt} - c_0{}^2\,\varphi_{xx} - c_0{}^2\frac{\sigma}{x}\,\varphi_x = 0, \tag{3.22}$$

$$\sigma = 0 \text{ ebene Wellen,}$$
$$1 \text{ zylindrische Wellen,}$$
$$2 \text{ Kugelwellen.}$$

Störstromfunktion ψ: $\psi_t = f\,\varrho\,W$, $\psi_x \!\lfloor - f(\varrho - \varrho_0)$;

$$\psi_{tt} - c_0{}^2\,\psi_{xx} + c_0{}^2\frac{\sigma}{x}\,\psi_x = 0. \tag{3.23}$$

Bei ebener Strömung ($\sigma = 0$) ergeben sich die Wellengleichungen:

$$\varphi_{tt} - c_0{}^2\,\varphi_{xx} = 0, \qquad \psi_{tt} - c_0{}^2\,\psi_{xx} = 0 \tag{3.24}$$

mit den allgemeinen Lösungen

$$\begin{aligned}\varphi &= F_1(x - c_0 t) + F_2(x + c_0 t),\\ \psi &= F_3(x - c_0 t) + F_4(x + c_0 t),\end{aligned} \qquad F_i \text{ willkürliche Funktionen.} \tag{3.25}$$

Bei kugelsymmetrischer Strömung ($\sigma = 2$) ergibt sich:

$$\varphi = \frac{1}{x}F_1(x - c_0 t) + \frac{1}{x}F_2(x + c_0 t);$$

$$\psi = F_3(x - c_0 t) - x\,F_3{}'(x - c_0 t) + F_4(x + c_0 t) - x\,F_4{}'(x + c_0 t). \tag{3.26}$$

Verdichtungsstoß in instationärer Strömung (ideales Gas konstanter spezifischer Wärme):

$$\left.\begin{aligned}
\frac{\varDelta W}{c} &= \frac{2}{\varkappa + 1}\frac{U}{c}\left(1 - \frac{c^2}{U^2}\right) = \frac{2}{\varkappa + 1}\frac{c}{U}\left(\frac{U^2}{c^2} - 1\right);\\[2mm]
\frac{\varrho}{\hat{\varrho}} &= 1 - \frac{2}{\varkappa + 1}\left(1 - \frac{c^2}{U^2}\right) = \frac{c^2}{U^2}\left[1 + \frac{\varkappa - 1}{\varkappa + 1}\left(\frac{U^2}{c^2} - 1\right)\right];\\[2mm]
\frac{\hat{p}}{p} &= 1 + \frac{2\varkappa}{\varkappa + 1}\left(\frac{U^2}{c^2} - 1\right);\\[2mm]
\frac{\hat{T}}{T} &= \frac{\hat{c}^2}{c^2} = \frac{c^2}{U^2}\left[1 + \frac{2\varkappa}{\varkappa + 1}\left(\frac{U^2}{c^2} - 1\right)\right]\left[1 + \frac{\varkappa - 1}{\varkappa + 1}\left(\frac{U^2}{c^2} - 1\right)\right].
\end{aligned}\right\} \tag{3.27}$$

Entropieanstieg:

$$\frac{\hat{s} - s}{c_v} = \ln\left[1 + \frac{2\varkappa}{\varkappa + 1}\left(\frac{U^2}{c^2} - 1\right)\right] + \varkappa \ln\left\{\frac{c^2}{U^2}\left[1 + \frac{\varkappa - 1}{\varkappa + 1}\left(\frac{U^2}{c^2} - 1\right)\right]\right\}. \tag{3.28}$$

Näherungsformeln für hohe Stoßgeschwindigkeit U/c:

$$\left.\begin{aligned}
\varDelta W &= \frac{2}{\varkappa + 1}U; \qquad \frac{\hat{\varrho}}{\varrho} = \frac{\varkappa + 1}{\varkappa - 1};\\[2mm]
\frac{\hat{p}}{p} &= \frac{2\varkappa}{\varkappa + 1}\left(\frac{U}{c}\right)^2; \qquad \hat{p} = \frac{2}{\varkappa + 1}\varrho\,U^2; \qquad \hat{c} = \pm\frac{\sqrt{2\varkappa(\varkappa - 1)}}{\varkappa + 1}U;\\[2mm]
\frac{\hat{s} - s}{c_v} &= 2\ln\left|\frac{U}{c}\right|.
\end{aligned}\right\} \tag{3.29}$$

Näherungsformeln für schwache Stöße:

$$\frac{U}{c} - 1 \ll 1: \quad \frac{\Delta W}{c} = \frac{4}{\varkappa + 1}\left(\frac{U}{c} - 1\right);$$

$$\left.\begin{aligned}
\frac{\hat{\varrho}}{\varrho} &= 1 + \frac{4}{\varkappa + 1}\left(\frac{U}{c} - 1\right) = 1 + \frac{\Delta W}{c}; \\
\frac{\hat{p}}{p} &= 1 + \frac{4\varkappa}{\varkappa + 1}\left(\frac{U}{c} - 1\right) = 1 + \varkappa\frac{\Delta W}{c}; \\
\frac{\hat{c}}{c} &= 1 + 2\frac{\varkappa - 1}{\varkappa + 1}\left(\frac{U}{c} - 1\right) = 1 + \frac{\varkappa - 1}{2}\frac{\Delta W}{c}.
\end{aligned}\right\} \quad (3.30)$$

Pfriemsche Formel:

$$U = \frac{1}{2}\left(c + \hat{c} + \Delta W\right). \tag{3.31}$$

Exakte Lösung des ebenen, isentropen Problems (ebene Welle):

$$\frac{W}{c_0} = \pm\frac{'2}{\varkappa + 1}\left(\pm\frac{x}{c_0 t} - 1\right) = \pm\frac{2}{\varkappa - 1}\frac{c - c_0}{c_0}. \tag{3.32}$$

Charakteristiken in Eulerscher Darstellung:

$$\left(\frac{\partial x}{\partial t}\right)_\xi = W - c; \qquad \left(\frac{\partial x}{\partial t}\right)_\eta = W + c. \tag{3.33}$$

Auf Charakteristiken transformierte Differentialgleichungen, Verträglichkeitsbedingungen:

$$\left.\begin{aligned}
-\left(\frac{\partial W}{\partial t}\right)_\xi + \frac{1}{\varrho c}\left(\frac{\partial p}{\partial t}\right)_\xi &= -c\left(\frac{W}{f}\frac{\partial f}{\partial x} + \frac{1}{f}\frac{\partial f}{\partial t}\right); \\
\left(\frac{\partial W}{\partial t}\right)_\eta + \frac{1}{\varrho c}\left(\frac{\partial p}{\partial t}\right)_\eta &= -c\left(\frac{W}{f}\frac{\partial f}{\partial x} + \frac{1}{f}\frac{\partial f}{\partial t}\right).
\end{aligned}\right\} \quad (3.34)$$

Charakteristiken in Lagrangescher Darstellung:
Mit

$$\mu = \int_{a_1}^{a} \varrho\,dx$$

hat man

$$\left(\frac{\partial \mu}{\partial t}\right)_\xi = -\varrho c; \qquad \left(\frac{\partial \mu}{\partial t}\right)_\eta = +\varrho c \tag{3.35}$$

und die Verträglichkeitsbedingungen:

$$\left(\frac{\partial W}{\partial p}\right)_\xi = \frac{1}{\varrho c}; \qquad \left(\frac{\partial W}{\partial p}\right)_\eta = -\frac{1}{\varrho c}. \tag{3.36}$$

IV. Allgemeine Gleichungen und Sätze

Bezeichnungen:
$\mathfrak{w}$ = Geschwindigkeitsvektor; λ = Wärmeleitvermögen; μ = Reibungskoeffizient; μ' = Koeffizient der Volumenviskosität; ω = Wirbelvektor; $\varGamma$ = Zirkulation.

Kontinuitätsbedingung:

$$\iiint_B \frac{\partial \varrho}{\partial t}\, dx\, dy\, dz + \iint_f \varrho\, \mathfrak{w} \circ d\mathfrak{f} = 0, \tag{4.1}$$

B fester räumlicher Bereich, f seine Begrenzungsfläche.

Impulssatz:

$$\frac{d}{dt} \iiint_B \varrho\, \mathfrak{w}\, dx\, dy\, dz + \iint_f \varrho\, \mathfrak{w}\, (\mathfrak{w} \circ d\mathfrak{f}) = \iiint_B \varrho\, \mathfrak{K}\, dx\, dy\, dz + \iint_f d\mathfrak{f} \circ \Pi, \tag{4.2}$$

$\mathfrak{K}(X, Y, Z)$ Kraft pro Masseneinheit $\qquad \Pi = \begin{pmatrix} p_{xx}, p_{yx}, p_{zx} \\ p_{xy}, p_{yy}, p_{yz} \\ p_{xz}, p_{yz}, p_{zz} \end{pmatrix}$ Spannungstensor.

Energiesatz:

$$\frac{d}{dt} \iiint_B \left(\frac{W^2}{2} + e\right) \varrho\, dx\, dy\, dz + \iint_f \left(\frac{W^2}{2} + e + \frac{p}{\varrho}\right) \varrho\, \mathfrak{w} \circ d\mathfrak{f} = \tag{4.3}$$

$$= \iint_f \lambda\, \mathrm{grad}\, T \circ d\mathfrak{f} + \iiint_B \varrho\, \mathfrak{w} \circ \mathfrak{K}\, dx\, dy\, dz + \iint_f (\mathfrak{w} \circ \Pi + p\, \mathfrak{w}) \circ d\mathfrak{f}.$$

Gaußscher Integralsatz für willkürliches $F(x, y, z)$:

$$\iint_f F(x, y, z)\, W_n\, df = \iint_f (F\, \mathfrak{w}) \circ d\mathfrak{f} = \iiint_B \mathrm{div}\, (F\, \mathfrak{w})\, dx\, dy\, dz. \tag{4.4}$$

Greensche Formel für willkürliches $\varphi(x, y, z)$, $\psi(x, y, z)$:

$$\iiint_B (\psi\, \Delta \varphi - \varphi\, \Delta \psi)\, dV = \iint_f (\psi\, \mathrm{grad}\, \varphi - \varphi\, \mathrm{grad}\, \psi) \circ d\mathfrak{f}. \tag{4.5}$$

Bewegungsgleichung:

$$\frac{d\mathfrak{w}}{dt} = \mathfrak{K} + \frac{1}{\varrho}\, \nabla \circ \Pi; \tag{4.6}$$

sie geht bei reibungsloser Strömung über in die Eulersche Bewegungsgleichung

$$\frac{d\mathfrak{w}}{dt} = \mathfrak{K} - \frac{1}{\varrho}\, \nabla p. \tag{4.7}$$

Aus (4.6) folgt bei Elimination der Reibungskräfte durch die Deformationsgeschwindigkeiten die Komponentendarstellung der Navier-Stokesschen Gleichung für kompressible Flüssigkeiten:

$$\varrho\, \frac{du}{dt} = -\frac{\partial p}{\partial x} + \varrho\, X + 2\frac{\partial}{\partial x}\left(\mu\, \frac{\partial u}{\partial x}\right) + \frac{\partial}{\partial y}\left[\mu\left(\frac{\partial u}{\partial y} + \frac{\partial v}{\partial x}\right)\right] +$$

$$+ \frac{\partial}{\partial z}\left[\mu\left(\frac{\partial w}{\partial x} + \frac{\partial u}{\partial z}\right)\right] + \frac{\partial}{\partial x}\left[\mu'\left(\frac{\partial u}{\partial x} + \frac{\partial v}{\partial y} + \frac{\partial w}{\partial z}\right)\right] \tag{4.8}$$

und entsprechende Darstellungen für die y- und z-Richtung.

Ist $\mu' = -\frac{2}{3}\mu = $ konst., wie dies in älteren Darstellungen meist vorausgesetzt wurde, so kommt mit $\nu = \mu/\varrho$ die klassische Gestalt der Navier-Stokesschen Gleichungen:

$$\frac{D\mathfrak{w}}{dt} = \mathfrak{K} - \frac{1}{\varrho}\,\mathrm{grad}\,p + \frac{1}{3}\nu\,\mathrm{grad\,div}\,\mathfrak{w} + \nu\,\varDelta\mathfrak{w}, \qquad (4.9)$$

$\dfrac{D}{dt}$ ist die substantielle Ableitung

$$\frac{\partial}{\partial t} + u\,\frac{\partial}{\partial x} + v\,\frac{\partial}{\partial y} + w\,\frac{\partial}{\partial z}.$$

Die Differentialgleichung für den Energiesatz läßt sich schreiben:

$$\frac{\partial}{\partial t}\left[\varrho\left(\frac{W^2}{2}+e\right)\right] + V\circ\left[\varrho\,\mathfrak{w}\left(\frac{W^2}{2}+e+\frac{p}{\varrho}\right)\right] =$$
$$= V\circ(\lambda\,V\,T) + \mathfrak{w}\circ\mathfrak{K}\,\varrho + V\circ(\Pi\circ\mathfrak{w}+p\,\mathfrak{w}). \qquad (4.10)$$

Sie führt bei Vernachlässigung der Dissipation auf die Wärmeleitungsgleichung

$$c_p\,\varrho\,\frac{dT}{dt} = \frac{\partial}{\partial x}\left(\lambda\,\frac{\partial T}{\partial x}\right) + \frac{\partial}{\partial y}\left(\lambda\,\frac{\partial T}{\partial y}\right) + \frac{\partial}{\partial z}\left(\lambda\,\frac{\partial T}{\partial z}\right). \qquad (4.11)$$

Aus den Differentialgleichungen gewinnt man folgende Ähnlichkeitsparameter, die bei mechanisch ähnlichen Strömungsvorgängen übereinstimmen müssen:

$$
\left.
\begin{aligned}
&\text{Reduzierte Frequenz} && \frac{L}{\tau\,W}\,; \\[2ex]
&\text{Verhältnis der spezifischen Wärmen} && \varkappa = \frac{c_p}{c_v}\,; \\[2ex]
&\text{Machsche Zahl} && M = \frac{W}{c}\,; \\[2ex]
&\text{Froudesche Zahl} && \mathrm{Fr} = \frac{L\cdot g}{W^2}\,; \\[2ex]
&\text{Reynoldssche Zahl} && \mathrm{Re} = \frac{\varrho\,W\,L}{\mu} = \frac{W\,L}{\nu}\,; \\[2ex]
&\text{Pécletsche Zahl} && \mathrm{Pé} = \frac{c_p\,\varrho\,W\,L}{\lambda}\,; \\[2ex]
&\text{Prandtlsche Zahl} && \mathrm{Pr} = \frac{\mu\,c_p}{\lambda}\,.
\end{aligned}
\right\} \qquad (4.12)
$$

Wirbelsätze:

Definition: $\mathrm{rot}\,\mathfrak{w} = V\times\mathfrak{w} = (2\,\omega_x,\,2\,\omega_y,\,2\,\omega_z)$;

$$\omega_x = \frac{\partial w}{\partial y} - \frac{\partial v}{\partial z}, \qquad \omega_y = \frac{\partial u}{\partial z} - \frac{\partial w}{\partial x}, \qquad \omega_z = \frac{\partial v}{\partial x} - \frac{\partial u}{\partial y}. \qquad (4.13)$$

Integralsatz von STOKES:

$$\iint_f \operatorname{rot} \mathfrak{w} \circ d\mathfrak{f} = \oint_C \mathfrak{w} \circ d\mathfrak{s} \tag{4.14}$$

1. Helmholtzscher Wirbelsatz (Wirbelfluß einer Wirbelröhre ist längs dieser konstant):

$$\iint_f \operatorname{rot} \mathfrak{w} \circ d\mathfrak{f} = \text{konst.} \tag{4.15}$$

Thomsonscher Satz (bei isentropen Vorgängen ist Zirkulation auf massenfester Kurve konstant):

$$\Gamma_0 = \oint_C \mathfrak{w} \circ d\mathfrak{s} = \Gamma = \text{konst.} \tag{4.16}$$

Croccoscher Wirbelsatz für stationäre Strömung:

$$\mathfrak{w} \times \operatorname{rot} \mathfrak{w} = -\,T \operatorname{grad} s. \tag{4.17}$$

Auftrieb in stationärer Strömung (f Kontrollfläche in großer Entfernung, y Auftriebsrichtung):

$$A = \iint_f [\varrho\, v\, W_n + p \cos(n, y)]\, df$$

$$= -\iint_f [\varrho\, v\, W_n + (p - p_\infty) \cos(n, y)]\, df \tag{4.18}$$

$$= -\varrho_\infty\, u_\infty \int \Gamma\, dz. \tag{4.19}$$

Kutta-Joukowskischer Satz für ebene Strömung:

$$A = -\varrho_\infty\, u_\infty\, \Gamma\, b, \qquad (b \text{ Breite des Körpers}). \tag{4.20}$$

Widerstand K eines Körpers:

$$K\, u_\infty = T_\infty \iint_f (s - s_\infty)\, \varrho\, \mathfrak{w} \circ d\mathfrak{f} = T_\infty \iint_f s\, \varrho\, \mathfrak{w} \circ d\mathfrak{f}. \tag{4.21}$$

V. Spezielle Anwendungen der Integralsätze

Bezeichnungen:

G = Durchsatz pro Zeiteinheit; K_x = Kraftkomponente in x-Richtung; K_y = Kraftkomponente in y-Richtung; L = Leistung des Triebwerks; η = Wirkungsgrad.

Carnotscher Stoßverlust (Erweiterung von f_1 auf f, Totraumdruck p_2 (Abb. 55)):

$$\frac{W}{W_1} = \frac{M^*}{M_1^*} = \frac{1}{(\varkappa + 1) M_1^2}\left[1 + \varkappa M_1^2 + \frac{p_2}{p_1}\left(\frac{f}{f_1} - 1\right) \pm \right.$$

$$\left. \pm \sqrt{(M_1^2 - 1)^2 + 2(1 + \varkappa M_1^2)\frac{p_2}{p_1}\left(\frac{f}{f_1} - 1\right) + \left(\frac{p_2}{p_1}\right)^2\left(\frac{f}{f_1} - 1\right)^2}\right]; \quad (5.1)$$

Entropieanstieg und Ruhedruckverlust:

$$\frac{s - s_1}{c_v} = (\varkappa - 1)\ln\frac{p_{10}}{p_0} = \ln\frac{T}{T_1} - (\varkappa - 1)\ln\frac{\varrho}{\varrho_1} =$$

$$= \ln\left[1 + \frac{\varkappa - 1}{2} M_1^2\left(1 - \frac{W^2}{W_1^2}\right)\right] - (\varkappa - 1)\ln\frac{W_1 f_1}{Wf}; \quad (5.2)$$

Bei gegebenem Druck p findet man

$$\frac{W}{W_1} = \frac{M^*}{M_1^*} = \sqrt{1 + \frac{2}{\varkappa - 1}\frac{1}{M_1^2} + \left(\frac{1}{\varkappa - 1}\frac{1}{M_1^2}\frac{p}{p_1}\frac{f}{f_1}\right)^2} - \frac{1}{\varkappa - 1}\frac{1}{M_1^2}\frac{p}{p_1}\frac{f}{f_1}$$

$$(5.3)$$

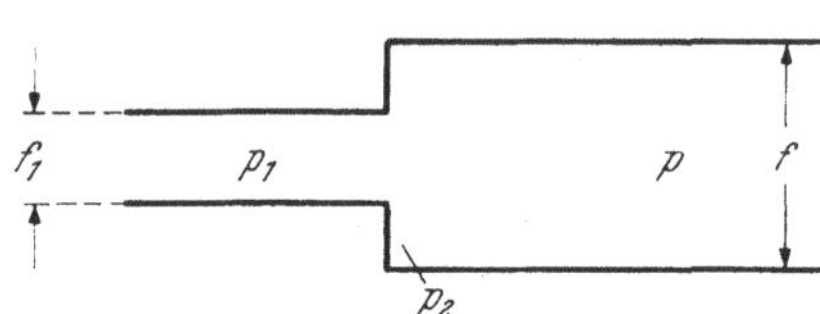

und

$$\frac{p_2}{p_1}\left(\frac{f}{f_1} - 1\right) = \frac{p}{p_1}\frac{f}{f_1} +$$

$$+ \varkappa M_1^2\frac{W}{W_1} - (1 + \varkappa M_1^2). \quad (5.4)$$

Abb. 55. Carnotscher Stoßverlust, Bezeichnungen

Strahlablenker:

Maximal erforderliche Haltekraft:

$$K_x = G\,W\cos(n, x) - G\,W_1 - f_1(p_1 - p_a); \qquad K_y = G\,W\cos(n, y). \quad (5.5)$$

$$(p_a \text{ Außendruck})$$

Düsenschub:

Maximal erforderliche Haltekraft:

$$K_{\max} = G\,(W - W_1) - f_1(p_1 - p_a). \quad (5.6)$$

Strahlwirkungsgrad:

vom Triebwerk aufgewendete Leistung:

$$L_1 = G\left(\frac{W_\infty^2}{2} - \frac{W^2}{2}\right); \quad (5.7)$$

Strahlwirkungsgrad

$$\eta = \frac{2\,W_\infty}{W + W_\infty}; \quad (5.8)$$

Wirkungsgrad des thermodynamischen Antriebs:

$$\eta = \left(1 - \frac{T_\infty}{T}\right)\frac{2\,W_\infty}{W_a + W_\infty}. \quad (5.9)$$

Raketengleichung (Anfangsmasse $M_R = M_0$, Anfangsgeschwindigkeit $W_R = 0$):

$$- \frac{W_R}{W_a} = \ln\frac{M_0}{M_R}. \quad (5.10)$$

Impulssatz:

$$W_R M_R + \int\limits_{\text{Ladung}} W \, dM = 0.$$

(5.11)

Wirkungsgrad:

$$\eta = \frac{1}{1 + \dfrac{\int W^2 \, dM}{-W_R \int W \, dM}}.$$

(5.12)

Endtemperatur bei Auffüllen eines wärmeundurchlässigen Kessels:

$$\frac{T_E}{T_0} = \frac{\varkappa}{1 + \left(\varkappa \dfrac{T_0}{T_a} - 1\right) \dfrac{p_a}{p_E}}.$$

(5.13)

(Indizes a, E Ausgangs- bzw. Endzustand im Kessel, T_0 Ruhetemperatur des einströmenden Gases.)

VI. Allgemeine Gleichungen für stationäre, reibungslose Strömung

Bezeichnungen:

x, y, z = rechtwinklige cartesische Koordinaten; u, v, w = Geschwindigkeitskomponenten; ϕ = Geschwindigkeitspotential; φ = Störpotential; W_1, W_2 = Radial- bzw. Tangentialkomponente der Geschwindigkeit; F_1, F_2 = willkürliche Funktionen; ε = Anstellwinkel; c_t = Koeffizient der Tangentialkraft; c_n = Koeffizient der Normalkraft; c_m = Momentenbeiwert; f_p = Projektionsfläche auf $y = 0$; $\pm y = h_o(x, z)$, $h_u(x, z)$ = Gleichungen der Flügelober- bzw. unterseite.

Strömung ohne äußere Kräfte und Energiezufuhr:

$$\frac{\partial(\varrho \, u)}{\partial x} + \frac{\partial(\varrho \, v)}{\partial y} + \frac{\partial(\varrho \, w)}{\partial z} = 0, \qquad \text{(Kontinuitätsgleichung)};$$

(6.1)

$$\left.\begin{aligned}
u \, \frac{\partial u}{\partial x} + v \, \frac{\partial u}{\partial y} + w \, \frac{\partial u}{\partial z} + \frac{1}{\varrho} \, \frac{\partial p}{\partial x} = 0, \\[2mm]
u \, \frac{\partial v}{\partial x} + v \, \frac{\partial v}{\partial y} + w \, \frac{\partial v}{\partial z} + \frac{1}{\varrho} \, \frac{\partial p}{\partial y} = 0, \\[2mm]
u \, \frac{\partial w}{\partial x} + v \, \frac{\partial w}{\partial y} + w \, \frac{\partial w}{\partial z} + \frac{1}{\varrho} \, \frac{\partial p}{\partial z} = 0,
\end{aligned}\right\} \quad \text{(Bewegungsgleichungen)};$$

(6.2)

$$u \, \frac{\partial s}{\partial x} + v \, \frac{\partial s}{\partial y} + w \, \frac{\partial s}{\partial z} = 0, \qquad \text{(Energiegleichung)}.$$

(6.3)

Gasdynamische Gleichung:

$$(c^2 - u^2) \, \frac{\partial u}{\partial x} + (c^2 - v^2) \, \frac{\partial v}{\partial y} + (c^2 - w^2) \, \frac{\partial w}{\partial z} - u \, v \left(\frac{\partial v}{\partial x} + \frac{\partial u}{\partial y}\right) +$$

$$- v \, w \left(\frac{\partial w}{\partial y} + \frac{\partial v}{\partial z}\right) - w \, u \left(\frac{\partial u}{\partial z} + \frac{\partial w}{\partial x}\right) = 0.$$

(6.4)

Gleichungen der Wirbelfreiheit:

$$\frac{\partial v}{\partial x} - \frac{\partial u}{\partial y} = 0, \qquad \frac{\partial w}{\partial y} - \frac{\partial v}{\partial z} = 0, \qquad \frac{\partial u}{\partial z} - \frac{\partial w}{\partial x} = 0. \tag{6.5}$$

Bei ebener und achsensymmetrischer Strömung hat man:

$$\left.\begin{aligned} u\,\frac{\partial u}{\partial x} + v\,\frac{\partial u}{\partial y} + \frac{1}{\varrho}\,\frac{\partial p}{\partial x} &= 0;\\[2mm] u\,\frac{\partial v}{\partial x} + v\,\frac{\partial v}{\partial y} + \frac{1}{\varrho}\,\frac{\partial p}{\partial y} &= 0. \end{aligned}\right\} \tag{6.6}$$

Kontinuitätsbedingung für achsensymmetrische Strömung:

$$\frac{\partial(\varrho\,u)}{\partial x} + \frac{\partial(\varrho\,v)}{\partial y} + \frac{\varrho\,v}{y} = 0 \tag{6.7}$$

oder

$$\frac{\partial(\varrho\,u\,y)}{\partial x} + \frac{\partial(\varrho\,v\,y)}{\partial y} = 0. \tag{6.8}$$

Gasdynamische Gleichung bei achsensymmetrischer Strömung:

$$(c^2 - u^2)\,\frac{\partial u}{\partial x} - u\,v\left(\frac{\partial u}{\partial y} + \frac{\partial v}{\partial x}\right) + (c^2 - v^2)\,\frac{\partial v}{\partial y} + c^2\,\frac{v}{y} = 0. \tag{6.9}$$

Geschwindigkeitspotential bei drehungsfreier Strömung:

$$u = \phi_x, \qquad v = \phi_y, \qquad w = \phi_z. \tag{6.10}$$

Strömungswinkel:

$$\operatorname{tg}\vartheta = \frac{v}{u} = \phi_y/\phi_x. \tag{6.11}$$

Gasdynamische Gleichung:
räumlich:

$$\left.\begin{aligned} &\left(1 - \frac{u^2}{c^2}\right)\phi_{xx} + \left(1 - \frac{v^2}{c^2}\right)\phi_{yy} + \left(1 - \frac{w^2}{c^2}\right)\phi_{zz} +\\[2mm] &\quad - 2\,\frac{u\,v}{c^2}\,\phi_{xy} - 2\,\frac{v\,w}{c^2}\,\phi_{yz} - 2\,\frac{w\,u}{c^2}\,\phi_{zx} = 0;\\[3mm] \text{eben:}&\\[1mm] &\left(1 - \frac{u^2}{c^2}\right)\phi_{xx} - 2\,\frac{u\,v}{c^2}\,\phi_{xy} + \left(1 - \frac{v^2}{c^2}\right)\phi_{yy} = 0;\\[3mm] \text{achsensymmetrisch:}&\\[1mm] &\left(1 - \frac{u^2}{c^2}\right)\phi_{xx} - 2\,\frac{u\,v}{c^2}\,\phi_{xy} + \left(1 - \frac{v^2}{c^2}\right)\phi_{yy} + \frac{1}{y}\,\phi_y = 0. \end{aligned}\right\} \tag{6.12}$$

Störpotential φ:

$$\varphi = \phi - u_\infty\,x; \qquad u - u_\infty = \varphi_x; \qquad v = \varphi_y; \qquad w = \varphi_z. \tag{6.13}$$

Stromfunktion bei zwei unabhängigen Veränderlichen:
eben:

$$\left.\begin{aligned} \varrho\,u &= \psi_y; \qquad \varrho\,v = -\,\psi_x;\\[2mm] \text{achsensymmetrisch:}&\\[1mm] y\,\varrho\,u &= \psi_y; \qquad y\,\varrho\,v = -\,\psi_x. \end{aligned}\right\} \tag{6.14}$$

Croccoscher Satz für ideales Gas konstanter spezifischer Wärme bei ebener Strömung:

$$\frac{\partial v}{\partial x} - \frac{\partial u}{\partial y} = \frac{p}{c_p - c_v}\frac{ds}{d\psi} = \frac{p}{p_0{}'}\frac{p_0{}'}{c_p - c_v}\frac{ds}{d\psi}\,;\qquad (6.15a)$$

bei achsensymmetrischer Strömung:

$$\frac{\partial v}{\partial x} - \frac{\partial u}{\partial y} = \frac{y\,p}{c_p - c_v}\frac{ds}{d\psi} = y\,\frac{p}{p_0{}'}\frac{p_0{}'}{c_p - c_v}\frac{ds}{d\psi}\,.\qquad (6.15b)$$

Crocco-Gleichung für ebene Strömung:

$$\left(1 - \frac{u^2}{c^2}\right)\psi_{xx} - 2\frac{u\,v}{c^2}\psi_{xy} + \left(1 - \frac{v^2}{c^2}\right)\psi_{yy} =$$

$$= -\frac{\varrho}{\varrho_0{}'}\frac{p}{p_0{}'}[1 + (\varkappa - 1)\,M^2]\,\frac{\varrho_0{}'\,p_0{}'}{c_p - c_v}\frac{ds'}{d\psi}\,,\qquad (6.16)$$

$\varrho_0{}',\,p_0{}'$ Ruhedruck und -dichte nach dem letzten Stoß, s' entsprechende Entropie der Masseneinheit.

Ebene, linearisierte gasdynamische Gleichung für kleine Störungen:

$$(1 - M_\infty{}^2)\,\frac{\partial u}{\partial x} + \frac{\partial v}{\partial y} = 0\qquad (6.17)$$

bzw.

$$(1 - M_\infty{}^2)\,\varphi_{xx} + \varphi_{yy} = 0\qquad \text{oder}\qquad (M_\infty{}^2 - 1)\,\varphi_{xx} - \varphi_{yy} = 0.\quad (6.18)$$

Allgemeine Lösung für $M_\infty > 1$:

$$\varphi = F_1\left(x - \sqrt{M_\infty{}^2 - 1}\,y\right) + F_2\left(x + \sqrt{M_\infty{}^2 - 1}\,y\right).\qquad (6.19)$$

Spezielle Lösungen:
Ebene Quelle:

$$\frac{\varrho\,W}{\varrho^*\,W^*} - \frac{r^*}{r}\,;\qquad (6.20a)$$

räumliche Quelle:

$$\frac{\varrho\,W}{\varrho^*\,W^*} = \left(\frac{r^*}{r}\right)^2.\qquad (6.20b)$$

Potentialwirbel:

$$\frac{W}{c^*} = \frac{r^*}{r}\,.\qquad (6.21)$$

Prandtl-Meyer-Expansion:

$$-\vartheta = \sqrt{\frac{\varkappa + 1}{\varkappa - 1}}\,\operatorname{arc\,tg}\left(\sqrt{\frac{\varkappa - 1}{\varkappa + 1}}\,\sqrt{M^2 - 1}\right) - \operatorname{arc\,tg}\sqrt{M^2 - 1}.\qquad (6.22)$$

Molenbroek-Transformation: Einführung von W und ϑ als unabhängige Veränderliche (bei ebener Strömung) führt auf die sogenannte Tschapligin-sche Differentialgleichung:

$$W^2\,\psi_{WW} + (1 + M^2)\,W\,\psi_W + (1 - M^2)\,\psi_{\vartheta\vartheta} = 0.\qquad (6.23)$$

Randbedingungen und Abschätzungen:
Ebene Strömung:

		exakt	angenähert
Profiloberseite	$y = h_o(x)$	$v/u = h_o'(x)$	$v/u_\infty = h_o'(x)$
Profilunterseite	$-y = h_u(x)$	$-v/u = h_u'(x)$	$-v/u_\infty = h_u'(x)$

$$(6.24)$$

Achsensymmetrische Strömung:
Meridian $r = h(x)$:

$$\frac{W_1}{u} = h'(x) = \frac{v}{u} ; \tag{6.25}$$

$$\frac{v}{u_\infty} y = h' h = \frac{1}{2\pi} F'(x). \tag{6.26}$$

Abschätzung für u-Störung:

$$\frac{u}{u_\infty} - \left(\frac{u}{u_\infty}\right)_h = \frac{1}{2\pi} F''(x) \ln \frac{y}{h}. \tag{6.27}$$

Allgemeine räumliche Strömung:
Körperoberfläche $\qquad\qquad y = h\,(x, 0, z).$
Randbedingung: $\qquad\qquad u\,h_x - v + w\,h_z = 0.$

$$(6.28)$$

Definition der abgeleiteten Potentiale:

$$\phi_\varepsilon = \frac{\partial\phi(x, y, z, \varepsilon)}{\partial\varepsilon}\bigg|_{\varepsilon=0} ; \qquad \phi_{\varepsilon\varepsilon} = \frac{\partial^2\phi(x, y, z, \varepsilon)}{\partial\varepsilon^2}\bigg|_{\varepsilon=0} \tag{6.29}$$

und damit

$$u_\varepsilon = \phi_{\varepsilon x} ; \qquad v_\varepsilon = \phi_{\varepsilon y}; \qquad w_\varepsilon = \phi_{\varepsilon z}; \tag{6.30}$$
$$u_{\varepsilon\varepsilon} = \phi_{\varepsilon\varepsilon x}; \qquad v_{\varepsilon\varepsilon} = \phi_{\varepsilon\varepsilon y}; \qquad w_{\varepsilon\varepsilon} = \phi_{\varepsilon\varepsilon z}.$$

Tangentialkraft in erster Näherung:

$$c_t\,f_p = -2 \int\int \left[\left(\frac{u - u_\infty}{u_\infty}\right)_{y\to+0} \frac{dh_o}{dx} + \left(\frac{u - u_\infty}{u_\infty}\right)_{y\to-0} \frac{dh_u}{dx}\right] dx\,dz. \tag{6.31}$$

Ferner gilt in erster Näherung für $\varepsilon = 0$:

$$\left.\begin{aligned}
\frac{dc_n}{d\varepsilon}\,f_p &= \frac{2}{u_\infty} \int\int \left[(u_\varepsilon)_{y\to+0} - (u_\varepsilon)_{y\to-0}\right] dx\,dz; \\[2mm]
\frac{dc_m}{d\varepsilon}\,f_p &= \frac{2}{u_\infty} \int\int x\,\left[(u_\varepsilon)_{y\to+0} - (u_\varepsilon)_{y\to-0}\right] dx\,dz.
\end{aligned}\right\} \tag{6.32}$$

Weiter gilt für $\varepsilon = 0$:

$$\left.\begin{aligned}
c_w &= c_t; \quad \frac{dc_w}{d\varepsilon} = \frac{dc_t}{d\varepsilon} + c_n; \quad \frac{d^2c_w}{d\varepsilon^2} = \frac{d^2c_t}{d\varepsilon^2} + 2\frac{dc_n}{d\varepsilon} - c_t; \\[2mm]
c_a &= c_n; \quad \frac{dc_a}{d\varepsilon} = \frac{dc_n}{d\varepsilon} - c_t; \quad \frac{d^2c_a}{d\varepsilon^2} = \frac{d^2c_n}{d\varepsilon^2} - 2\frac{dc_t}{d\varepsilon} - c_n.
\end{aligned}\right\} \tag{6.33}$$

Prandtl-Glauertsche Analogie:

Gasdynamische Gleichung einer wenig gestörten Parallelströmung:

$$\left(1 - \frac{u^2}{c^2}\right)\frac{\partial u}{\partial x} + \frac{\partial v}{\partial y} + \frac{\partial w}{\partial z} = 0. \tag{6.34}$$

Bei ausreichend kleinen Störungen Linearisierung:

$$(1 - M_\infty{}^2)\frac{\partial(u - u_\infty)}{\partial x} + \frac{\partial v}{\partial y} + \frac{\partial w}{\partial z} = 0 \tag{6.35}$$

unter den Voraussetzungen

$$\left.\begin{aligned}
\frac{1}{2}\,M^2{}_\infty \left|\frac{3 - (2 - \varkappa)\,M_\infty{}^2}{M^2{}_\infty}\right| \left|\frac{W}{W_\infty} - 1\right| &\ll 1, \\
\frac{1}{2}\,|1 - M_\infty{}^2|\left|\frac{W}{W_\infty} - 1\right| &\ll 1.
\end{aligned}\right\} \tag{6.36}$$

Durch die Ansätze

$$
\begin{array}{ll}
M_\infty < 1: \quad \beta = \sqrt{1 - M_\infty{}^2} & \qquad M_\infty > 1: \quad \cot\alpha = \sqrt{M_\infty{}^2 - 1} \\[2pt]
\bar{y} = \beta\,y, \qquad \bar{z} = \beta z & \qquad \bar{y} = y\cot\alpha, \qquad \bar{z} = z\cot\alpha \\[2pt]
\bar{u}(x, \bar{y}, \bar{z}) = A\,\beta\,[u(x, y, z) - u_\infty] & \qquad \bar{u}(x, \bar{y}, \bar{z}) = A\cot\alpha\,[u(x, y, z) - u_\infty] \\[2pt]
\bar{v}(x, \bar{y}, \bar{z}) = A\,v(x, y, z) & \qquad \bar{v}(x, \bar{y}, \bar{z}) = A\,v(x, y, z) \\[2pt]
\bar{w}(x, \bar{y}, \bar{z}) = A\,w(x, y, z) & \qquad \bar{w}(x, \bar{y}, \bar{z}) = A\,w(x, y, z)
\end{array}
$$

$$\tag{6.37}$$

ergibt sich das Gleichungssystem

$$
\begin{aligned}
\pm\frac{\partial\bar{u}}{\partial x} + \frac{\partial\bar{v}}{\partial\bar{y}} + \frac{\partial\bar{w}}{\partial\bar{z}} &= 0, \\
\frac{\partial\bar{v}}{\partial x} - \frac{\partial\bar{u}}{\partial\bar{y}} &= 0, \\
\frac{\partial\bar{w}}{\partial\bar{y}} - \frac{\partial\bar{v}}{\partial\bar{z}} &= 0, \\
\frac{\partial\bar{u}}{\partial\bar{z}} - \frac{\partial\bar{w}}{\partial x} &= 0
\end{aligned}
$$

$$\tag{6.38}$$

für eine inkompressible Vergleichsströmung (oberes Vorzeichen) bzw. kompressible (unteres Vorzeichen) Vergleichsströmung der Machzahl $\sqrt{2}$.

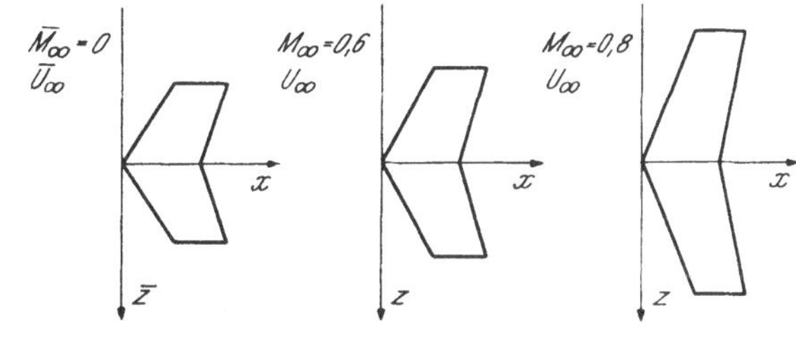

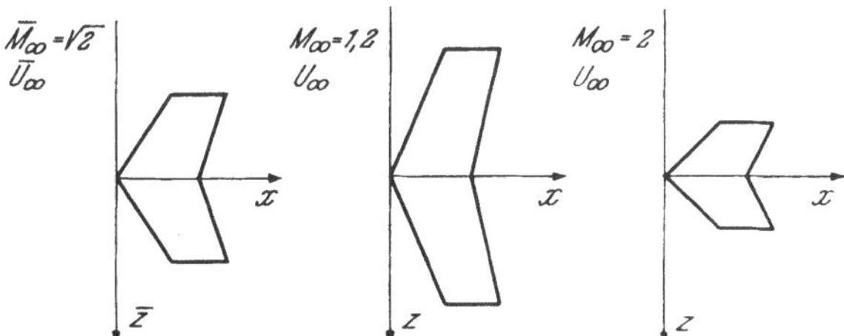

Abb. 56. Einem festen Vergleichsflügel (links) bei Unter- bzw. Überschallströmung entsprechende Flügelumrisse

Einem festen Vergleichsflügel entspricht dabei ein Flügel um so größeren Seitenverhältnisses, je näher M_∞ an 1 rückt (Abb. 56).

Durch Verfügen über den noch offenen Faktor A entstehen verschiedene Formen der Prandtl-Glauertschen Analogie.

1. $A = 1$:

Bei *flachen Körpern* gleichen Mittelschnitts oder bei *Profilen* in ebener Strömung wächst in entsprechenden Punkten die Störung der u-Komponente und der Geschwindigkeit und damit der Druckkoeffizient wie $1/\beta$ oder tg α.

2. $A = 1/\beta$ (bzw. = tg α) Potentiallinienanalogie.

Bei ebener Strömung oder bei flachen Körpern ergibt sich die Geschwindigkeitsstörung gleich der Störung an einem $1/\beta$-fach (tg α-fach) verdickten Körper von β-(cot α)-fachem Seitenverhältnis in dichtebeständiger Strömung (Strömung mit $M_\infty = \sqrt{2}$).

Bei Rotationskörpern gleicher Dickenverteilung gilt:

$$M_\infty < 1: \left(\frac{W}{u_\infty} - 1\right)_{M_\infty} = \left(\frac{W}{u_\infty} - 1\right)_0 + \frac{1}{2\pi} F'' \ln \sqrt{1 - M_\infty^2}; \qquad (6.39)$$

$$M_\infty > 1: \left(\frac{W}{u_\infty} - 1\right)_{M_\infty} = \left(\frac{W}{u_\infty} - 1\right)_{\sqrt{2}} + \frac{1}{2\pi} F'' \ln \sqrt{M_\infty^2 - 1}. \qquad (6.40)$$

3. $A = \beta$ (bzw. = cot α) Stromlinienanalogie, Goethertsche Regel.

Bei dieser Form der Analogie gehen Stromlinien in Stromlinien, also Oberflächenpunkte in Oberflächenpunkte über. Für die Geschwindigkeitsverteilung an der Oberfläche sind also keine weiteren Schlüsse bzw. Umrechnungen notwendig.

Die Geschwindigkeits- und Druckstörungen an einem beliebig geformten schlanken Körper ergeben sich als der $1/\beta^2$(bzw. tg² α)-fache Wert der Störungen in entsprechenden Punkten eines β-fach (cot α-fach) verdünnten Körpers in inkompressibler Strömung (Strömung mit $M_\infty = \sqrt{2}$).

Pfeileffekt:

Bedeutet $W/u_\infty - 1$ die dimensionslose Störgeschwindigkeit an einer Stelle eines gepfeilten Flügels konstanten Längsschnitts vom Pfeilwinkel Λ (also Winkel der Vorderkante gegen die Anströmung $\pi/2 - \Lambda$) bei der Anströmmachzahl M_∞, $(W/u_\infty - 1)_{\Lambda = 0}$ die dimensionslose Störgeschwindigkeit bei derselben Anströmmachzahl an der entsprechenden Stelle eines ungepfeilten Flügels vom selben Längsschnitt, so gilt

$$\frac{W}{u_\infty} - 1 = \left(\frac{W}{u_\infty} - 1\right)_{\Lambda = 0} \sqrt{\frac{1 - M_\infty^2}{1 - M_\infty^2 \cos^2 \Lambda}} \cos \Lambda, \qquad M_\infty < 1. \qquad (6.41)$$

VII. Stationäre, reibungsfreie, ebene und achsensymmetrische Unterschallströmung

Bezeichnungen:

q = durch ϱ_∞ dividierte Quellstärke; $\beta = \sqrt{1 - M_\infty^2}$ Prandtl-Faktor; φ = Störpotential; $F(x)$ = Querschnittsverteilung des Körpers.

Quellartige Singularitäten:

1. Störpotential einer quellartigen Singularität im Punkte (ξ, η, ζ) (Quellstärke $q \cdot \varrho_\infty$):

$$\varphi = -\frac{q}{4\pi \sqrt{(x - \xi)^2 + (1 - M_\infty^2)\left[(y - \eta)^2 + (z - \zeta)^2\right]}} \qquad (7.1)$$

Störgeschwindigkeiten (durch Differentiation nach x, y, z):

$$\left.\begin{aligned}
u - u_\infty &= \frac{q(x - \xi)}{4\pi\,\{(x - \xi)^2 + (1 - M_\infty^2)\,[(y - \eta)^2 + (z - \zeta)^2]\}^{3/2}}\,; \\[2mm]
v &= \frac{q\,(1 - M_\infty^2)\,(y - \eta)}{4\pi\,\{(x - \xi)^2 + (1 - M_\infty^2)\,[(y - \eta)^2 + (z - \zeta)^2]\}^{3/2}}\,; \\[2mm]
w &= \frac{q\,(1 - M_\infty^2)\,(z - \zeta)}{4\pi\,\{(x - \xi)^2 + (1 - M_\infty^2)\,[(y - \eta)^2 + (z - \zeta)^2]\}^{3/2}}\,.
\end{aligned}\right\} \quad (7.2)$$

2. Quellpotential der ebenen Strömung ($=$ logarithmisches Potential):

$$\varphi = \frac{q}{2\pi\beta}\,(\ln\sqrt{(x - \xi)^2 + \beta^2\,(y - \eta)^2}\ - \ln\sqrt{\xi^2 + \beta^2\eta^2}). \qquad (7.3)$$

Störgeschwindigkeiten:

$$u - u_\infty = \frac{q}{2\pi\beta}\,\frac{x - \xi}{(x - \xi)^2 + \beta^2\,(y - \eta)^2}\,, \qquad v = \frac{q}{2\pi}\,\frac{\beta\,(y - \eta)}{(x - \xi)^2 + \beta^2\,(y - \eta)^2}\,.$$

$$(7.4)$$

Wirbelartige Singularitäten:

$$\varphi = \frac{\Gamma}{2\pi}\,\text{arc tg}\,\frac{\beta(y - \eta)}{x - \xi}\,, \qquad \text{Wirbel der Zirkulation } \Gamma. \qquad (7.5)$$

$$u - u_\infty = -\frac{\Gamma}{2\pi}\,\frac{\beta(y - \eta)}{(x - \xi)^2 + \beta^2(y - \eta)^2}\,, \qquad v = \frac{\Gamma}{2\pi}\,\frac{\beta(x - \xi)}{(x - \xi)^2 + \beta^2(y - \eta)^2}\,.$$

$$(7.6)$$

3. Quellbelegung der x-Achse zur Erzeugung eines symmetrischen Profils der Länge 1:

$$\left.\begin{aligned}
\varphi &= \frac{1}{\beta\pi}\int_0^1 v_0(\xi)\ln\sqrt{(x - \xi)^2 + \beta^2\,y^2}\;d\xi\,; \\[2mm]
u - u_\infty &= \frac{1}{\beta\pi}\int_0^1 \frac{v_0(\xi)\,(x - \xi)}{(x - \xi)^2 + \beta^2\,y^2}\,d\xi\,; \qquad v = \frac{1}{\pi}\int_0^1 \frac{v_0(\xi)\,\beta\,y\,d\xi}{(x - \xi)^2 + \beta^2\,y^2}\,.
\end{aligned}\right\} \quad (7.7)$$

Störgeschwindigkeit an der x-Achse:

$$u - u_\infty = \frac{1}{\beta\pi}\oint_0^1 \frac{v_0(\xi)\,d\xi}{x - \xi} = \frac{1}{\beta\pi}\lim_{\varepsilon \to 0}\left(\int_0^{x - \varepsilon}\ldots d\xi + \int_{x + \varepsilon}^1 \ldots d\xi\right), \qquad (7.8)$$

($h_0 = h_0(\xi)$ Profiloberseite, $v_0 = u_\infty\,h_0'(\xi)$ v-Komponente an der Oberseite, entsprechend v_u).

Quell- und Wirbelbelegung zur Erzeugung eines asymmetrischen Profils:

$$\varphi = -\frac{1}{\beta\pi}\int_0^1 \frac{1}{2}\,(v_0(\xi) - v_u(\xi))\ln\sqrt{(x - \xi)^2 + \beta^2\,y^2}\;d\xi$$

$$+ \frac{1}{2\pi}\int_0^1 f(\xi)\,\text{arc tg}\,\frac{\beta\,y}{x - \xi}\;d\xi\,; \qquad (7.9)$$

$f(x)$ bestimmt sich mittels der Betzschen Umkehrformel zu

$$\frac{1}{2}f(x) = \frac{\pi}{\beta}\frac{C}{\sqrt{x(1-x)}} + \frac{1}{\pi\,\beta\,\sqrt{x(1-x)}} \int_0^1 \frac{1}{2}(v_o(t) - v_u(t))\,\sqrt{t(1-t)}\,\frac{dt}{t-x}$$

$$\text{für}\quad 0 \leqslant x \leqslant 1. \qquad (7.10)$$

Störgeschwindigkeit am Profil:

$$u - u_\infty = \frac{1}{\beta\pi} \int_0^1 \frac{1}{2}(v_o(\xi) - v_u(\xi))\,\frac{d\xi}{x-\xi} +$$

$$+ \frac{1}{\beta\pi}\frac{1}{\sqrt{x(1-x)}} \int_0^1 \frac{1}{2}(v_o(\xi) + v_u(\xi))\,\sqrt{\xi(1-\xi)}\,\frac{d\xi}{x-\xi} - \frac{\pi}{\beta}\frac{C}{\sqrt{x(1-x)}} .$$

$$(7.11)$$

4. Achsensymmetrische Strömung um schlanken Körper der Länge 1 ($F(x) = $ Querschnittsverteilung des Körpers):

$$\varphi = -\frac{u_\infty}{4\pi} \int_0^1 \frac{dF}{d\xi}\frac{d\xi}{\sqrt{(\xi - x)^2 + \beta^2\,y^2}}\,;$$

$$\frac{u - u_\infty}{u_\infty} = -\frac{1}{4\pi} \int_0^1 \frac{dF}{d\xi}\frac{\xi - x}{[(\xi - x)^2 + \beta^2\,y^2]^{3/2}}\,d\xi\,; \qquad (7.12)$$

$$\frac{v}{u_\infty} = \frac{\beta^2\,y}{4\pi} \int_0^1 \frac{dF}{d\xi}\frac{d\xi}{[(\xi - x)^2 + \beta^2\,y^2]^{3/2}} .$$

Geschwindigkeitsstörung am Körper (Längsschnitt $y = h(x)$):

$$\frac{W - u_\infty}{u_\infty} = \frac{1}{2\pi}\frac{d^2F}{dx^2}\ln h - \frac{1}{2\pi}\left\{\frac{dF}{dx}\frac{\frac{1}{2} - x}{x(1-x)} + \right.$$

$$+ \frac{d^2F}{dx^2}\,[\ln 2\,\sqrt{x(1-x)} - 1 - \ln\beta] + \frac{1}{2}\frac{d^3F}{dx^3}\left(\frac{1}{2} - x\right) +$$

$$+ \frac{1}{48}\frac{d^4F}{dx^4}\left[1 + 4\left(\frac{1}{2} - x\right)^2\right] + \ldots\bigg\} + \frac{1}{2}\left(\frac{dh}{dx}\right)^2 . \qquad (7.13)$$

Also Kompressibilitätseinfluß am Körper:

$$\left(\frac{W - u_\infty}{u_\infty}\right)_{M_\infty} = \left(\frac{W - u_\infty}{u_\infty}\right)_{M_\infty = 0} + \frac{1}{2\pi}\frac{d^2F}{dx^2}\ln\beta . \qquad (7.14)$$

Für die Änderung der Strömung mit dem Anstellwinkel findet man über den Separationsansatz $\phi_\varepsilon = \varphi_\varepsilon(x, y)\cos\chi$:

$$\phi_\varepsilon = u_\infty\,y + \frac{\beta^2\,u_\infty\,y}{2\pi} \int_0^1 F(\xi)\,\frac{d\xi}{[(\xi - x)^2 + \beta^2\,(y^2 + z^2)]^{3/2}} \qquad (7.15)$$

($F(x)$ Querschnittsverteilung, $y = r\cos\chi$, $z = r\sin\chi$).

Korrekturen zur Berücksichtigung des Kompressibilitätseinflusses im ebenen Fall:

a) PRANDTL

$$(W - u_\infty)_{M_\infty} = \frac{1}{\beta} (W - u_\infty)_{M_\infty = 0};$$
(7.16)

b) VON KÁRMÁN-TSIEN

$$c_p = c_{p_0} / [\beta + \tfrac{1}{2} (1 - \beta) c_{p_0}];$$
(7.17)

c) KRAHN

$$\left(\frac{W}{u_\infty}\right)_{M_\infty = 0} = \frac{W}{u_\infty} \left\{1 - \frac{\varkappa - 1}{2} M_\infty{}^2 \left[\left(\frac{W}{u_\infty{}^2}\right)^2 - 1\right]\right\}^{1/(2(\varkappa - 1))};$$
(7.18)

d) RINGLEB

$$\left(\frac{W}{c_0}\right)_{M_\infty = 0} = \left[1 - \frac{1}{4} \left(\frac{W}{c_0}\right)^2 + \frac{1}{40} \left(\frac{W}{c_0}\right)^4\right] \frac{W}{c_0}.$$
(7.19)

VIII. Stationäre, reibungsfreie, ebene und achsensymmetrische Überschallströmung

Bezeichnungen:

α = Machscher Winkel; χ = Azimutwinkel (bei Rotationssymmetrie); γ = Stoßwinkel bei schiefem Stoß.

$$\xi = x - \sqrt{M_\infty{}^2 - 1}\, y \quad \text{linksläufige}$$
(8.1)
$$\eta = x + \sqrt{M_\infty{}^2 - 1}\, y \quad \text{rechtsläufige}$$
(8.2)

Charakteristiken der linearisierten Strömung.

Zusammenhang zwischen u- und v-Störung:

$$u - u_\infty = \mp \frac{v}{\sqrt{M_\infty{}^2 - 1}} \qquad \text{(Ackeretsche Formel)}.$$
(8.3)

Widerstandsbeiwert eines Profils der Länge 1 in Überschallströmung:

$$c_w = \frac{2}{\sqrt{M_\infty{}^2 - 1}} \int_0^1 \left[\left(\frac{dh_o}{dx}\right)^2 + \left(\frac{dh_u}{dx}\right)^2\right] dx.$$
(8.4)

Abgeleitetes Potential:

$$\varphi_\varepsilon = u_\infty\, y \pm \frac{u_\infty}{\sqrt{M_\infty{}^2 - 1}} F(x \mp \sqrt{M_\infty{}^2 - 1}\, y)$$
(8.5)

mit

$$F(\eta) = \begin{cases} 0 & \eta < 0 \\ \eta & 0 < \eta < 1 \\ 1 & 1 < \eta. \end{cases}$$

$$u_\varepsilon = \pm \frac{u}{\sqrt{M_\infty{}^2 - 1}} \qquad \text{am Profil.}$$
(8.6)

Quellartige Singularität:

$$\varphi = - \frac{q}{4\pi \sqrt{(x - \xi)^2 - \cot^2\alpha\,[(y - \eta)^2 + (z - \zeta)^2]}}.$$
(8.7)

Störpotential einer Belegung $q(x)$ der x-Achse:

$$\varphi = -\frac{1}{4\pi} \int\limits_0^{x-y\cot\alpha} \frac{q(\xi)\,d\xi}{\sqrt{(x-\xi)^2 - y^2\cot^2\alpha}}. \tag{8.8}$$

Kegel-Strömung (ϑ_0 halber Öffnungswinkel):

$$\left.\begin{aligned}
\varphi &= u_\infty\,\vartheta_0{}^2\left[\sqrt{x^2 - y^2\cot^2\alpha} - x\ln\frac{x + \sqrt{x^2 - y^2\cot^2\alpha}}{y\cot\alpha}\right]; \\
\frac{u - u_\infty}{u_\infty} &= -\vartheta_0{}^2\ln\frac{x + \sqrt{x^2 - y^2\cot^2\alpha}}{y\cot\alpha}; \qquad \frac{v}{u_0} = \vartheta_0{}^2\sqrt{\left(\frac{x}{y}\right)^2 - \cot^2\alpha}
\end{aligned}\right\} \tag{8.9}$$

und am Kegel (tg $\vartheta_0 \cot\alpha \ll 1$ angenommen):

$$\left.\begin{aligned}
\frac{u - u_\infty}{u_\infty} &= \vartheta_0{}^2\ln\left(\frac{1}{2}\vartheta_0\cot\alpha\right); \\
\frac{W - u_\infty}{u_\infty} &= \vartheta_0{}^2\left(\ln\vartheta_0 + \ln\frac{1}{2} + \ln\cot\alpha + \frac{1}{2}\right) + \dots
\end{aligned}\right\} \tag{8.10}$$

Störpotential für Querschnittsverteilung $F(x)$:

$$\varphi = -\frac{u_\infty}{2\pi}\int\limits_0^{x-y\cot\alpha}\frac{\dfrac{dF}{d\xi}\,d\xi}{\sqrt{(\xi-x)^2 - y^2\cot^2\alpha}}. \tag{8.11}$$

Formeln von Kármán-Moore:

$$\left.\begin{aligned}
\varphi_x &= u - u_\infty = -\frac{u_\infty}{2\pi}\int\limits_0^{x-y\cot\alpha}\frac{d^2F/d\xi^2}{\sqrt{(\xi-x)^2 - y^2\cot^2\alpha}}\,d\xi, \\
\varphi_y &= v = -\frac{u_\infty}{2\pi y}\int\limits_0^{x-y\cot\alpha}\frac{(\xi-x)\,d^2F/d\xi^2}{\sqrt{(\xi-x)^2 - y^2\cot^2\alpha}}\,d\xi.
\end{aligned}\right\} \tag{8.12}$$

Kompressibilitätseinfluß auf Körperoberfläche:

$$\left(\frac{W}{u_\infty} - 1\right)_{M_\infty} = \left(\frac{W}{u_\infty} - 1\right)_{\sqrt{2}} + \frac{1}{2\pi}\frac{d^2F}{dx^2}\ln\cot\alpha. \tag{8.13}$$

Für das abgeleitete Potential φ_ε, $\phi_\varepsilon = \varphi_\varepsilon\cdot\cos\chi$, gilt:

$$\cot^2\alpha\,\varphi_{\varepsilon x x} - \varphi_{\varepsilon r r} - \frac{1}{r}\varphi_{\varepsilon r} + \frac{1}{r^2}\varphi_\varepsilon = 0 \tag{8.14}$$

mit der Lösung

$$\varphi_\varepsilon = u_\infty\cdot r - \frac{u_\infty}{\pi r}\int\limits_0^{x-r\cot\alpha}\frac{F'(\xi)\,(\xi-x)}{\sqrt{(\xi-x)^2 - r^2\cot^2\alpha}}\,d\xi. \tag{8.15}$$

Auf der Körperoberfläche gilt annähernd

$$u_\varepsilon = \phi_{\varepsilon x} = 2\,u_\infty\frac{dh}{dx}\cos\chi. \tag{8.16}$$

Schiefer Verdichtungsstoß:

$$W_n = W \sin\gamma, \qquad W_t = W \cos\gamma; \tag{8.17}$$

$$\frac{\varrho}{\hat{\varrho}} = 1 - \frac{2}{\varkappa + 1}\left(1 - \frac{1}{M^2 \sin^2\gamma}\right) = \frac{1}{M^2 \sin^2\gamma}\left[1 + \frac{\varkappa - 1}{\varkappa + 1}(M^2 \sin^2\gamma - 1)\right];$$

$$\frac{\hat{p}}{p} = 1 + \frac{2\varkappa}{\varkappa + 1}(M^2 \sin^2\gamma - 1);$$

$$\frac{\hat{T}}{T} = \frac{\hat{c}^2}{c^2} = \frac{1}{M^2 \sin^2\gamma}\left[1 + \frac{2\varkappa}{\varkappa + 1}(M^2 \sin^2\gamma - 1)\right]\cdot\left[1 + \frac{\varkappa - 1}{\varkappa + 1}(M^2 \sin^2\gamma - 1)\right]; \left.\vphantom{\int}\right\} \tag{8.18}$$

$$\frac{\hat{\varrho}_0}{\varrho_0} = \frac{\hat{p}_0}{p_0} =$$

$$= \left[1 + \frac{2\varkappa}{\varkappa + 1}(M^2 \sin^2\gamma - 1)\right]^{-1/(\varkappa - 1)} \cdot \left[1 - \frac{2}{\varkappa + 1}\left(1 - \frac{1}{M^2 \sin^2\gamma}\right)\right]^{-\varkappa/(\varkappa - 1)}.$$

Erweiterung der Prandtlschen Beziehung (2.19):

$$W_n \cdot \hat{W}_n + \frac{\varkappa - 1}{\varkappa + 1} W_t^2 = c^{*2}. \tag{8.19}$$

Stoßfrontneigung $\gamma\ (v = 0)$:

$$\operatorname{tg}\gamma = \frac{u - \hat{u}}{\hat{v}}. \tag{8.20}$$

Gleichung der Stoßpolaren $(v = 0)$:

$$\left(\frac{\hat{v}}{c^*}\right)^2\left[1 + \frac{2}{\varkappa + 1}\left(\frac{u}{c^*}\right)^2 - \left(\frac{u}{c^*}\right)\left(\frac{\hat{u}}{c^*}\right)\right] = \left[\left(\frac{u}{c^*}\right)\left(\frac{\hat{u}}{c^*}\right) - 1\right]\left(\frac{u}{c^*} - \frac{\hat{u}}{c^*}\right)^2 \tag{8.21}$$

Ablenkungswinkel ϑ:

$$\cot\vartheta = \operatorname{tg}\gamma\left[\frac{\dfrac{\varkappa + 1}{2}M^2}{M^2 \sin^2\gamma - 1} - 1\right]. \tag{8.22}$$

Charakteristiken:

linksläufig: $\qquad\qquad \xi_x/\xi_y = -\operatorname{tg}(\vartheta + \alpha);$

rechtsläufig: $\qquad\qquad \eta_x/\eta_y = -\operatorname{tg}(\vartheta - \alpha). \tag{8.23}$

Verträglichkeitsbedingungen ({ } Zusatzglied bei achsensymmetrischen Strömungen, l Bogenlänge längs Charakteristik):

$$-\vartheta_\xi + \frac{\cot\alpha}{\varrho\, W^2}p_\xi + \left\{\sin\alpha \sin\vartheta \frac{1}{y}\frac{\partial l}{\partial \xi}\right\} = 0;$$

$$\vartheta_\eta + \frac{\cot\alpha}{\varrho\, W^2}p_\eta + \left\{\sin\alpha \sin\vartheta \frac{1}{y}\frac{\partial l}{\partial \eta}\right\} = 0. \tag{8.24}$$

Für die isentrope Profilströmung gilt:

$$\vartheta_\xi + \frac{\cot\alpha}{W}W_\xi = 0; \qquad \vartheta_\eta - \frac{\cot\alpha}{W}W_\eta = 0. \tag{8.25}$$

Für das ideale Gas konstanter spezifischer Wärme folgt:

$$\vartheta \mp \left[\sqrt{\frac{\varkappa + 1}{\varkappa - 1}}\,\operatorname{arctg}\sqrt{\frac{\varkappa - 1}{\varkappa + 1}(M^2 - 1)} - \operatorname{arctg}\sqrt{M^2 - 1}\right] = \vartheta^*, \tag{8.26}$$

(ϑ^* Integrationskonstante).

Formel von BUSEMANN für die Druckänderung längs einer Charakteristik:

$$c_p = 2\frac{p - p_\infty}{\varrho_\infty W^2_\infty} = C_1\,\vartheta + C_2\,\vartheta^2 + C_3\,\vartheta^3 + \ldots \qquad (8.27)$$

mit

$$C_1 = 2\,\mathrm{tg}\,\alpha_\infty\,; \qquad C_2 = \frac{\varkappa + 1}{2} + (\varkappa - 1)\,\mathrm{tg}^2\alpha_\infty + \frac{\varkappa + 1}{2}\,\mathrm{tg}^4\alpha_\infty\,;$$

$$C_3 = \frac{1}{6\,(M_\infty{}^2 - 1)^{7/2}}\,[(\varkappa + 1)\,M_\infty{}^8 + (2\varkappa^2 - 7\varkappa - 5)\,M_\infty{}^6 + 10\,(\varkappa + 1)\,M_\infty{}^4 +$$
$$- 12\,M_\infty{}^2 + 8].$$

$$\left.\right\} (8.28)$$

Neigung von links- bzw. rechtsläufiger Charakteristik im Hodographen:

$$\frac{dv}{du} = -\cot(\vartheta \mp \alpha). \qquad (8.29)$$

Stoßfrontwinkel γ $(\vartheta_1 = 0)$:

$$\cot\gamma = \frac{\hat{v}_1}{u_1 - \hat{u}_1} = \pm\frac{1}{2}\,[\cot\alpha_1 + \cot(\hat{\alpha}_1 \pm \hat{\vartheta}_1)]. \qquad (8.30)$$

Der Index 1 bezieht sich auf einen fest gewählten Punkt der Stoßpolaren. Luftkräfte in isentroper Näherung:

$$c_t = C_1(A_{o2} + A_{u2}) + C_2(A_{o3} + A_{u3})\,;$$
$$c_n = -C_1(A_{o1} - A_{u1}) - C_2(A_{o2} - A_{u2})\,;$$
$$c_m = -C_1(B_{o1} - B_{u1}) - C_2(B_{o2} - B_{u2})\,;$$

$$\left.\right\} (8.31)$$

$$C_1,\ C_2 \text{ siehe oben,} \quad A_{ok} = \int_0^1 \left(\frac{dh_o}{dx}\right)^k dx, \qquad A_{uk} = \int_0^1 \left(\frac{dh_u}{dx}\right)^k dx,$$

$$B_{ok} = \int_0^1 x\left(\frac{dh_o}{dx}\right)^k dx, \qquad B_{uk} = \int_0^1 x\left(\frac{dh_u}{dx}\right)^k dx.$$

Wand- und Stoßkrümmung K_p und K_{st} am Profil (l in Stoßrichtung, der Index 0 bezieht sich auf die Profilspitze):

$$-\frac{1}{\varrho_0 W_0{}^2}\left(\frac{\partial p}{\partial x}\right)_0 = K_p\,\frac{1 + \varrho_0 W_0{}^2\left(\dfrac{d\vartheta}{dp}\right)_{\mathrm{St}}\mathrm{tg}\,(\gamma_0 - \vartheta_0)}{\varrho_0 W_0{}^2\left(\dfrac{d\vartheta}{dp}\right)_{\mathrm{St}} + (M_0{}^2 - 1)\,\mathrm{tg}\,(\gamma_0 - \vartheta_0)}\,;$$

$$-\frac{1}{\varrho_0 W_0{}^2}\left(\frac{\partial p}{\partial l}\right)_0 = K_{\mathrm{St}}\,\frac{1}{\varrho_0 W_0{}^2}\left(\frac{dp}{d\gamma}\right)_{\mathrm{St}} = \qquad\qquad (8.32)$$

$$= K_p\,\frac{1}{\cos(\gamma_0 - \vartheta_0)} \cdot \frac{1 - M_0{}^2\sin^2(\gamma_0 - \vartheta_0)}{\varrho_0 W_0{}^2\left(\dfrac{d\vartheta}{dp}\right)_{\mathrm{St}} + (M_0{}^2 - 1)\,\mathrm{tg}\,(\gamma_0 - \vartheta_0)}\,.$$

Hyperschallströmung:
Analogon zu (8.25):

$$M_\infty{}^2\, c_p = 2\,(M_\infty\,\vartheta) + \frac{\varkappa + 1}{2}\,(M_\infty\,\vartheta)^2 + \frac{\varkappa + 1}{6}\,(M_\infty\,\vartheta)^3 + \dots \qquad (8.33)$$

Für $M^2 \sin^2\gamma \gg 1$:

$$\frac{\hat\varrho}{\varrho} = \frac{\varkappa + 1}{\varkappa - 1}, \qquad \frac{\hat p}{p} = \frac{2\varkappa}{\varkappa + 1}\,M^2 \sin^2\gamma, \qquad \frac{\hat c^2}{c^2} = \frac{2\varkappa(\varkappa - 1)}{(\varkappa + 1)^2}\,M^2 \sin^2\gamma. \qquad (8.34)$$

Für $\sin^2\gamma \ll 1$:

$$\left.\begin{array}{l} \hat M^* = M^* = \sqrt{\dfrac{\varkappa + 1}{\varkappa - 1}}, \qquad \hat M = M\,\dfrac{c}{\hat c} = \dfrac{\varkappa + 1}{\sqrt{2\varkappa(\varkappa - 1)}} \cdot \dfrac{1}{\sin\gamma} = \dfrac{1}{\sin\hat\alpha}, \\[3ex] \operatorname{tg}\vartheta = \dfrac{2}{\varkappa + 1}\sin\gamma = \sqrt{\dfrac{2}{\varkappa(\varkappa - 1)}}\,\sin\hat\alpha, \qquad \operatorname{tg}(\gamma - \vartheta) = \sqrt{\dfrac{\varkappa - 1}{2\varkappa}}\,\sin\hat\alpha. \end{array}\right\} \qquad (8.35)$$

Auf links- bzw. rechtsläufiger Machlinie gilt näherungsweise:

$$\pm\,d\vartheta + \frac{\alpha}{\varkappa}\,\frac{dp}{p} + \left\{\alpha\,\vartheta\,\frac{dx}{y}\right\} = 0, \qquad (8.36)$$

(das Glied $\{..\}$ fällt bei ebener Strömung fort).
Längs der Stromlinien gilt:

$$d\alpha = \frac{\varkappa - 1}{2} \cdot \frac{\alpha}{\varkappa} \cdot \frac{dp}{p}. \qquad (8.37)$$

Am Stoß gilt (p, α, ϑ Werte nach dem Stoß):

$$\frac{2}{\varkappa M_\infty{}^2} \cdot \frac{p}{p_\infty} = \frac{2p}{\varrho_\infty W_\infty{}^2} = \frac{4}{\varkappa + 1}\,\gamma^2, \qquad \vartheta = \frac{2}{\varkappa + 1}\,\gamma = \sqrt{\frac{2}{\varkappa(\varkappa - 1)}}\,\alpha. \qquad (8.38)$$

Daraus folgt:
Bei gleichen ebenen oder achsensymmetrischen Körpern ist das Bild der Machschen Linien, der Stromlinien oder der Stoßfront unabhängig von der Hyperschallmachzahl M_∞, während der Druck anwächst wie $\varrho_\infty\,(W_\infty{}^2/2)$. Die Beiwerte der Luftkräfte sind deshalb unabhängig von M_∞.
Bedeutet h_m die relative Maximaldicke des Körpers und setzt man

$$\bar\vartheta = \frac{1}{h_m}\,\vartheta, \qquad \bar\alpha = \frac{1}{h_m}\,\alpha, \qquad \bar\gamma = \frac{1}{h_m}\,\gamma, \qquad \bar y = \frac{y}{h_m}, \qquad \bar p = \frac{2}{\varrho_\infty W_\infty{}^2}\,\frac{p}{h_m{}^2} \qquad (8.39)$$

so folgt:
Für alle schlanken ebenen oder achsensymmetrischen Körper ergibt sich dieselbe Lösung für $\bar\alpha(x, \bar y)$, $\bar\vartheta(x, \bar y)$, $\bar\gamma(x)$ und $\bar p(x, \bar y)$. Insbesondere verhält sich bei gleichem Staudruck der Druck an affinen Körpern wie die Quadrate der Maximaldicken h_m.

Verträglichkeitsbedingungen für die wenig gestörte achsensymmetrische Strömung:
In erster Näherung:

$$d(v\,y) \mp y \cot \alpha_\infty\, du = 0; \qquad (8.40)$$

in zweiter Näherung:

$$d(v\,y) \mp y \cot(\alpha \mp \vartheta)\, du = 0. \qquad (8.41)$$

IX. Stationäre, reibungsfreie, schallnahe Strömung

Bezeichnungen:

θ = reduzierte Stromdichte; $\mathfrak{u}, \mathfrak{v}, \mathfrak{w}, \mathfrak{W}$ = reduzierte Geschwindigkeiten; $\mathfrak{y}, \mathfrak{z}$ = reduzierte Koordinaten.

Entwicklung der Stromdichte in Schallnähe um den Punkt $W = W_1$:

$$\frac{\varrho\,W}{\varrho_1\,W_1} - 1 = \beta_1^{\,2}\left(\frac{W}{W_1} - 1\right) - \frac{1}{2}\,\frac{\beta_1^{\,2}}{\left(\dfrac{1}{M_1^{\,*}} - 1\right)}\left(\frac{W}{W_1} - 1\right)^2 + \dots \tag{9.1}$$

Zusammenhang zwischen β und M^* in Schallnähe für $M < 1$ (bei Überschall ist β durch $i \cot \alpha$ zu ersetzen):

$$\beta^2 = 1 - M^2 = (\varkappa + 1)\,(1 - M^*)\,[1 - (\varkappa - \tfrac{1}{2})\,(1 - M^*) + \dots]$$

$$= (\varkappa + 1)\left(\frac{1}{M^*} - 1\right)\left[1 - \left(\varkappa + \frac{1}{2}\right)\left(\frac{1}{M^*} - 1\right) + \dots\right]. \tag{9.2}$$

Für $W_1 = c^*$ ergibt sich oben:

$$\frac{\varrho\,W}{\varrho^*\,c^*} - 1 = -\frac{\varkappa + 1}{2}\left(\frac{W}{c^*} - 1\right)^2 + \dots \tag{9.3}$$

Definition der schallnahen, reduzierten Größen:

$M_1 < 1$:

$$\left.\begin{aligned} \frac{\dfrac{\varrho\,W}{\varrho_1\,W_1} - 1}{\beta_1^{\,2}\left(\dfrac{1}{M_1^{\,*}} - 1\right)} &= \Theta, \quad \text{(reduzierte Stromdichte)};\\[2ex] \frac{W - W_1}{c^* - W_1} = \mathfrak{W}; \qquad \frac{u - W_1}{c^* - W_1} &= \mathfrak{u};\\[2ex] \frac{v}{\beta_1(c^* - W_1)} = \mathfrak{v}; \qquad \frac{w}{\beta_1(c^* - W_1)} = \mathfrak{w}; \qquad \beta_1\,y &= \mathfrak{y}; \qquad \beta_1\,z = \mathfrak{z}. \end{aligned}\right\} \tag{9.4}$$

Damit folgt für die Stromdichte:

$$\Theta = \mathfrak{W} - \tfrac{1}{2}\mathfrak{W}^2 + - \dots, \tag{9.5}$$

($\mathfrak{W} = 1$ entspricht der Schallgeschwindigkeit).

$M_1 > 1$:

$$\left.\begin{aligned} \frac{\dfrac{\varrho\,W}{\varrho_1\,W_1} - 1}{\left(1 - \dfrac{1}{M_1^{\,*}}\right)}\,\operatorname{tg}^2\alpha_1 = \Theta; \qquad \frac{W - W_1}{W_1 - c^*} = \mathfrak{W}; \qquad \frac{u - W_1}{W_1 - c^*} &= \mathfrak{u};\\[2ex] \frac{v}{W_1 - c^*}\,\operatorname{tg}\alpha_1 = \mathfrak{v}; \qquad \frac{w}{W_1 - c^*}\,\operatorname{tg}\alpha_1 = \mathfrak{w}; \qquad y \cot \alpha_1 = \mathfrak{y}; \qquad z \cot \alpha_1 &= \mathfrak{z}. \end{aligned}\right\} \tag{9.6}$$

und damit für die Stromdichte:

$$\Theta = -\mathfrak{W} - \tfrac{1}{2}\mathfrak{W}^2 + \dots, \tag{9.7}$$

($\mathfrak{W} = -1$ entspricht der Schallgeschwindigkeit).
Beziehungen für die Machzahl:

$$M_1 < 1: \quad \beta^2 = 1 - M^2 = \beta_1{}^2(1 - \mathfrak{W}); \tag{9.8}$$

$$M_1 > 1: \quad \cot^2 \alpha = M^2 - 1 = \cot^2 \alpha_1(1 + \mathfrak{W}). \tag{9.9}$$

Reduzierte Druckkoeffizienten:

$$M_1 < 1: \quad \frac{c_p}{\dfrac{1}{M_1{}^*} - 1} = -2\,\mathfrak{W}; \qquad M_1 > 1: \quad \frac{c_p}{1 - \dfrac{1}{M_1{}^*}} = -2\,\mathfrak{W}. \tag{9.10}$$

Reduzierte Stoßpolare:

$$\hat{\mathfrak{v}}^2 = (\mathfrak{u} - \hat{\mathfrak{u}})\left[\left(\mathfrak{u} + \frac{\mathfrak{u}^2}{2}\right) - \left(\hat{\mathfrak{u}} + \frac{\hat{\mathfrak{u}}^2}{2}\right)\right]. \tag{9.11}$$

Gasdynamische Gleichungen bei Schallanströmung ($M_\infty = 1$):
allgemein räumlich:

$$\left.\begin{aligned}
-\mathfrak{u}\,\frac{\partial \mathfrak{u}}{\partial x} + \frac{\partial \mathfrak{v}}{\partial \mathfrak{y}} + \frac{\partial \mathfrak{w}}{\partial \mathfrak{z}} = 0; \\[2mm]
\frac{\partial \mathfrak{w}}{\partial \mathfrak{y}} - \frac{\partial \mathfrak{v}}{\partial \mathfrak{z}} = 0; \qquad \frac{\partial \mathfrak{u}}{\partial \mathfrak{z}} - \frac{\partial \mathfrak{w}}{\partial x} = 0; \qquad \frac{\partial \mathfrak{v}}{\partial x} - \frac{\partial \mathfrak{u}}{\partial y} = 0;
\end{aligned}\right\} \tag{9.12a}$$

bei Achsensymmetrie:

$$-\mathfrak{u}\,\frac{\partial \mathfrak{u}}{\partial x} + \frac{\partial \mathfrak{v}}{\partial \mathfrak{y}} + \frac{\mathfrak{v}}{\mathfrak{y}} = 0; \qquad \frac{\partial \mathfrak{v}}{\partial x} - \frac{\partial \mathfrak{u}}{\partial \mathfrak{y}} = 0 \tag{9.12b}$$

mit

$$\mathfrak{u} = \frac{1}{B^2}\,(\varkappa + 1)\left(\frac{u}{c^*} - 1\right); \qquad \mathfrak{v} = \frac{1}{B^3}\,(\varkappa + 1)\,\frac{v}{c^*}; \qquad \mathfrak{w} = \frac{1}{B^3}\,(\varkappa + 1)\,\frac{w}{c^*},$$

$$B \text{ beliebig.} \tag{9.13}$$

Ähnlichkeitsgesetz für Rotationskörper 1 und 2 bei Schallanströmung:
Auf der Körperoberfläche gilt:

$$\left(\frac{1}{2\,h_{m2}}\right)^2\left(\frac{W_2}{c^*} - 1\right) - \frac{d^2}{dx^2}\left(\frac{h}{2\,h_m}\right)^2 \ln\left(\sqrt[4]{\varkappa_2 + 1}\cdot 2\,h_{m2}\right) =$$

$$= \left(\frac{1}{2\,h_{m1}}\right)^2\left(\frac{W_1}{c^*} - 1\right) - \frac{d^2}{dx^2}\left(\frac{h}{2\,h_m}\right)^2 \ln\left(\sqrt[4]{\varkappa_1 + 1}\cdot 2\,h_{m1}\right) \tag{9.14}$$

mit

$$\frac{h_1(x)}{h_{m1}} = \frac{h_2(x)}{h_{m2}} = \frac{h(x)}{h_m}.$$

Gasdynamische Gleichungen bei Schallnähe:

($B = \beta_\infty$ für $M_\infty < 1$, $B = \cot \alpha_\infty$ für $M_\infty > 1$,
reduzierte Veränderliche nach (9.4) und (9.6) mit $\beta_1 = \beta_\infty$, $\alpha_1 = \alpha_\infty$)

$$\left.\begin{aligned}
(1 - \mathfrak{u})\,\frac{\partial \mathfrak{u}}{\partial x} + \frac{\partial \mathfrak{v}}{\partial \mathfrak{y}} + \frac{\partial \mathfrak{w}}{\partial \mathfrak{z}} = 0, \qquad M_\infty < 1; \\[2mm]
(1 + \mathfrak{u})\,\frac{\partial \mathfrak{u}}{\partial x} - \frac{\partial \mathfrak{v}}{\partial \mathfrak{y}} - \frac{\partial \mathfrak{w}}{\partial \mathfrak{z}} = 0, \qquad M_\infty > 1.
\end{aligned}\right\} \tag{9.15}$$

Ähnlichkeitsgesetz für Rotationskörper 1 und 2 bei schallnaher Strömung:

$$\left(\frac{1}{M_{2\infty}{}^*} - 1\right)\left[\frac{W_2}{u_\infty} - 1 - \frac{F_2{}''(x)}{2\pi}\ln\left(\beta_{2\infty}\sqrt{\frac{1}{M_{2\infty}{}^*} - 1}\right)\right] =$$

$$= \left(\frac{1}{M_{1\infty}{}^*} - 1\right)\left[\frac{W_1}{u_\infty} - 1 - \frac{F_1{}''(x)}{2\pi}\ln\left(\beta_{1\infty}\sqrt{\frac{1}{M_{1\infty}{}^*} - 1}\right)\right]; \qquad (9.16)$$

Für $M_\infty > 1$ ist hierin β_∞ durch $\cot\alpha_\infty$, $\sqrt{1/M_\infty{}^* - 1}$ durch $\sqrt{1 - 1/M_\infty{}^*}$ zu ersetzen.

Ähnlichkeitsforderung:

$$\frac{F_1(x)}{F_2(x)} = \frac{\dfrac{1}{M_{1\infty}{}^*} - 1}{\dfrac{1}{M_{2\infty}{}^*} - 1} = \frac{h_1{}^2}{h_2{}^2}. \qquad (9.17)$$

Geschwindigkeitsverteilung in der Kehle einer ebenen, symmetrischen Lavaldüse:

$$M^* = \frac{W}{c^*} = \frac{W_s}{c^*}\left[1 + \frac{1}{2}\left(\frac{y^2}{h^2} - \frac{1}{3}\right)h''h\right], \qquad (9.18)$$

$h = h(x)$ Kontur, $W_s(x)$ sogenannte Stromfadengeschwindigkeit (Geschwindigkeit nach Stromfadentheorie).

Geschwindigkeitsverteilung bei Achsensymmetrie:

$$M^* = \frac{W}{c^*} = \frac{W_s}{c^*}\left[1 + \frac{1}{2}\left(\frac{y^2}{h^2} - \frac{1}{2}\right)h''h\right]. \qquad (9.19)$$

Schallisotachen:

eben:

$$\frac{x}{h^*} = \frac{\sqrt{\varkappa + 1}}{2}\sqrt{\frac{h^*}{R^*}\left(\frac{1}{3} - \frac{y^2}{h^{*2}}\right)}$$

achsensymmetrisch:

$$\frac{x}{h^*} = \frac{\sqrt{2(\varkappa + 1)}}{4}\sqrt{\frac{h^*}{R^*}\left(\frac{1}{2} - \frac{y^2}{h^{*2}}\right)}$$

$$(9.20)$$

R^* Krümmungsradius der Kehle.

Integralgleichungsmethode:

„Prandtl-Geschwindigkeit"

$$u_p(x, \mathfrak{y}) = \frac{1}{\pi}\int_{-\infty}^{+\infty}\frac{\mathfrak{v}_0(\xi)\,(x - \xi)}{(x - \xi)^2 + \mathfrak{y}^2}\,d\xi. \qquad (9.21)$$

Integralgleichung der schallnahen Strömung:

$$\mathfrak{u} - \frac{\mathfrak{u}^2}{2} = \mathfrak{u}_p - \frac{1}{2\pi}\int_{-\infty}^{+\infty}\int_{-\infty}^{+\infty}\frac{\mathfrak{u}^2(\xi, \eta)}{2}\frac{(\xi - x)^2 - (\eta - \mathfrak{y})^2}{[(\xi - x)^2 + (\eta - \mathfrak{y})^2]^2}\,d\xi\,d\eta. \qquad (9.22)$$

Das Doppelintegral ist so zu verstehen, daß an die Stelle $\xi = x$ symmetrisch von beiden Seiten heranintegriert werden soll.

Hodographenmethode für ebene Schallanströmung:

Es gelten die Gleichungen:

$$-\mathfrak{u}\frac{\partial\mathfrak{y}}{\partial\mathfrak{v}} + \frac{\partial x}{\partial\mathfrak{u}} = 0; \qquad \frac{\partial\mathfrak{y}}{\partial\mathfrak{u}} - \frac{\partial x}{\partial\mathfrak{v}} = 0. \qquad (9.23)$$

Bedeutung der Variablen siehe (9.13).

Legendre-Potential ϕ mit $x = \phi_\mathfrak{u}$; $\mathfrak{y} = \phi_\mathfrak{v}$ ergibt:

$$\phi_{\mathfrak{u}\mathfrak{u}} - \mathfrak{u}\,\phi_{\mathfrak{v}\mathfrak{v}} = 0. \tag{9.24}$$

Guderleyscher Ansatz:

$$\phi = |\mathfrak{u}|^n f_n(\zeta), \qquad \zeta = \frac{9}{4}\frac{\mathfrak{v}^2}{\mathfrak{u}^3}. \tag{9.25}$$

Lösung, die Guderley-Profil liefert:

$$\phi = -\,|\mathfrak{u}|^{-1}\frac{1}{54}\,f_{-1}(\zeta) - |\mathfrak{u}|^2\frac{3}{4}\,f_2(\zeta), \tag{9.26}$$

f_1, f_2 sind hypergeometrische Funktionen.

X. Spezielle stationäre und instationäre räumliche Strömungen

1. Unterschallströmung am flachen symmetrischen Körper:

Linearisierte dreidimensionale gasdynamische Gleichung für das Störpotential:

$$\beta^2\varphi_{xx} + \varphi_{yy} + \varphi_{zz} = 0; \qquad \beta^2 = 1 - M_\infty{}^2. \tag{10.1}$$

Zu einem flachen Körper der Dickenverteilung $h(x, z)$ gehört das Störpotential

$$\varphi = -\frac{u_\infty}{2\pi}\int\!\!\int \frac{h_\xi(\xi, \zeta)\,d\xi\,d\zeta}{\sqrt{(x - \xi)^2 + \beta^2[y^2 + (z - \zeta)^2]}} \tag{10.2}$$

und die Geschwindigkeitskomponenten

$$\left.\begin{aligned}
\frac{u}{u_\infty} - 1 &= -\frac{1}{2\pi}\int\!\!\int \frac{h_\xi(\xi - x)}{[(\xi - x)^2 + \beta^2[y^2 + (z - \zeta)^2]]^{3/2}}\,d\zeta\,d\xi; \\[2mm]
\frac{v}{u_\infty} &= \frac{\beta^2\,y}{2\pi}\int\!\!\int \frac{h_\xi}{[(\xi - x)^2 + \beta^2(y^2 + (z - \zeta)^2)]^{3/2}}\,d\zeta\,d\xi; \\[2mm]
\frac{w}{u_\infty} &= \frac{\beta^2}{2\pi}\int\!\!\int \frac{h_\xi(\zeta - z)}{[(\xi - x)^2 + \beta^2(y^2 + (z - \zeta)^2)]^{3/2}}\,d\zeta\,d\xi.
\end{aligned}\right\} \tag{10.3}$$

2. Tragende Flächen in Unterschallströmung:

Anstieg des Auftriebsbeiwertes bei elliptischer Verteilung:

$$\left(\frac{dc_a}{d\varepsilon}\right)_0 = \frac{1}{\beta}\left(\frac{dc_a}{d\varepsilon}\right)_{0i}\frac{1 + \dfrac{2F}{b^2}}{\beta + \dfrac{2F}{b^2}}. \tag{10.4}$$

Bei tragender Platte kleinen Seitenverhältnisses:

$$\left(\frac{dc_a}{d\varepsilon}\right)_0 = \frac{\pi}{2}\cdot\frac{b^2}{F}, \tag{10.5}$$

also halb so groß wie Wert aus Prandtlscher Tragflügeltheorie.

Änderung des induzierten Widerstandes K:

$$(K_\varepsilon)_0 = 0; \qquad (K_{\varepsilon\varepsilon})_0 = \varrho_\infty\int\!\!\int\limits_\infty^\infty [v_\varepsilon{}^2 + w_\varepsilon{}^2 - (1 - M_\infty{}^2)\,u_\varepsilon{}^2]\,dy\,dz. \tag{10.6}$$

$$\left(\frac{d^2 c_w}{d\varepsilon^2}\right)_0 = \frac{\pi}{2} \cdot \frac{b^2}{F} = \left(\frac{dc_a}{d\varepsilon}\right)_0 . \tag{10.7}$$

3. Überschallströmung an flachen Körpern ohne Kantenumströmung:
Gleichung für Störpotential:

$$\cot^2 \alpha\, \varphi_{xx} - \varphi_{yy} - \varphi_{zz} = 0. \tag{10.8}$$

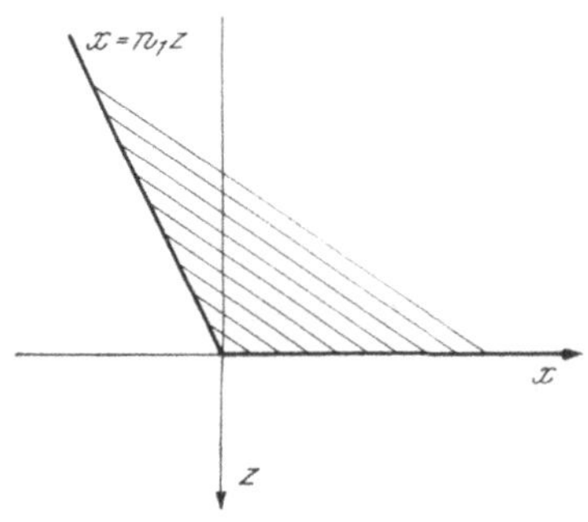

Abb. 57. Umströmter geradliniger
Flügelrand, Bezeichnungen

Zu einem flachen Körper der Dickenverteilung $h(x, z)$ gehört das Störpotential (in $y = 0$):

$$\varphi(x, z) =$$
$$= -\frac{u_\infty}{\pi} \int\limits_{-\infty}^{x} \int\limits_{\zeta_1}^{\zeta_2} \frac{h_\xi(\xi, \zeta)\, d\zeta\, d\xi}{\sqrt{(x - \xi)^2 - (z - \zeta)^2 \cot^2 \alpha}} \tag{10.9}$$

mit

$$\zeta_{1,2} = z \mp \operatorname{tg} \alpha (x - \xi).$$

4. Umströmter geradliniger Flügelrand (siehe Abb. 57):

$$-\operatorname{tg}\alpha \leqslant \frac{z}{x} \leqslant 0 : \frac{u_\varepsilon}{u_\infty} = \frac{\operatorname{tg}\alpha}{\sqrt{1 - n_1^2 \cot^2 \alpha}} \cdot \frac{1}{\pi} \arccos \frac{x + (2 + n_1 \cot\alpha)\, z \cot\alpha}{x - n_1 z \cot^2 \alpha}$$
$$\left.\begin{array}{l} \\ \end{array}\right\} \tag{10.10}$$
$$-\operatorname{tg}\alpha \leqslant \frac{z}{x} \leqslant \frac{1}{n_1} : \frac{u_\varepsilon}{u_\infty} = \frac{\operatorname{tg}\alpha}{\sqrt{1 - n_1^2 \cot^2 \alpha}} .$$

Durch die Transformation

$$x' = \frac{x - \sigma z}{\sqrt{1 - \sigma^2}} ; \qquad z' = \frac{-\sigma x + z}{\sqrt{1 - \sigma^2}} ; \tag{10.11}$$

$$u'(x', z') = \frac{u(x, z) + \sigma w(x, z)}{\sqrt{1 - \sigma^2}} ; \qquad w'(x', z') = \frac{\sigma u(x, z) + w(x, z)}{\sqrt{1 - \sigma^2}} , \quad -1 < \sigma < 1 \tag{10.12}$$

geht die für $M_\infty = \sqrt{2}$ entstehende Wellengleichung in sich über. Die Geraden durch den Ursprung der x, z-Ebene gehen dabei über in die Geraden

$$\frac{z'}{x'} = \frac{-\sigma + z/x}{1 - \sigma z/x} . \tag{10.13}$$

Die Transformation gestattet also die Behandlung weiterer Konfigurationen von Flügelrändern.

5. Instationäre, isentrope Strömung:
Linearisierte Gleichung für das Geschwindigkeitspotential, $t' = c_\infty \cdot t$:

$$(1 - M_\infty^2)\, \phi_{xx} + \phi_{yy} + \phi_{zz} - \phi_{t't'} - 2 M_\infty\, \phi_{xt'} = 0. \tag{10.14}$$

Durch Transformation auf das zur Strömung ruhende Koordinatensystem folgt im ebenen Fall:

$$- c_0^2(\phi_{xx} + \phi_{yy}) + \phi_{tt} = 0. \tag{10.15}$$

Elementarlösung analog zu (8.7) im ebenen Fall:

$$\phi = -\frac{c_0}{4\pi}\frac{q}{\sqrt{c_0{}^2(t-\tau)^2-(x-\xi)^2-(y-\eta)^2}}.\qquad(10.16)$$

Daraus bei Belegung der x-Achse die allgemeine Lösung:

$$\phi = -\frac{c_0}{\pi}\int\int\frac{v_0(\tau,\xi)}{\sqrt{c_0{}^2(t-\tau)^2-(x-\xi)^2-y^2}}\,d\xi\,d\tau.\qquad(10.17)[1]$$

XI. Strömungen mit Reibung

Stoßfronttiefe in Luft nach R. BECKER in Abhängigkeit vom Druckanstieg:

p_2/p_1	2	5	10	100	1000	2000	3000
$d \cdot 10^7$ cm	447	117	66	16,5	5,2	3,6	2,9

$$(11.1)$$

Grenzschichtgleichungen für ideale Gase:

$$\varrho\,u\,\frac{\partial u}{\partial x}+\varrho\,v\,\frac{\partial u}{\partial y}=-\frac{dp}{dx}+\frac{\partial p_{yx}}{\partial y};\qquad(11.2)$$

$$\varrho\,u\,c_p\,\frac{\partial T}{\partial x}+\varrho\,vc_p\,\frac{\partial T}{\partial y}=u\,\frac{dp}{dx}+p_{yx}\,\frac{\partial u}{\partial y}+\frac{\partial}{\partial y}\left(\lambda\,\frac{\partial T}{\partial y}\right),\qquad(11.3)$$

zuzüglich Kontinuitätsbedingung, Zustandsgleichung und Ansatz für Schubspannung

$$\left(p_{xy}=\mu\,\frac{\partial u}{\partial y}\text{ bei laminarer Strömung}\right),\qquad(11.4)$$

p ist vorgegebener Druck der Außenströmung.
Laminare Grenzschicht an der ebenen Platte ($dp/dx=0$):

$$\varrho\,u\,\frac{\partial u}{\partial x}+\varrho\,v\,\frac{\partial u}{\partial y}=\frac{\partial}{\partial y}\left(\mu\,\frac{\partial u}{\partial y}\right);$$

$$\frac{\partial(\varrho\,u)}{\partial x}+\frac{\partial(\varrho\,v)}{\partial y}=0;$$

$$\varrho\,u\,c_p\,\frac{\partial T}{\partial x}+\varrho\,v\,c_p\,\frac{\partial T}{\partial y}=\mu\left(\frac{\partial u}{\partial y}\right)^2+\frac{\partial}{\partial y}\left(\lambda\,\frac{\partial T}{\partial y}\right).\qquad(11.5)$$

Reibungswiderstand einer Platte der Länge L:

$$c_r=4\frac{\tau(0)}{\sqrt{Re}}\left(\frac{T_\infty}{T_1}\right)^{(1-\omega)/2}\qquad(11.6)$$

mit

$$Re=\frac{u_\infty L\,\varrho_\infty}{\mu_\infty},\quad\frac{\mu}{\mu_1}=\left(\frac{T}{T_1}\right)^\omega,$$

T_1 Wandtemperatur.

---

[1] In der „Gasdynamik" ist in der entsprechenden Formel (X,85) der Faktor c_0 übersehen worden.

Für das Thermometerproblem (verschwindender Temperaturgradient an der Wand) ergibt sich:

$$\frac{T_1 - T_\infty}{T_0 - T_\infty} = \sqrt{\sigma} = \sqrt{\frac{c_p \mu}{\lambda}}\,.\tag{11.7}$$

Kármánsche Impulsgleichung für Grenzschichten bei veränderlichem Druck:

$$\mu_1 \left(\frac{\partial u}{\partial y}\right)_1 = \delta^* \varrho_\infty u_\infty \frac{du_\infty}{dx} + \frac{d}{dx}\left(\varrho_\infty u_\infty^2 \delta^{**}\right)\tag{11.8}$$

mit

$$\left.\begin{aligned}
\text{Verdrängungsdicke}\qquad \delta^* &= \int_0^\delta \left(1 - \frac{\varrho\, u}{\varrho_\infty u_\infty}\right)dy\,; \quad \frac{d\delta^*}{dx} = \frac{v_\infty}{u_\infty}\,;\\[2ex]
\text{Impulsverlustdicke}\qquad \delta^{**} &= \int_0^\delta \frac{\varrho\, u}{\varrho_\infty u_\infty}\left(1 - \frac{u}{u_\infty}\right)dy.
\end{aligned}\right\}\tag{11.9}$$

Mangler-Transformation für rotationssymmetrische Grenzschichten:
Mit

$$x' = \int_0^x \frac{r_1^2(x)}{L^2}\,dx\,; \qquad y' = \frac{r_1(x)}{L}\,y\tag{11.10}$$

(L eine Bezugslänge)
erhält man formal wieder die Grenzschichtgleichungen einer ebenen Strömung.
Für den Kreiskegel ergibt sich

$$(p_{xy})_1 = \mu_1 \left(\frac{\partial u}{\partial y}\right)_1 = \mu_1 \left(\frac{\partial u}{\partial y'}\right)_1 \frac{r_1}{L} = (p_{xy})_{1\atop\text{eben}} \frac{r_1}{L} \sqrt{\frac{x}{x'}} = (p_{xy})_{1\atop\text{eben}} \sqrt{3}.\tag{11.11}$$

Anhang II

Tabellen

Tabelle 1. *Zustandsgrößen und Geschwindigkeitsbeträge vor und hinter einem senkrechten Stoß*

$$\varkappa = c_p\,/c_v = 1{,}400$$

$\dfrac{\hat{p}}{p}$; $\dfrac{\hat{p}}{p}$	M ; $\dfrac{U}{c}$	M^*	$\dfrac{W}{c} - \dfrac{\hat{W}}{c}$; $\dfrac{\Delta W}{c}$	$\dfrac{\hat{\varrho}}{\varrho} = \dfrac{W}{\hat{W}}$; $\dfrac{\hat{\varrho}}{\varrho}$	$\dfrac{\hat{T}}{T}$; $\dfrac{\hat{T}}{T}$	$\dfrac{\hat{s}-s}{c_v}$; $\dfrac{\hat{s}-s}{c_v}$	$\dfrac{\hat{p}_0}{p_0}$; $\exp\!\left(-\dfrac{\hat{s}-s}{c_p-c_v}\right)$
1	1	1	0	1	1	0	1
1,1	1,04	1,035	0,069	1,07	1,028	0,00004	0,9999
1,2	1,08	1,07	0,132	1,14	1,054	0,00025	0,9994
1,3	1,12	1,10	0,191	1,21	1,078	0,00073	0,9982
1,4	1,16	1,13	0,246	1,27	1,102	0,00154	0,9961
1,5	1,195	1,155	0,299	1,33	1,125	0,00271	0,9932
1,75	1,28	1,22	0,418	1,48	1,18	0,00709	0,9824
2	1,36	1,275	0,525	1,63	1,23	0,0134	0,9670
2,5	1,51	1,37	0,709	1,88	1,33	0,0307	0,9261
3	1,65	1,45	0,867	2,11	1,42	0,0525	0,8770
3,5	1,77	1,52	1,008	2,32	1,51	0,0771	0,8246
4	1,89	1,58	1,133	2,50	1,60	0,1038	0,7714
5	2,10	1,68	1,358	2,82	1,78	0,1589	0,6722
6	2,30	1,76	1,553	3,08	1,95	0,215	0,5839
8	2,65	1,87	1,890	3,50	2,28	0,326	0,4431
10	2,95	1,95	2,18	3,82	2,62	0,429	0,3423
12,5	3,30	2,03	2,50	4,11	3,04	0,548	0,2541
15	3,61	2,08	2,78	4,34	3,46	0,655	0,1944
17,5	3,89	2,12	3,03	4,51	3,88	0,753	0,1521
20	4,16	2,16	3,26	4,65	4,30	0,843	0,1215
25	4,65	2,21	3,69	4,87	5,14	1,002	0,0816
30	5,09	2,24	4,08	5,03	5,96	1,140	0,05785
40	5,87	2,29	4,75	5,25	7,63	1,370	0,0325
50	6,55	2,32	5,34	5,38	9,30	1,558	0,0203
60	7,19	2,34	5,86	5,47	11,0	1,715	0,0137
80	8,30	2,365	6,81	5,60	14,3	1,972	0,00722
100	9,27	2,38	7,64	5,67	17,6	2,176	0,00434
150	11,35	2,40	9,38	5,78	26,0	2,56	0,00168
200	13,1	2,41	10,85	5,83	34,3	2,83	0,000842
250	14,65	2,42	12,14	5,86	42,6	3,05	0,000542
300	16,05	2,43	13,31	5,89	51,0	3,22	0,000319
400	18,5	2,43	15,4	5,91	67,6	3,50	0,0001585
600	22,7	2,44	18,9	5,93	101	3,90	0,0000583
800	26,2	2,44	21,8	5,95	134	4,19	0,0000281
1000	29,3	2,44	24,4	5,97	168	4,41	0,0000162
2000	41,4	2,45	34,5	5,98	334	5,27	0,00000191
3000	50,7	2,45	42,3	5,99	501	5,50	0,00000107

Tabelle 2. *Zustands- und Geschwindigkeitsgrößen im Stromfaden bei isentroper, stationärer Strömung*

Unterschalltabelle ($\varkappa = 1{,}400$)

M	M^*	$\dfrac{p}{p_0}$	$\dfrac{\varrho}{\varrho_0}$	$\dfrac{T}{T_0}$	$\dfrac{\varrho\,W}{\varrho^*\,c^*}$	$\beta = \sqrt{1 - M^2}$
0,05	0,055	0,998	0,999	1,000	0,086	0,999
0,1	0,109	0,993	0,995	0,998	0,172	0,995
0,15	0,164	0,984	0,989	0,996	0,256	0,989
0,2	0,218	0,973	0,980	0,992	0,337	0,980
0,25	0,272	0,958	0,969	0,988	0,416	0,968
0,3	0,326	0,939	0,956	0,982	0,491	0,954
0,35	0,379	0,919	0,941	0,976	0,562	0,937
0,4	0,431	0,896	0,924	0,969	0,629	0,917
0,45	0,483	0,870	0,906	0,961	0,690	0,893
0,5	0,535	0,843	0,885	0,952	0,746	0,866
0,55	0,585	0,814	0,863	0,943	0,797	0,835
0,6	0,635	0,784	0,840	0,933	0,842	0,800
0,65	0,684	0,753	0,816	0,922	0,881	0,760
0,7	0,732	0,721	0,792	0,911	0,914	0,714
0,75	0,779	0,689	0,766	0,899	0,941	0,661
0,8	0,825	0,656	0,740	0,887	0,963	0,600
0,85	0,870	0,623	0,714	0,874	0,980	0,527
0,9	0,915	0,591	0,687	0,861	0,991	0,436
0,95	0,958	0,559	0,660	0,847	0,998	0,312
1,00	1,000	0,528	0,634	0,833	1,000	0,000

Überschalltabelle ($\varkappa = 1{,}400$)

M	M^*	$\dfrac{p}{p_0}$	$\dfrac{\varrho}{\varrho_0}$	$\dfrac{T}{T_0}$	$\dfrac{\varrho\,W}{\varrho^*\,c^*}$	$\dfrac{\hat{p}_0}{p_0}$
1	1,000	0,528	0,634	0,833	1,000	1,000
1,05	1,041	0,498	0,608	0,819	0,998	1,000
1,1	1,082	0,468	0,582	0,805	0,992	0,999
1,2	1,158	0,412	0,531	0,776	0,970	0,993
1,3	1,231	0,361	0,483	0,747	0,938	0,979
1,4	1,300	0,314	0,437	0,718	0,897	0,958
1,5	1,365	0,272	0,395	0,690	0,850	0,930
1,6	1,425	0,235	0,356	0,661	0,800	0,895
1,7	1,483	0,203	0,320	0,634	0,748	0,856
1,8	1,536	0,174	0,287	0,607	0,695	0,813
1,9	1,586	0,149	0,257	0,581	0,643	0,767
2	1,633	0,128	0,230	0,556	0,593	0,721
2,5	1,826	0,059	0,132	0,444	0,379	0,499
3	1,964	0,027	0,0762	0,357	0,236	0,328
3,5	2,064	0,0131	0,0452	0,290	0,147	0,213
4	2,138	0,00659	0,0277	0,238	0,0933	0,139
4,5	2,194	0,00346	0,0174	0,198	0,0604	0,0917
5	2,236	0,00189	0,0113	0,167	0,0400	0,0618
6	2,295	0,000633	0,00519	0,122	0,0188	0,0297
7	2,333	0,000242	0,00261	0,0926	0,00960	0,0153
8	2,359	0,000102	0,00141	0,0725	0,00526	0,00849
9	2,377	0,0000474	0,000815	0,0581	0,00306	0,00496
10	2,391	0,0000236	0,000495	0,0476	0,00187	0,00304
20	2,435	0,000000209	0,0000170	0,0123	0,0000651	0,000108
∞	2,4495	0	0	0	0	0

Tabelle 3. *Beziehungen zwischen verschiedenen Größen für das ideale Gas konstanter spezifischer Wärme*

	M^2	M^{*2}	$\dfrac{c}{c_0}$	$\dfrac{T}{T_0} = \dfrac{i}{i_0}$	$\dfrac{p}{p_0}$	$\dfrac{\varrho}{\varrho_0}$
M^2	M^2	$\dfrac{M^{*2}}{1 - \dfrac{\varkappa-1}{2}(M^{*2}-1)}$	$\dfrac{2}{\varkappa-1}\left[\left(\dfrac{c_0}{c}\right)^2 - 1\right]$	$\dfrac{2}{\varkappa-1}\left(\dfrac{T_0}{T} - 1\right)$	$\dfrac{2}{\varkappa-1}\left[\left(\dfrac{p_0}{p}\right)^{\frac{\varkappa-1}{\varkappa}} - 1\right]$	$\dfrac{2}{\varkappa-1}\left[\left(\dfrac{\varrho_0}{\varrho}\right)^{\varkappa-1} - 1\right]$
M^{*2}	$\dfrac{M^2}{1 + \dfrac{\varkappa-1}{\varkappa+1}(M^2-1)}$	M^{*2}	$\dfrac{\varkappa+1}{\varkappa-1}\left[1 - \left(\dfrac{c}{c_0}\right)^2\right]$	$\dfrac{\varkappa+1}{\varkappa-1}\left(1 - \dfrac{T}{T_0}\right)$	$\dfrac{\varkappa+1}{\varkappa-1}\left[1 - \left(\dfrac{p}{p_0}\right)^{\frac{\varkappa-1}{\varkappa}}\right]$	$\dfrac{\varkappa+1}{\varkappa-1}\left[1 - \left(\dfrac{\varrho}{\varrho_0}\right)^{\varkappa-1}\right]$
$\dfrac{c}{c_0}$	$\dfrac{1}{\sqrt{1 + \dfrac{\varkappa-1}{2}M^2}}$	$\sqrt{1 - \dfrac{\varkappa-1}{\varkappa+1}M^{*2}}$	$\dfrac{c}{c_0}$	$\sqrt{\dfrac{T}{T_0}}$	$\left(\dfrac{p}{p_0}\right)^{\frac{\varkappa-1}{2\varkappa}}$	$\left(\dfrac{\varrho}{\varrho_0}\right)^{\frac{\varkappa-1}{2}}$
$\dfrac{T}{T_0} = \dfrac{i}{i_0}$	$\dfrac{1}{1 + \dfrac{\varkappa-1}{2}M^2}$	$1 - \dfrac{\varkappa-1}{\varkappa+1}M^{*2}$	$\left(\dfrac{c}{c_0}\right)^2$	$\dfrac{T}{T_0}$	$\left(\dfrac{p}{p_0}\right)^{\frac{\varkappa-1}{\varkappa}}$	$\left(\dfrac{\varrho}{\varrho_0}\right)^{\varkappa-1}$
$\dfrac{p}{p_0}$	$\left(1 + \dfrac{\varkappa-1}{2}M^2\right)^{-\frac{\varkappa}{\varkappa-1}}$	$\left(1 - \dfrac{\varkappa-1}{\varkappa+1}M^{*2}\right)^{\frac{\varkappa}{\varkappa-1}}$	$\left(\dfrac{c}{c_0}\right)^{\frac{2\varkappa}{\varkappa-1}}$	$\left(\dfrac{T}{T_0}\right)^{\frac{\varkappa}{\varkappa-1}}$	$\dfrac{p}{p_0}$	$\left(\dfrac{\varrho}{\varrho_0}\right)^{\varkappa}$
$\dfrac{\varrho}{\varrho_0}$	$\left(1 + \dfrac{\varkappa-1}{2}M^2\right)^{-\frac{1}{\varkappa-1}}$	$\left(1 - \dfrac{\varkappa-1}{\varkappa+1}M^{*2}\right)^{\frac{1}{\varkappa-1}}$	$\left(\dfrac{c}{c_0}\right)^{\frac{2}{\varkappa-1}}$	$\left(\dfrac{T}{T_0}\right)^{\frac{1}{\varkappa-1}}$	$\left(\dfrac{p}{p_0}\right)^{\frac{1}{\varkappa}}$	$\dfrac{\varrho}{\varrho_0}$

Tabelle 4. *Tabelle zum Charakteristikendiagram* ($\varkappa = 1{,}400$)

Ch	ϑ	M	M^*	α	p/p_0	ϱ/ϱ_0	T/T_0	$\varrho\,W/\varrho^*\,c^*$
1000	0	1,000	1,000	90°	0,5283	0,6339	0,8333	1,0000
999	1	1,082	1,067	67° 33′	0,4789	0,5910	0,8103	0,9947
998	2	1,133	1,107	61° 58′	0,4496	0,5649	0,7957	0,9864
997	3	1,177	1,141	58° 10′	0,4249	0,5426	0,7830	0,9765
996	4	1,218	1,171	55° 11′	0,4028	0,5223	0,7712	0,9654
995	5	1,256	1,200	52° 46′	0,3830	0,5038	0,7602	0,9534
994	6	1,293	1,227	50° 40′	0,3644	0,4862	0,7494	0,9404
993	7	1,330	1,252	48° 45′	0,3464	0,4690	0,7389	0,9263
992	8	1,365	1,276	47° 6′	0,3300	0,4530	0,7285	0,9120
991	9	1,400	1,300	45° 35′	0,3142	0,4374	0,7184	0,8970
990	10	1,435	1,323	44° 11′	0,2990	0,4222	0,7083	0,8811
989	11	1,469	1,345	42° 54′	0,2847	0,4077	0,6986	0,8651
988	12	1,502	1,366	41° 45′	0,2711	0,3937	0,6888	0,8487
987	13	1,537	1,387	40° 35′	0,2580	0,3800	0,6792	0,8318
986	14	1,570	1,409	39° 34′	0,2456	0,3669	0,6696	0,8148
985	15	1,604	1,429	38° 34′	0,2337	0,3541	0,6601	0,7975
984	16	1,638	1,448	37° 37′	0,2221	0,3415	0,6506	0,7797
983	17	1,673	1,467	36° 42′	0,2111	0,3294	0,6412	0,7621
982	18	1,707	1,486	35° 52′	0,2006	0,3175	0,6319	0,7441
981	19	1,741	1,505	35° 3′	0,1905	0,3060	0,6226	0,7262
980	20	1,775	1,523	34° 17′	0,1808	0,2948	0,6134	0,7081
979	21	1,809	1,541	33° 34′	0,1715	0,2839	0,6043	0,6899
978	22	1,844	1,559	32° 50′	0,1627	0,2733	0,5951	0,6718
977	23	1,879	1,576	32° 9′	0,1540	0,2629	0,5860	0,6536
976	24	1,915	1,593	31° 29′	0,1459	0,2529	0,5769	0,6355
975	25	1,950	1,610	30° 51′	0,1380	0,2430	0,5679	0,6174
974	26	1,986	1,627	30° 14′	0,1306	0,2335	0,5590	0,5995
973	27	2,023	1,643	29° 37′	0,1234	0,2243	0,5499	0,5815
972	28	2,060	1,659	29° 2′	0,1166	0,2153	0,5411	0,5637
971	29	2,096	1,675	28° 30′	0,1099	0,2066	0,5322	0,5461
970	30	2,134	1,691	27° 57′	0,1037	0,1982	0,5233	0,5286
969	31	2,172	1,706	27° 25′	0,09770	0,1899	0,5146	0,5113
968	32	2,211	1,722	26° 53′	0,09200	0,1819	0,5058	0,4942
967	33	2,249	1,738	26° 24′	0,08656	0,1741	0,4971	0,4773

966	34	2,289	1,753	25° 54'	0,08137	0,1666	0,4884	0,4607
965	35	2,329	1,767	25° 26'	0,07644	0,1593	0,4798	0,4442
964	36	2,369	1,782	24° 58'	0,07174	0,1522	0,4711	0,4280
963	37	2,411	1,796	24° 30'	0,06726	0,1454	0,4626	0,4121
962	38	2,453	1,810	24° 4'	0,06301	0,1389	0,4540	0,3964
961	39	2,495	1,824	23° 38'	0,05898	0,1325	0,4455	0,3811
960	40	2,538	1,838	23° 12'	0,05517	0,1263	0,4370	0,3660
959	41	2,581	1,852	22° 47'	0,05153	0,1203	0,4286	0,3513
958	42	2,626	1,865	22° 23'	0,04811	0,1145	0,4203	0,3368
957	43	2,671	1,878	21° 59'	0,04488	0,1089	0,4121	0,3228
956	44	2,718	1,891	21° 35'	0,04181	0,1035	0,4038	0,3090
955	45	2,764	1,904	21° 13'	0,03890	0,09835	0,3955	0,2955
954	46	2,812	1,917	20° 50'	0,03616	0,09336	0,3873	0,2824
953	47	2,861	1,931	20° 27'	0,03357	0,08853	0,3792	0,2695
952	48	2,911	1,943	20° 5'	0,03114	0,08391	0,3712	0,2571
951	49	2,961	1,955	19° 44'	0,02886	0,07946	0,3632	0,2451
950	50	3,013	1,967	19° 23'	0,02670	0,07518	0,3552	0,2333
949	51	3,066	1,979	19° 2'	0,02467	0,07106	0,3472	0,2218
948	52	3,119	1,991	18° 42'	0,02277	0,06711	0,3394	0,2108
947	53	3,174	2,003	18° 22'	0,02101	0,06334	0,3317	0,2001
946	54	3,230	2,014	18° 2'	0,01935	0,05973	0,3240	0,1898
945	55	3,287	2,025	17° 43'	0,01781	0,05628	0,3163	0,1798
940	60	3,594	2,080	16° 9'	0,01148	0,04114	0,2790	0,1349
935	65	3,941	2,131	14° 42'	0,007131	0,02926	0,2435	0,09835
930	70	4,339	2,177	13° 20'	0,004233	0,02017	0,2098	0,06929
925	75	4,802	2,221	12° 1'	0,002391	0,01341	0,1782	0,04697
920	80	5,348	2,260	10° 47'	0,001271	0,008541	0,1488	0,03045
915	85	6,007	2,296	9° 35'	0,0006291	0,005169	0,1217	0,01863
910	90	6,820	2,328	8° 26'	0,0002849	0,002935	0,09706	0,01078
905	95	7,852	2,356	7° 19'	0,0001156	0,001541	0,07505	0,005732
900	100	9,210	2,380	6° 14'	0,00004069	0,0007310	0,05566	0,002745
895	105	11,095	2,401	5° 10'	0,00001175	0,0003010	0,03903	0,001140
890	110	13,87	2,4183	4° 8'	0,000002587	0,0001021	0,02533	0,0003896
885	115	18,435	2,4317	3° 6'	0,0000003670	0,00002531	0,01450	0,00009710
880	120	27,35	2,4413	2° 6'	0,00000002385	0,000003593	0,006640	0,00001384
875	125	52,48	2,4473	1° 6'	0,0000000002746	0,0000001481	0,001812	0,0000005397
869,55	130,45	∞	2,4495	0°	0	0	0	0

Tabelle 5. *Exakte Werte der Stromdichte, Näherung nach Prandtl und nach Gl.* (9.1)
für $M_1 = 0,80$ *und* $\varkappa = 1,400$

M	M^*	$\dfrac{\varrho\,W}{\varrho_1\,W_1} - 1$		
		exakt	Gl. (9.1)	PRANDTL
0	0	$-1,000$	$-1,209$	$-0,360$
0,1	0,109	$-0,821$	$-0,952$	$-0,312$
0,2	0,218	$-0,650$	$-0,724$	$-0,265$
0,3	0,326	$-0,490$	$-0,528$	$-0,218$
0,4	0,431	$-0,347$	$-0,366$	$-0,172$
0,5	0,535	$-0,225$	$-0,231$	$-0,126$
0,6	0,635	$-0,126$	$-0,128$	$-0,082$
0,7	0,732	$-0,051$	$-0,051$	$-0,041$
0,8	0,825	0	0	0
0,9	0,915	0,029	0,029	0,039
1,0	1,000	0,038	0,038	0,076
1,1	1,082	0,030	0,030	0,112
1,2	1,158	0,007	0,007	0,145
1,3	1,231	$-0,026$	$-0,028$	0,177
1,4	1,300	$-0,068$	$-0,074$	0,207
1,5	1,365	$-0,117$	$-0,128$	0,236

Tabelle 6. *Reduktionskoeffizienten bei Schallnähe* ($\varkappa = 1,400$)

M	0,7	0,8	0,9	0,95	
β	0,714	0,600	0,436	0,312	
$(1/M^* - 1)$	0,366	0,212	0,093	0,044	
$\beta(1/M^* - 1)$	0,261	0,127	0,040	0,014	
$\beta^2(1/M^* - 1)$	0,187	0,076	0,018	0,004	
M	1,05	1,10	1,20	1,30	1,40
$\cot\alpha$	0,320	0,458	0,663	0,831	0,980
$(1 - 1/M^*)$	0,039	0,076	0,136	0,188	0,231
$\cot\alpha\,(1 - 1/M^*)$	0,013	0,035	0,090	0,156	0,226
$\cot^2\alpha\,(1 - 1/M^*)$	0,004	0,016	0,060	0,130	0,222

Monotypesatz und Druck von Berger & Schwarz, Zwettl, NÖ.